高职高专机电类教学改革规划教材

AutoCAD 单项操作与综合实训

第 2 版

管巧娟　江方记　编

机 械 工 业 出 版 社

本书专门为学习 AutoCAD 绘图软件提供上机实训例题与指导，包含 AutoCAD 命令单项操作和综合实训两部分内容，由浅入深、循序渐进地介绍了 AutoCAD 的操作方法和使用技巧。练习题范围涉及机械、建筑、服装等专业领域，并且将最新制图标准贯彻于图形之中。操作形式有自练、自测，并且有近一半的题目带有操作步骤、提示和经验性指导。书中还介绍了广东地区最新的 CAD 考工试卷样题，可供应考者参考使用。全书共分 7 章，包括 AutoCAD 入门基础知识和绘图的基本功能、使用绘图辅助工具、绘制与编辑二维平面图形、图案填充、自定义尺寸标注、使用块、图层设置、绘制三维图形、观察与转换三维图形、文件相互传输方法以及打印功能等内容。书中大部分练习题都是作者在教学实践中总结归纳出的实用和典型案例。

本书适合在校学生学习使用，也可供从事机械制造、建筑设计、室内装修工作的技术人员参考。本书可与任何 AutoCAD 教材配合使用，或作教师参考教材。

图书在版编目(CIP)数据

AutoCAD 单项操作与综合实训/管巧娟，江方记编. —2 版.
—北京：机械工业出版社，2015. 2(2019. 7 重印)
高职高专机电类教学改革规划教材
ISBN 978-7-111-48492-9

Ⅰ. ①A… Ⅱ. ①管…②江… Ⅲ. ①AutoCAD 软件-高等职业教育-教材 Ⅳ. ①TP391. 72

中国版本图书馆 CIP 数据核字(2014)第 304307 号

机械工业出版社(北京市百万庄大街 22 号 邮政编码 100037)
策划编辑：薛 礼 责任编辑：薛 礼 版式设计：霍永明
责任校对：佟瑞鑫 封面设计：陈 沛 责任印制：李 昂
北京机工印刷厂印刷
2019 年 7 月第 2 版第 4 次印刷
184mm×260mm · 12 印张 · 289 千字
7 901—9 800 册
标准书号：ISBN 978-7-111-48492-9
定价：32. 00 元

凡购本书，如有缺页、倒页、脱页，由本社发行部调换

电话服务
服务咨询热线：010-88379833
读者购书热线：010-88379649

网络服务
机 工 官 网：www.cmpbook.com
机 工 官 博：weibo.com/cmp1952
教育服务网：www.cmpedu.com
金 书 网：www.golden-book.com

第2版前言

面对高等职业教育的新使命，高等职业教育培养的人才应“具有精湛技艺和创新能力”“掌握现代服务技术”，应具有可持续发展的能力。为了适应高等职业教育的新形势、新要求，以及软件版本的升级情况，因此对本书第1版进行了修订。

本修订版基本保持了第1版的编写风格，主要作了以下修订：

1）所有内容按 AutoCAD 新版本介绍。

2）提供的练习题更贴近工程应用，前后顺序更符合软件学习的思维方式。

3）扩充了各领域的题量。

4）更新了 AutoCAD 考工试卷的样题。

5）贯彻了机械制图新国标。

6）着重体现以自练促自学、以自练促思考的学习方法。

本书讲解的是 AutoCAD 最通用的知识和操作，在学习完本书后，读者即可掌握绘图的一般方法。在进入各种专业领域工作时，例如工程制造、建筑设计、室内装修等，只需要学习相关行业标准后即可快速上手。

本书由管巧娟编写第2章、第5~7章，江方记编写第1章、第3、4章。长春理工大学姜正华教授担任本书主审。

书中如有错误和不妥之处，恳请读者批评指正。

编　者

第1版前言

《AutoCAD单项操作与综合实例》是专门为对AutoCAD命令功能有初步了解但缺乏上机操作的读者编写的。书中提供了大量的操作练习题，还配备了CAD考工试卷样本。本书介绍了AutoCAD操作方式和操作技巧，操作形式以自练为主、自测为辅。考虑不同读者的需求，内容涉及机械、建筑、电气、服装、三维建模、生成工程图等。题目样式既有单个命令的专项训练题，也有集多个命令为一体的综合实训题。考虑到在校学生在制图理论方面的深层次要求，本书的某些题目要求完成“二求三”“拆画零件图”等思考性问题。若没有此方面的需求，可作抄图练习。

本书由管巧娟编写第1章、第2章、第3章、第5章、第7章，江方记编写第4章，尧燕编写第6章。长春理工大学姜正华教授担任本书主审。本书在编写过程中得到了李莉老师和熊绮华老师的关键指导，在此表示衷心的感谢。

书中错误和不妥之处，恳请读者批评指正。

编　者

目　录

第 1 章　AutoCAD 概述

1.1　AutoCAD 图形展示

AutoCAD 是一款优秀的 CAD 绘图软件。它在机械制造、建筑工程、产品造型、服装设计、机电一体化等许多领域都有广泛的应用。图 1-1 ~ 图 1-14 所示的图形都是用 AutoCAD 软件设计绘制出来的。

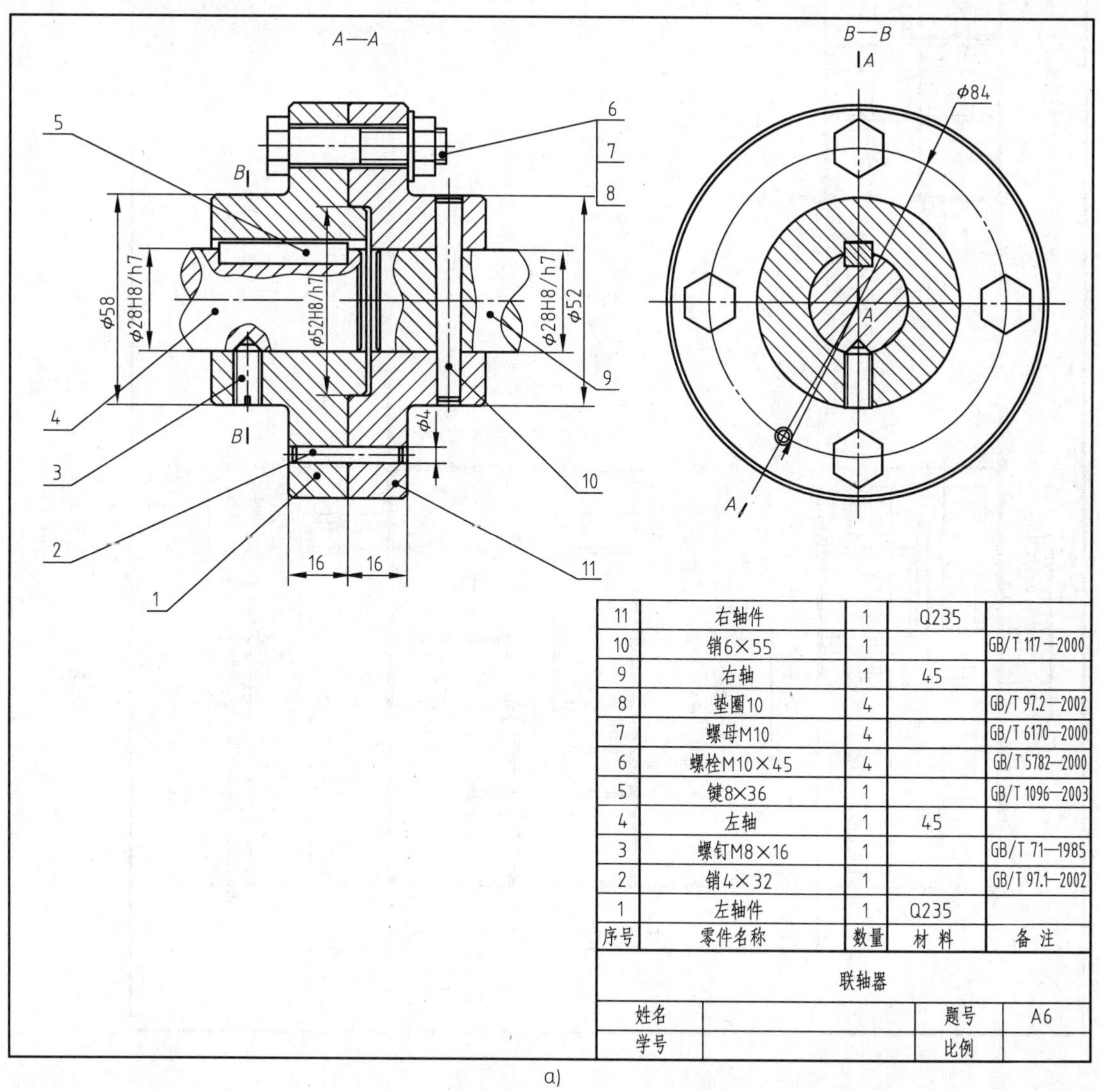

序号	零件名称	数量	材 料	备 注
11	右轴件	1	Q235	
10	销6×55	1		GB/T 117—2000
9	右轴	1	45	
8	垫圈10	4		GB/T 97.2—2002
7	螺母M10	4		GB/T 6170—2000
6	螺栓M10×45	4		GB/T 5782—2000
5	键8×36	1		GB/T 1096—2003
4	左轴	1	45	
3	螺钉M8×16	1		GB/T 71—1985
2	销4×32	1		GB/T 97.1—2002
1	左轴件	1	Q235	

联轴器			
姓名		题号	A6
学号		比例	

a)

图 1-1　工程设计图

a）机械装配图（联轴器）

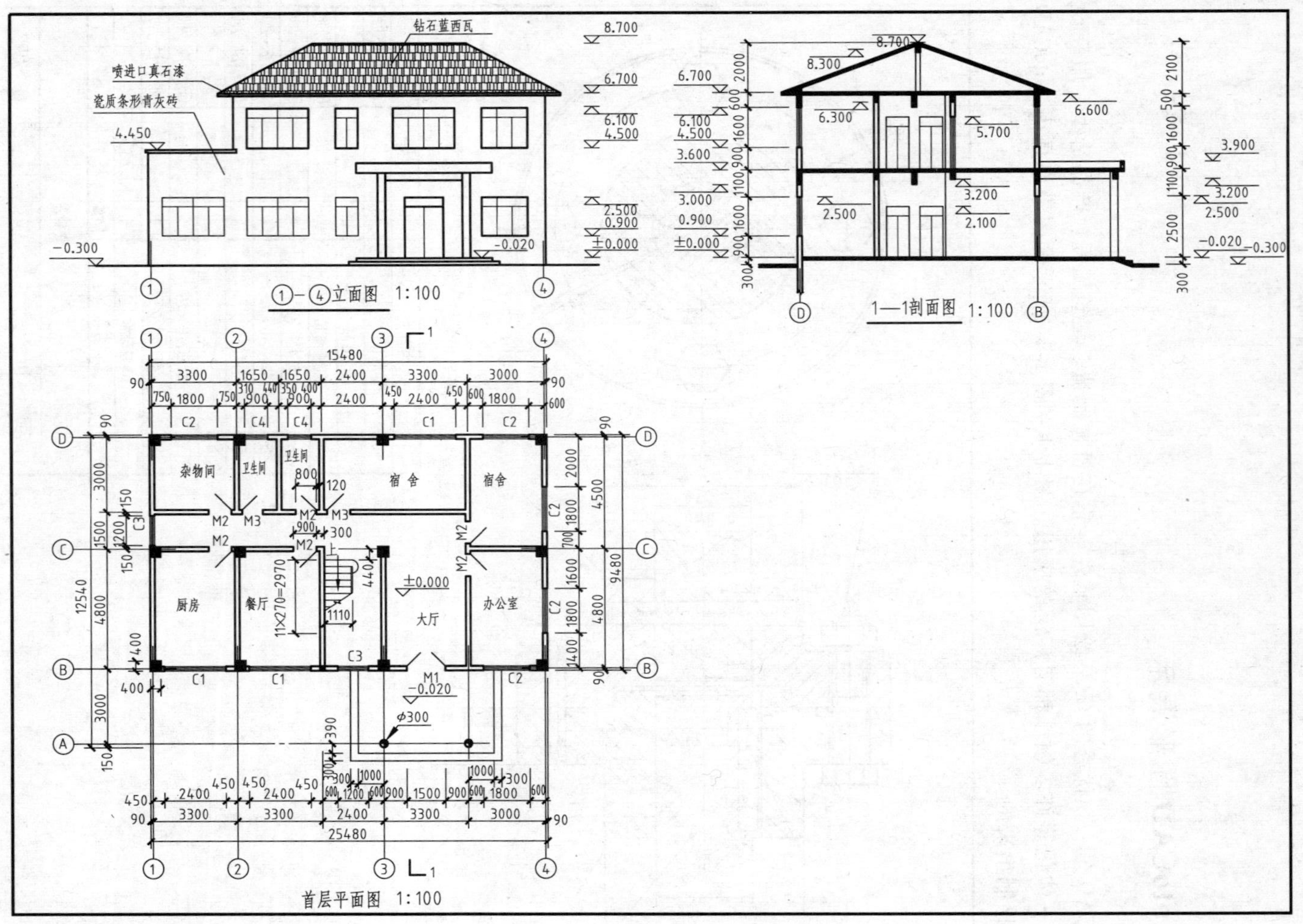

b)

图1-1　工程设计图（续）

b）房屋建筑施工图（建筑平面图，立面图和剖面图）

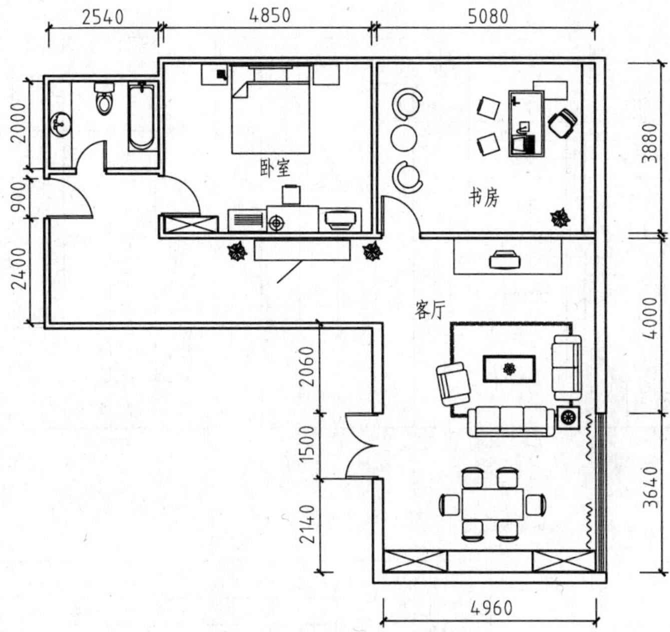

图 1-2　房屋装饰设计

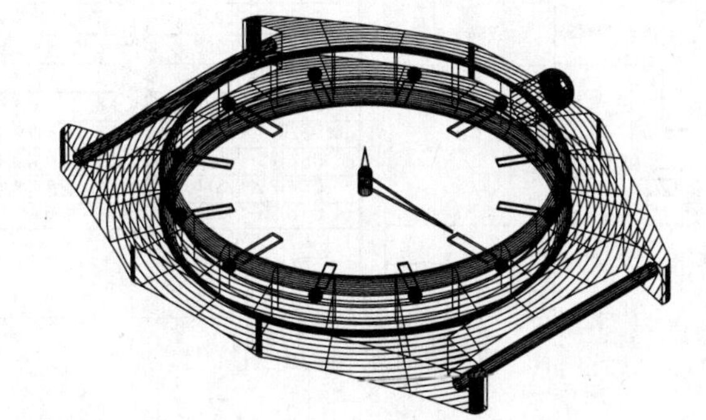

图 1-3　工业产品设计

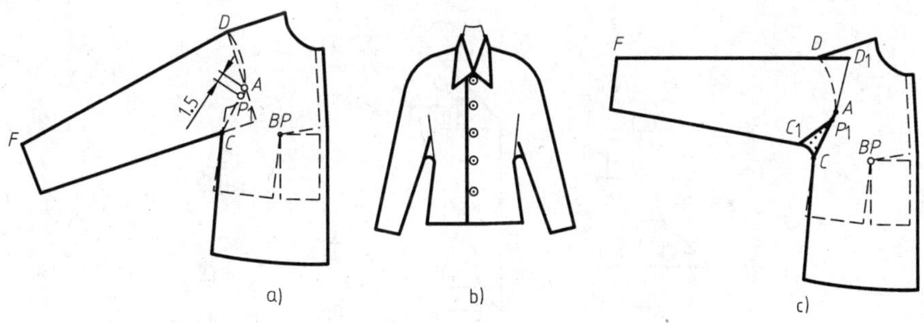

图 1-4　服装设计

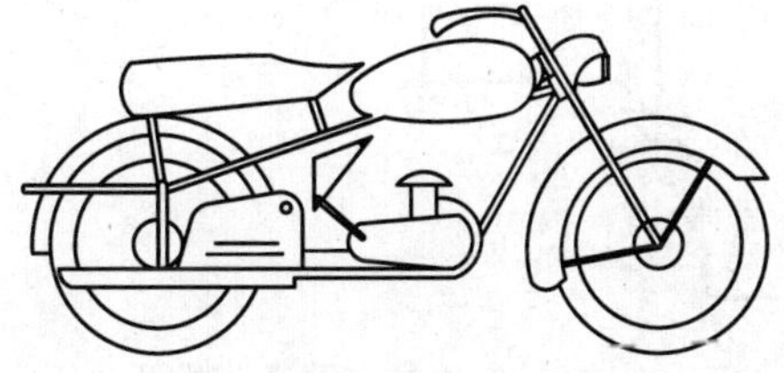

图 1-5　电动车造型设计

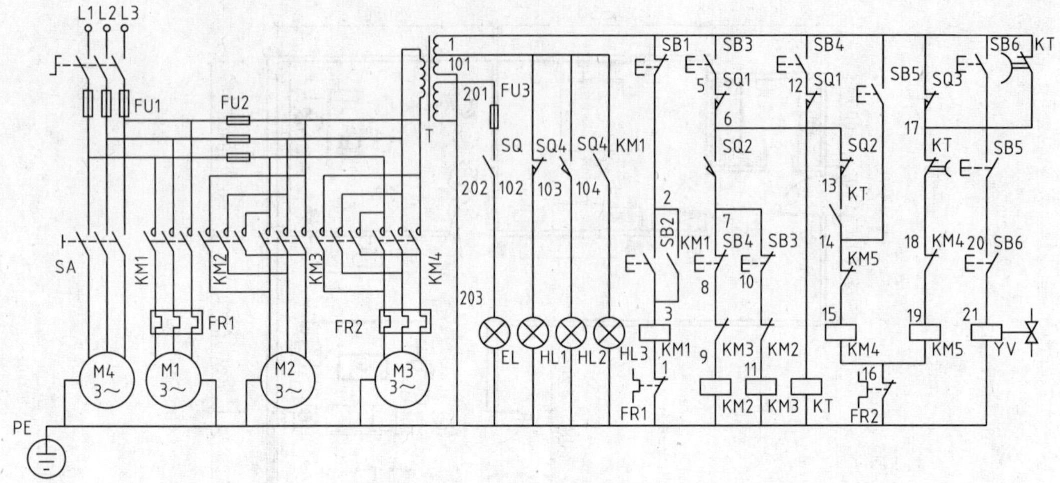

图 1-6　电路设计

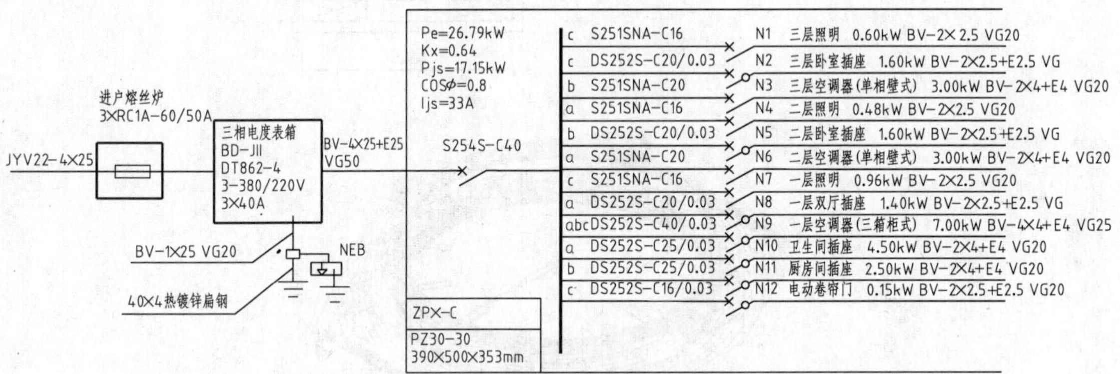

图 1-7　某住宅楼配电系统图

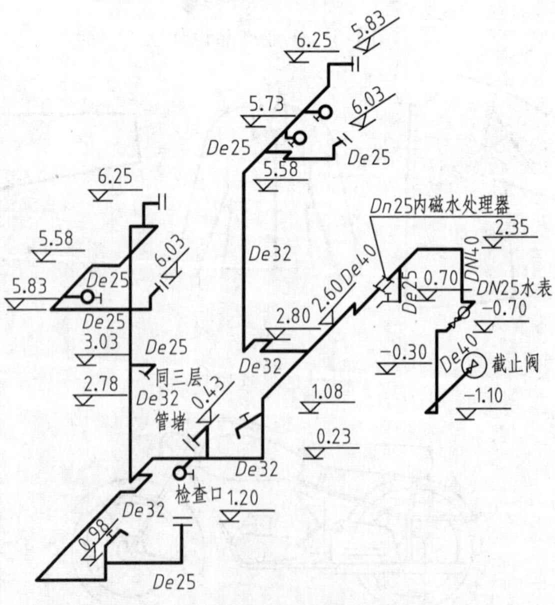

图 1-8　室内给水管道系统图

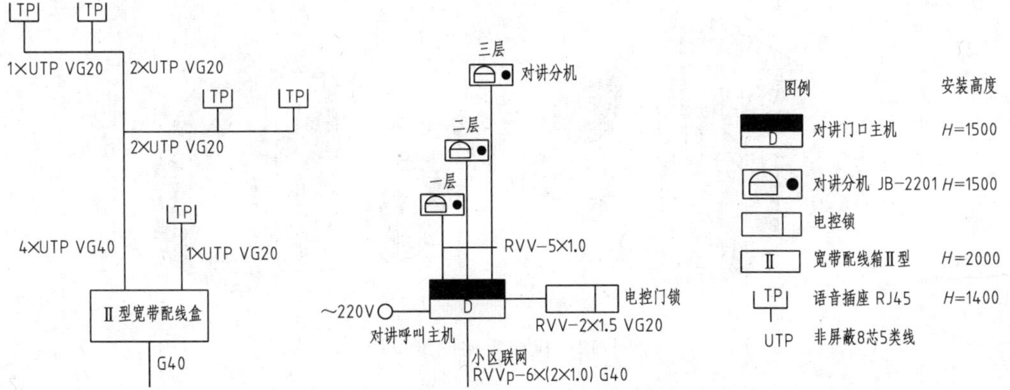

图 1-9　楼宇电话和对讲呼叫系统图

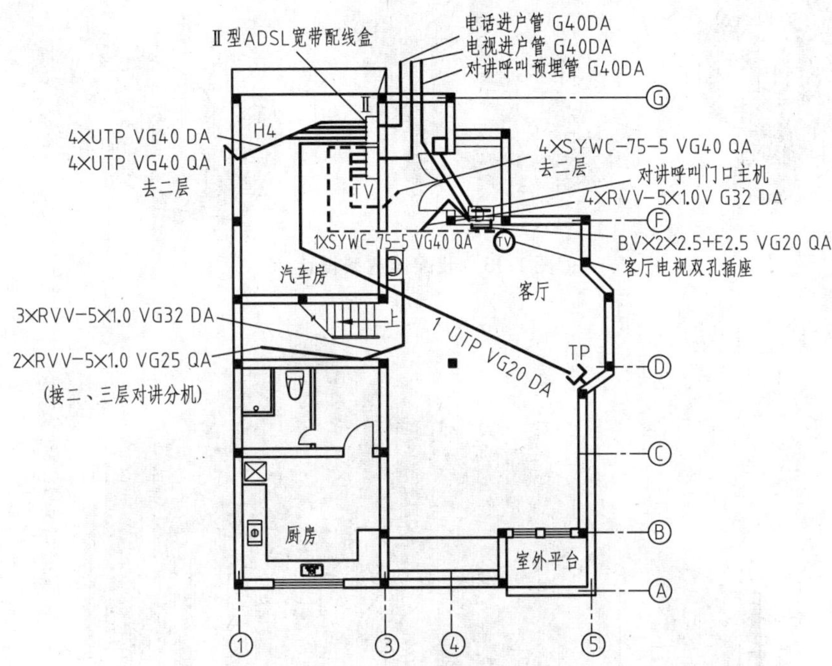

图 1-10　某住宅首层弱电平面图

图 1-11　花草树木素描

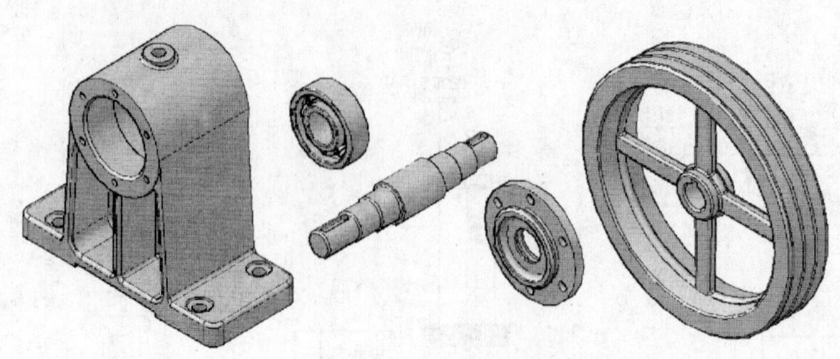

图 1-12 机械零件三维设计

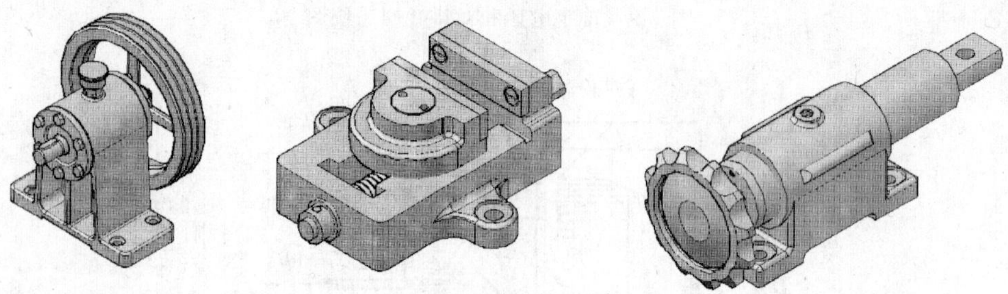

图 1-13 装配体造型设计

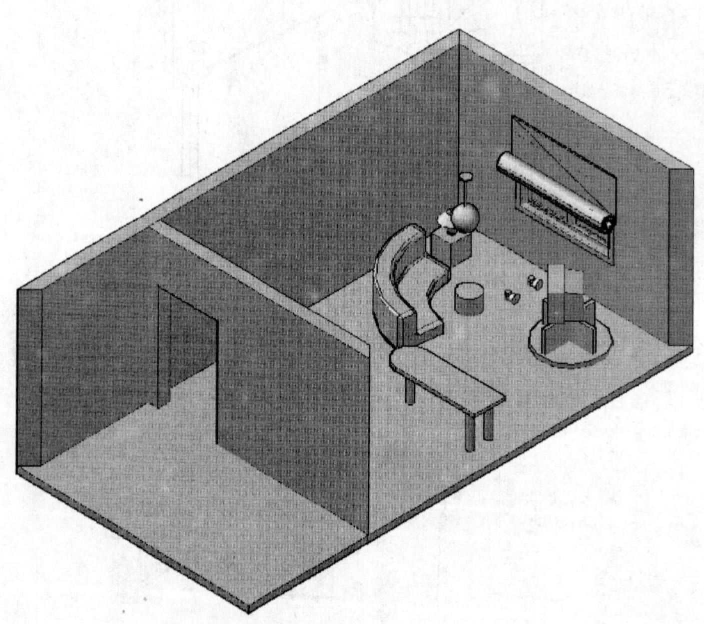

图 1-14 房屋装饰效果图

1.2 AutoCAD 界面

打开 AutoCAD 后将看到系统默认的“草图与注释”工作空间界面，如图 1-15 所示。用户可以按照具体的绘图需求自行选择不同的工作空间。

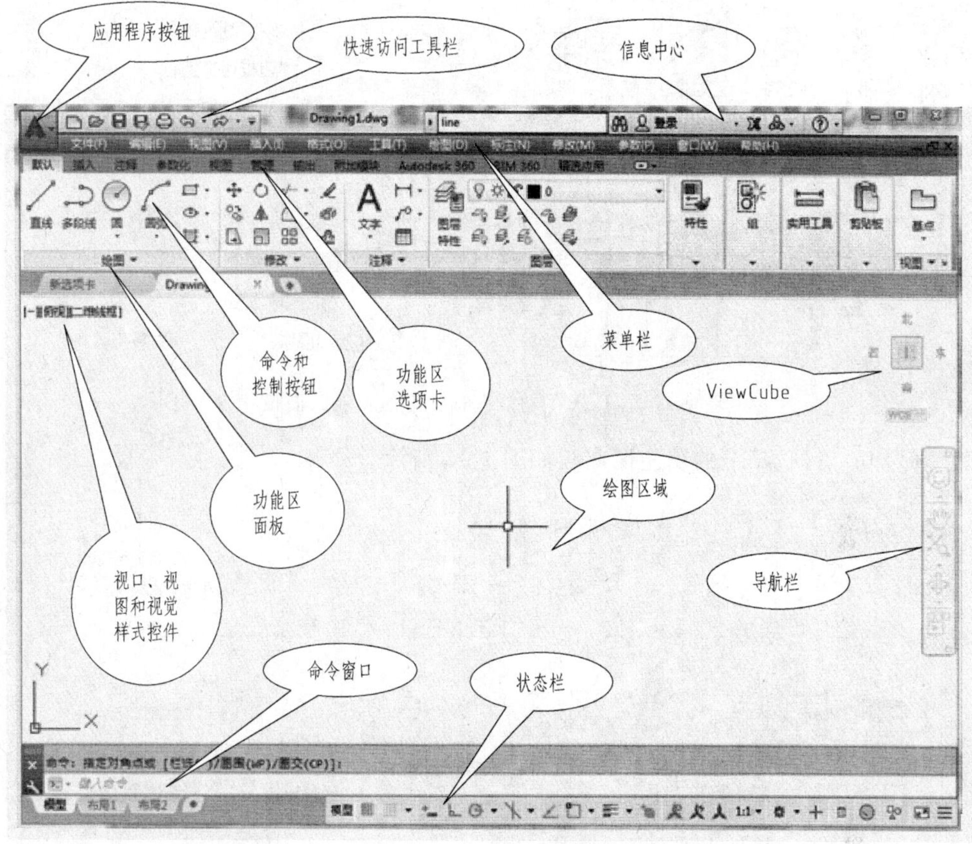

图 1-15　AutoCAD 界面

1.3　AutoCAD 功能区面板

由于工作空间是菜单、工具栏、选项板和功能区控制面板的集合，它可以使用户在专门的、面向任务的绘图环境中工作。使用不同的工作空间时，只会显示与任务相关的菜单、工具栏和功能区选项卡。以下着重介绍“草图与注释”工作空间中的功能区面板。

“默认”功能区选项卡的功能区面板如图 1-16 所示。

图 1-16　“默认”功能区选项卡的功能区面板

“插入”功能区选项卡的功能区面板如图 1-17 所示。

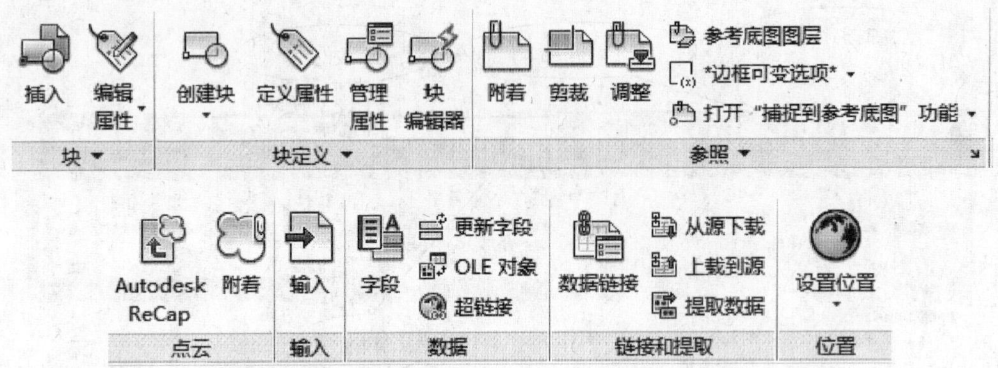

图 1-17 “插入”功能区选项卡的功能区面板

“注释”功能区选项卡的功能区面板如图 1-18 所示。

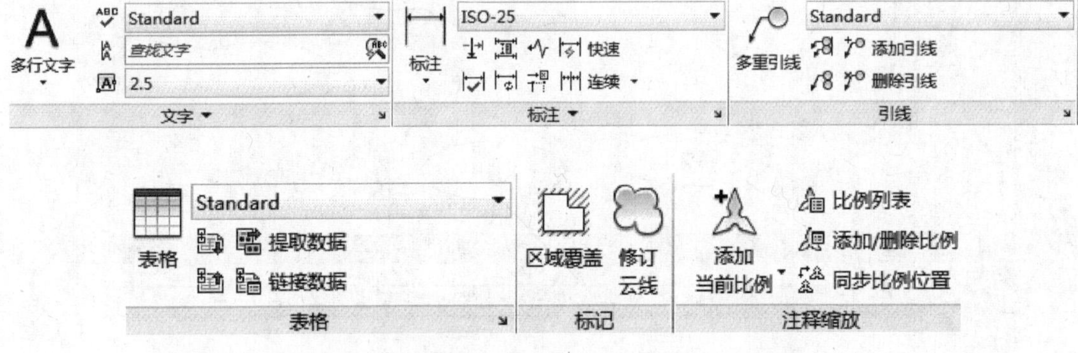

图 1-18 “注释”功能区选项卡的功能区面板

“参数化”功能区选项卡的功能区面板如图 1-19 所示。

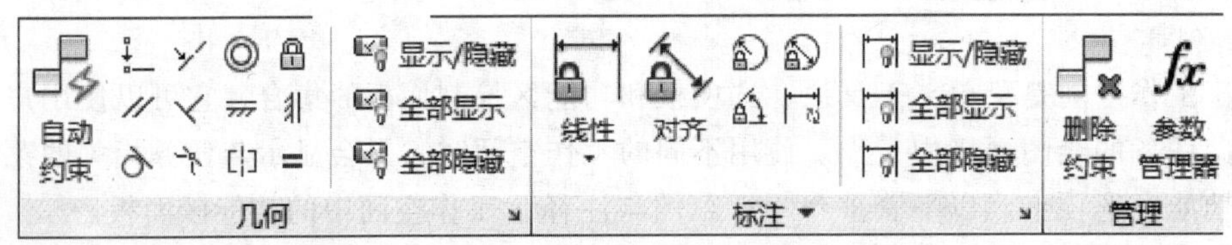

图 1-19 “参数化”功能区选项卡的功能区面板

“视图”功能区选项卡的功能区面板如图 1-20 所示。

“管理”功能区选项卡的功能区面板如图 1-21 所示。

图 1-20 “视图”功能区选项卡的功能区面板

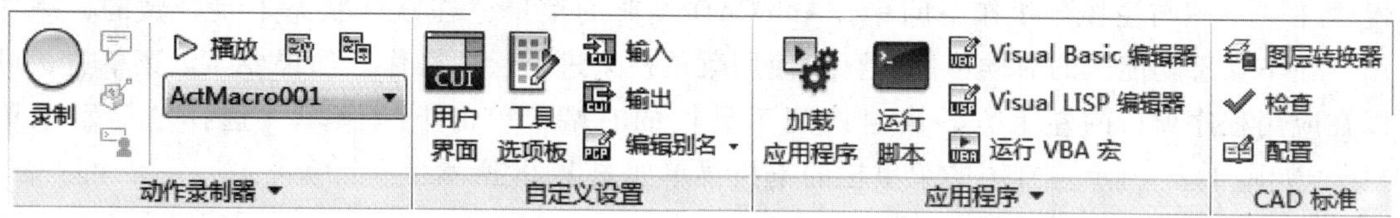

图 1-21　“管理”功能区选项卡的功能区面板

“输出”功能区选项卡的功能区面板如图 1-22 所示。

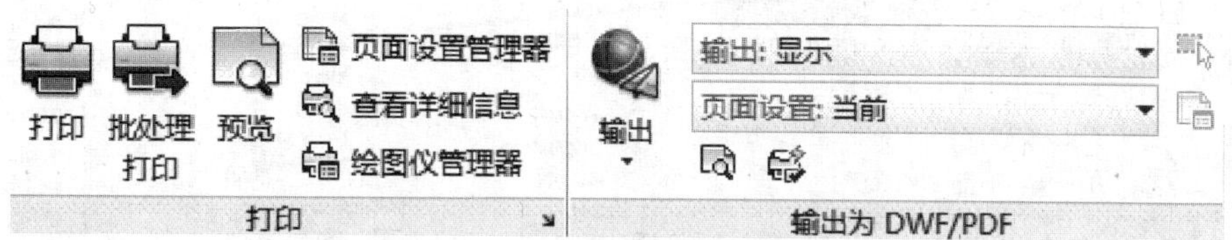

图 1-22　“输出”功能区选项卡的功能区面板

“附加模块”功能区选项卡的功能区面板如图 1-23 所示。

“Autodesk 360”功能区选项卡的功能区面板如图 1-24 所示。

“BIM 360”功能区选项卡的功能区面板如图 1-25 所示。

“精选应用”功能区选项卡的功能区面板如图 1-26 所示。

图 1-23　“附加模块”功能区选项卡的功能区面板

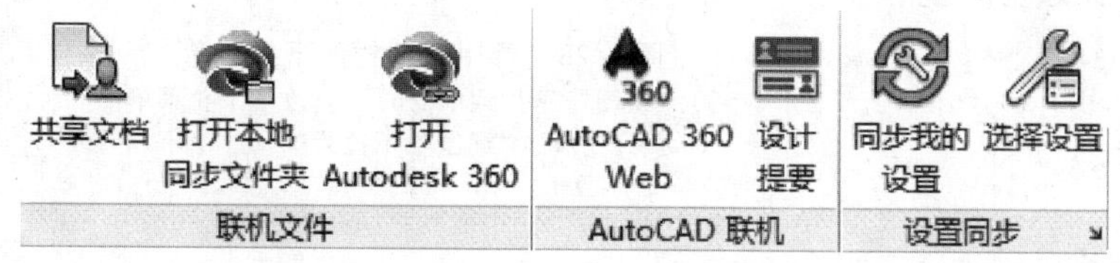

图 1-24　“Autodesk 360”功能区选项卡的功能区面板

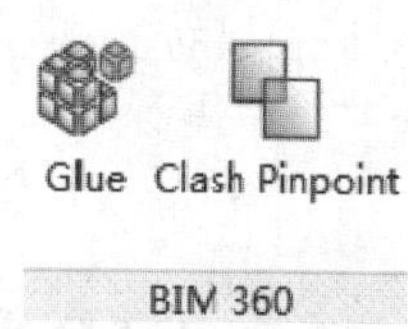

图 1-25　“BIM 360”功能区选项卡的功能区面板

图 1-26　“精选应用”功能区选项卡的功能区面板

1.4　AutoCAD 菜单栏

用户可以显示菜单栏中的下拉菜单来作为功能区的替代，或者与功能区面板同时显示。但是大多数用户会发现从菜单指定操作的速度比使用功能区、工具栏或命令行窗口的速度慢。在“草图与注释”工作空间中，AutoCAD 经典的菜单栏在默认状态下是隐藏的，一些用户在不熟悉功能区的时候可能更喜欢使用菜单栏来进行绘图操作。如果要显示菜单栏，可以在应用程序窗口的左上方、快速访问工具栏的右端，单击下拉菜单并选择“显示菜单栏”，如图 1-27 所示。常用的菜单栏的下拉菜单如图 1-28 所示。

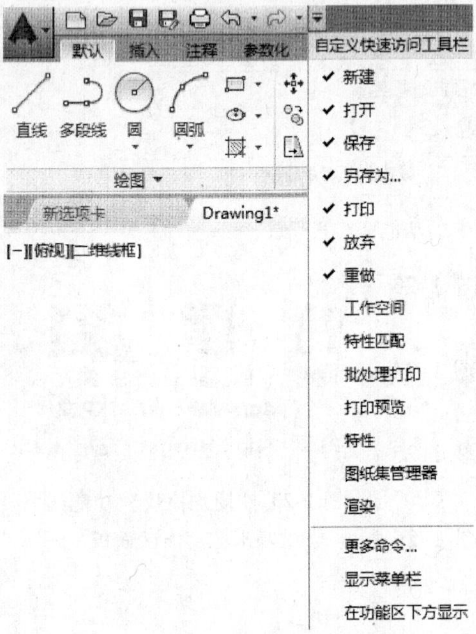

图 1-27　控制显示菜单栏

图 1-28　常用菜单栏的下拉菜单
a）“绘图”下拉菜单　b）“修改”下拉菜单
c）“标注”下拉菜单

1.5　AutoCAD 状态栏

状态栏（图 1-29）提供了对某些常用绘图工具的快速访问按钮。例如，可以通过状态栏切换设置图形栅格、捕捉模式、极轴追踪和对象捕捉等。可以通过单击某些工具的下拉箭头，来访问它们的其他设置。默认情况下，AutoCAD 不会在状态栏显示所有的绘图工具，可以通过状态栏上最右侧的“自定义”按钮选择要显示的绘图工具。状态栏上显示的工具可能会发生变化，具体取决于当前的工作空间以及当前显示的是“模型”选项卡还是“布局”选项卡。

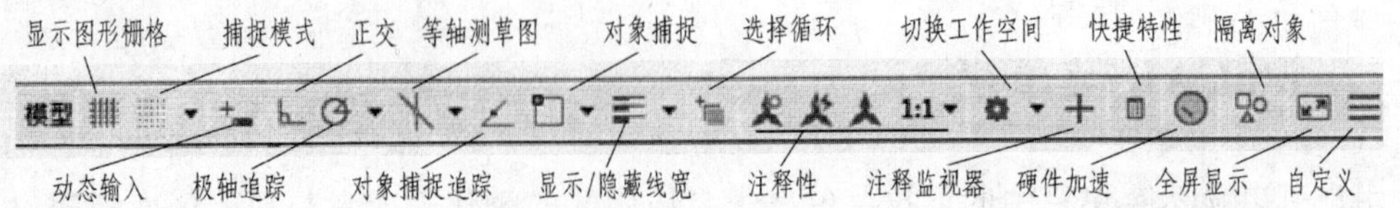

图 1-29　状态栏

1.6 AutoCAD命令别名的查询和编辑

命令别名是AutoCAD命令名称的缩写。它可以在命令提示下作为标准的完整命令名称的替代输入，命令别名存储在acad.pgp的程序参数文件中。例如，命令别名为“L”，它可以启动LINE命令，用户输入命令别名“L”将远远快于输入命令的全称“LINE”或在用户界面中查找“直线”命令按钮。

程序参数文件acad.pgp是具有文件扩展名.pgp的纯ASCII文本文件，可以使用简单的文字编辑器（如Windows系统中的记事本）来查询或编辑此文件中的命令别名。要打开acad.pgp文件，可以在“工具”菜单上，单击“自定义”→“编辑程序参数（acad.pgp）”，如图1-30所示。

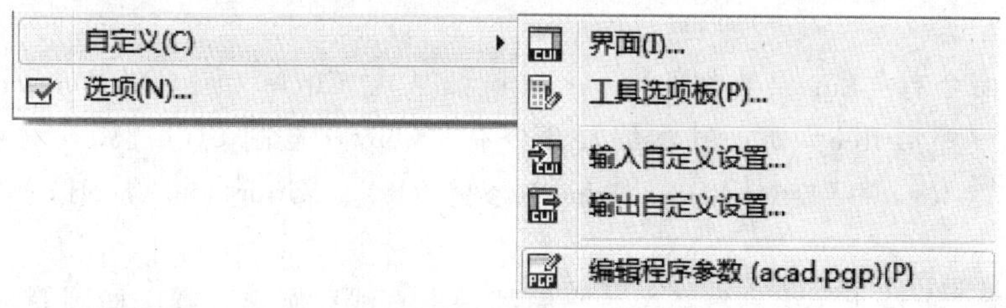

图1-30 查询和编辑命令别名

如果在AutoCAD运行时编辑acad.pgp，请输入reinit命令以使用修订文件，重新启动AutoCAD，将自动重新加载该文件。

acad.pgp文件关于命令别名的定义格式如下：

L，*Line

1）L：用户在命令提示下输入的命令别名。

2）Line：完整的命令名。

3）必须在命令名前输入星号*，以表示命令别名的定义。

第 2 章　AutoCAD 常用命令操作练习

初次在计算机上用 AutoCAD 软件绘图，难免不习惯，尤其对鼠标的左右键以及中间滚轮不能运用自如，这是暂时的，只要多上机操作就能熟能生巧。上机练习时应要求自己规范操作，即左手输入键盘，右手控制鼠标，各尽其能，事半功倍。特别建议使用快捷键，它将提高画图速度，并减轻右手的操作疲劳程度。

2.1　基本命令操作练习

基本绘图命令有：Line（直线 L）、Arc（圆弧 A）、Circle（圆 C）、Polygon（正多边形 Pol）、Rectang（矩形 Rec）等。基本编辑命令有：Copy（复制 CO）、Move（移动 M）、Erase（删除 E）、Rotate（旋转 RO）、Trim（修剪 TR）、Mirror（镜像 MI）、Offset（偏移 O）等。

题 2-1　图 2-1 给出了多种线条图，它们都是由直线、圆弧、圆、椭圆等基本几何形状组合而成的，试应用基本命令进行抄画。

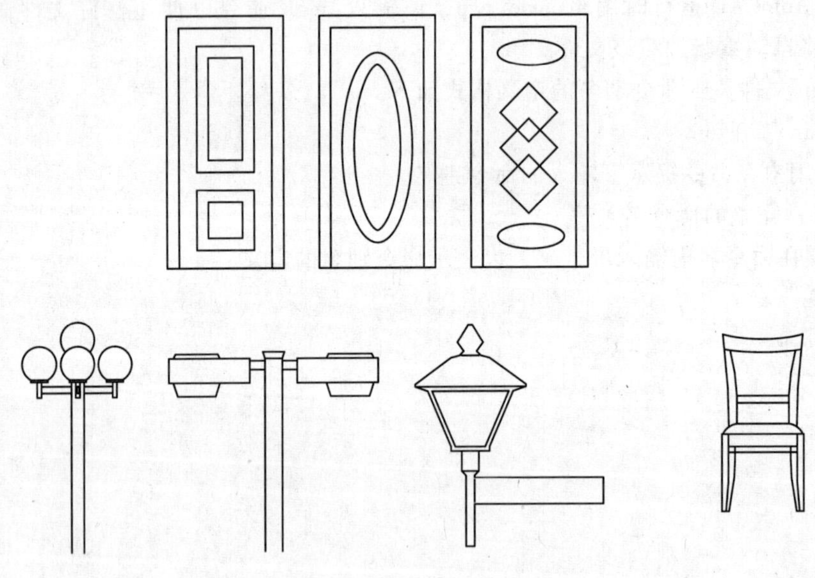

图 2-1　基本命令操作练习

题 2-2　绘制图形时常需要用到偏移（O）和修剪（TR）命令，以这两个命令做专项练习，抄画图 2-2 所示的图形。

题 2-3　灵活应用基本的绘制和编辑命令，以规范的程序进行“新建”、“存盘”、“退出”等操作，逐一画出图 2-3 所示的图形。

题 2-4　应用捕捉（Osnap）、追踪（Polarsnap）辅助作图功能抄画图 2-4 所示的图形。

图 2-2　偏移、修剪命令操作练习

图 2-3　基本命令操作练习

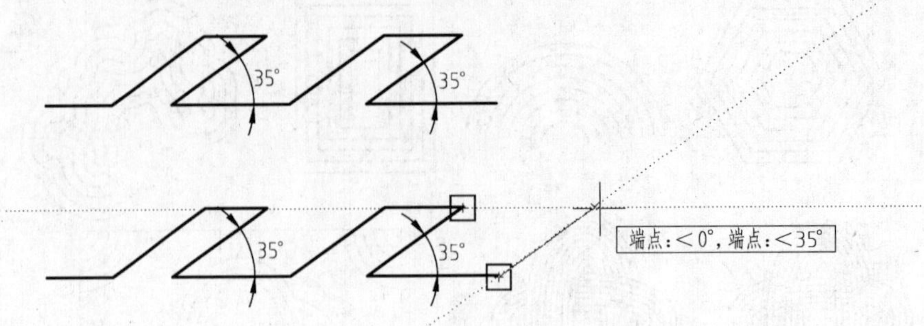

图 2-4　捕捉、追踪功能操作练习

提示： 做此题之前，先将命令行处的极轴追踪和对象捕捉追踪的状态打开，如图 2-5 所示，再将对象捕捉工具条调出，如图 2-6 所示，以方便画图。

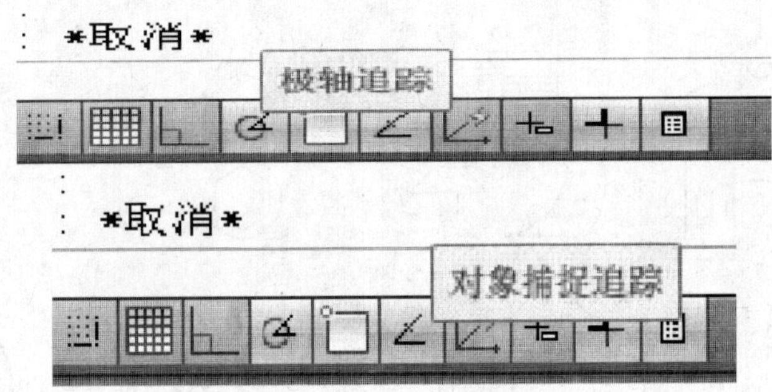

图 2-5　开启追踪功能

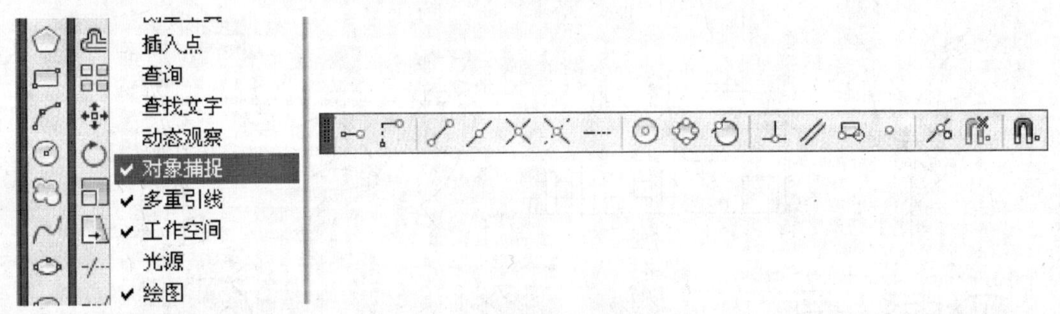

图 2-6　调出对象捕捉工具条

题 2-5　应用偏移（O）、追踪、捕捉等功能抄画图 2-7 所示的含有虚线的三视图，注意长对正、高平齐、宽相等的作图原则。

提示 1： 抄画前先将虚线线型调出。在命令行输入快捷键 LT 后回车，屏幕出现图 2-8 所示的线型管理器对话框：单击“加载”按钮，出现“加载或重载线型”对话框，选择需要的线型后单击“确定”按钮。

提示 2： 启用偏移命令时，对没有具体数据的图形，仍要遵守长对正、高平齐、宽相等的作图原则，因此需要用偏移命令中的“指定偏移距离”来获得两线间的距离。如图 2-9 所示。

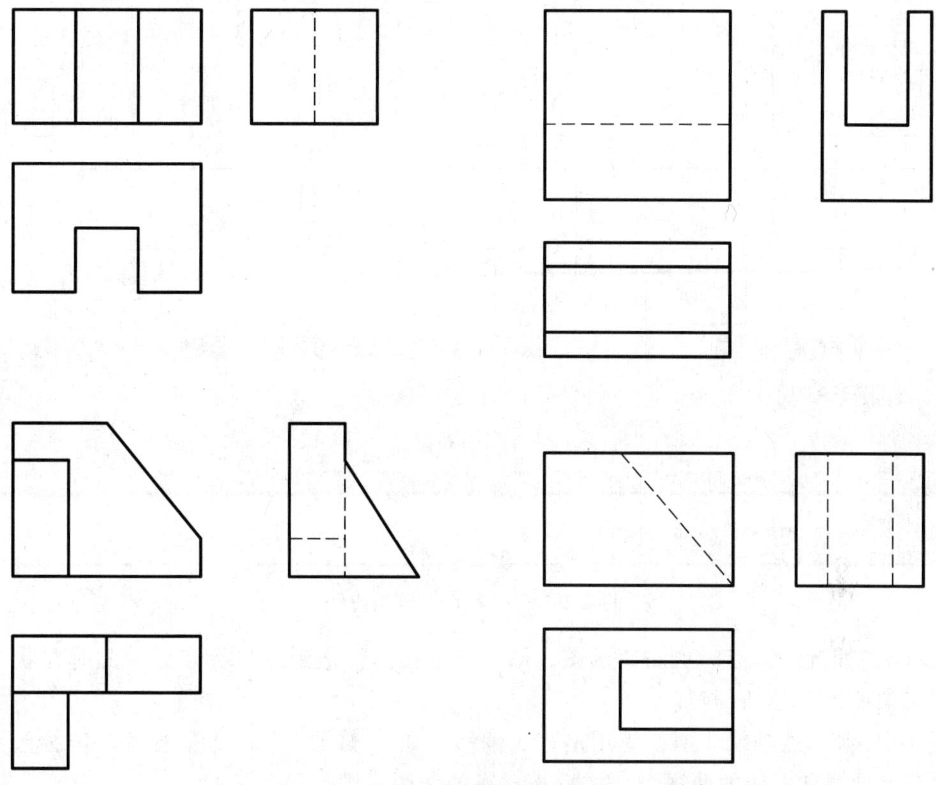

图 2-7　抄画含有虚线的三视图

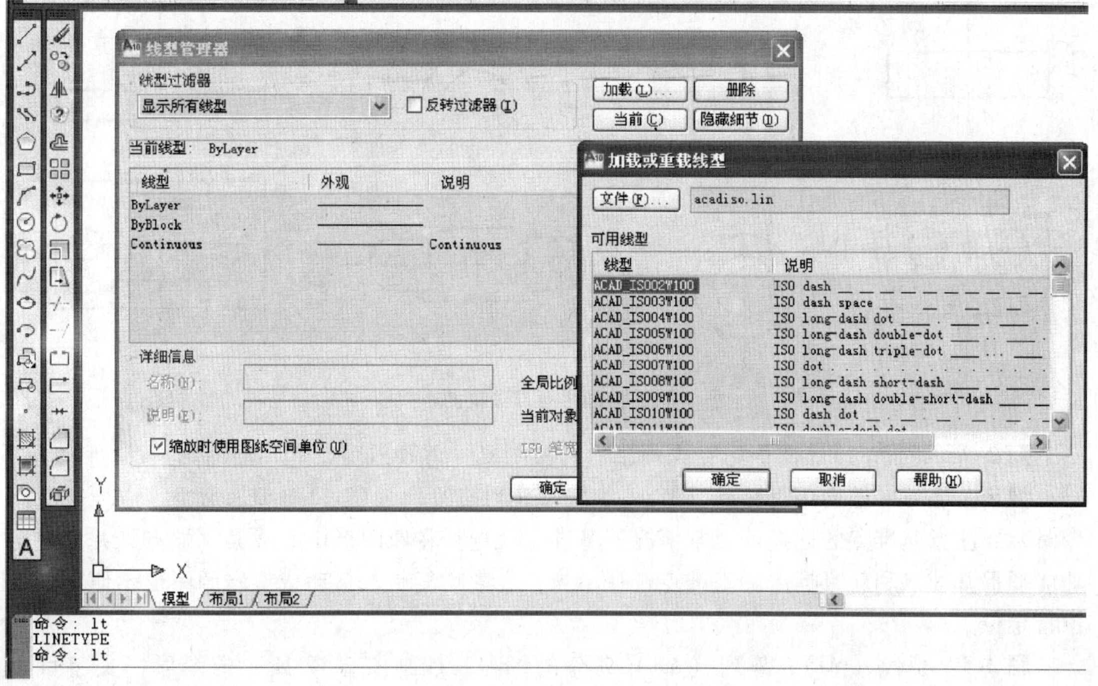

图 2-8　加载虚线线型

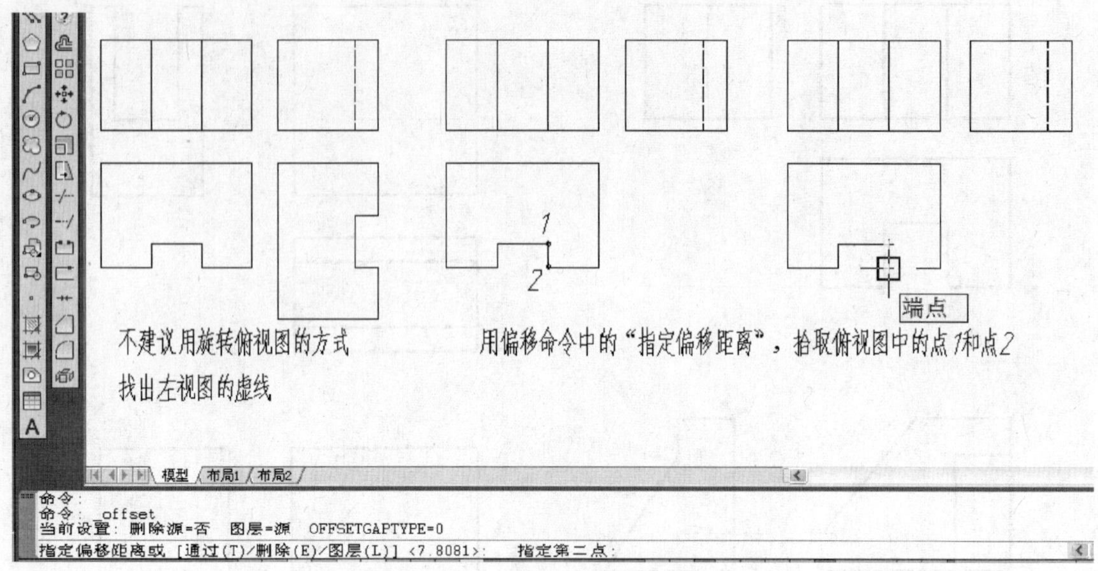

图 2-9　用偏移命令画出虚线

提示 3：捕捉状态有时也妨碍画图，即目标点被强行拖到非目标点处，此时在状态栏处关掉"对象捕捉"按钮即可。

题 2-6　调出点画线线型，应用追踪、偏移（O）、修剪（TR）、捕捉等功能抄画图2-10所示含有点画线和虚线的两视图，注意长对正的作图原则。

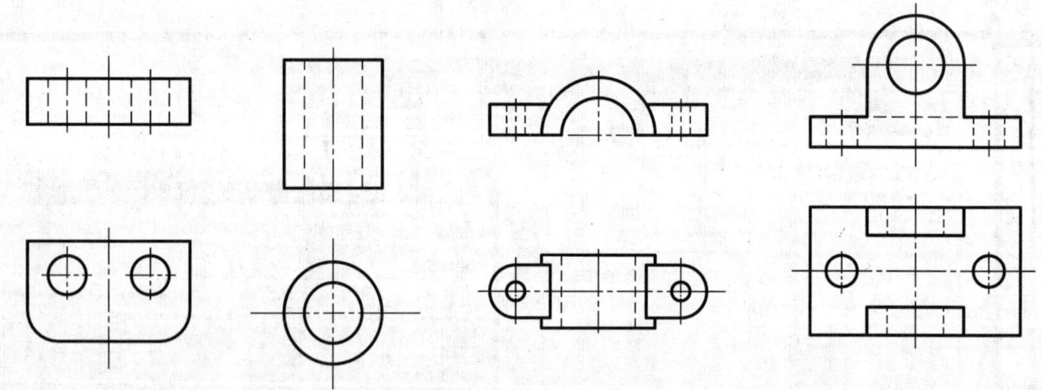

图 2-10　抄画含有点画线的两视图

题 2-7　捕捉基准点的练习：先画出七巧板图素，再画出图 2-11 所示的七巧板拼图。

提示：练习本题会用到移动（M）、旋转.（RO）、复制（CO）等编辑命令。应用这类命令时，要注意基准点的选择。通常情况下基准点就选择在原图形中心或某一端点，并用捕捉功能捕捉基准点和新目标点。基准点选择不当，会影响复制、移动或旋转的图形不便在新的位置定位。

题 2-8　镜像（MI）、阵列（AR）命令的练习：抄画图 2-12 所示的图形（文字可以不写）。

图 2-11　七巧板拼图

题 2-9　改变坐标方向并用矩形阵列命令绘制图 2-13 所示的路灯。

提示：改变坐标方向阵列操作步骤如下：

1）画出阵列方向线和阵列图形，如图 2-14 所示。

2）选择 UCS 工具栏中的“三点 UCS”，改变原坐标方向，如图 2-15 所示。

3）单击 *A* 点 *B* 点（即为 *X* 轴阵列方向），再在线段 *AB* 旁边随意单击一点，即确定了 *Y* 轴方向。

4）选择阵列命令，阵列一行 5 列，即在 *X* 轴方向得到 1 行 5 列图形。

题 2-10　改变坐标方向，并用矩形阵列以及镜像命令绘制图 2-16 所示的楼梯。

图 2-12　镜像、阵列命令应用练习

a）镜像命令练习

图 2-12 镜像、阵列命令应用练习（续）
b）阵列命令练习

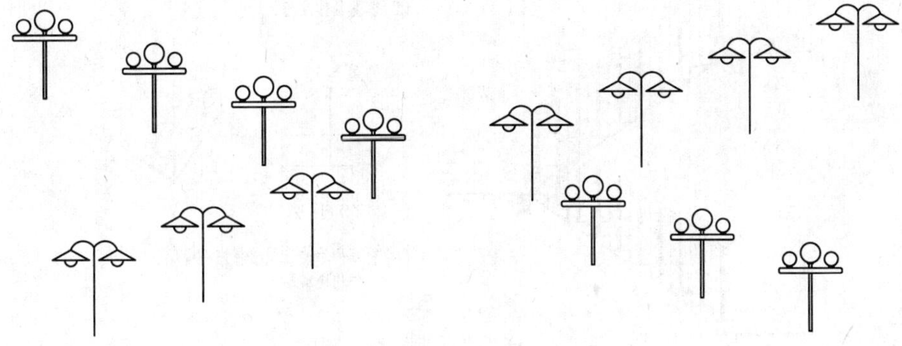

图 2-13 改变坐标方向及阵列操作练习

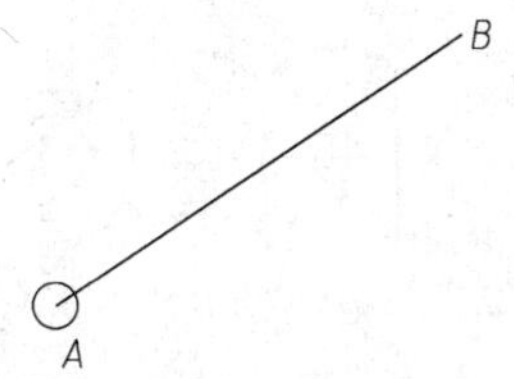

图 2-14 阵列方向线

题 2-11 用环形阵列绘制图 2-17。

提示： 使用环形阵列功能时，要注意选好旋转中心、旋转角度、旋转起点。改变任一参数，阵列结果都不一样。

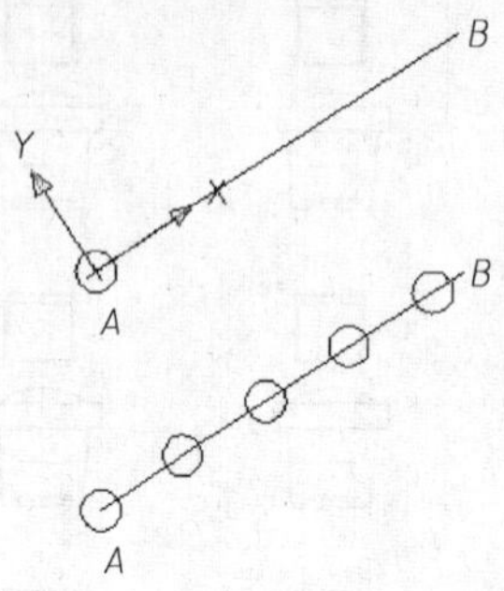

图 2-15　改变坐标方向

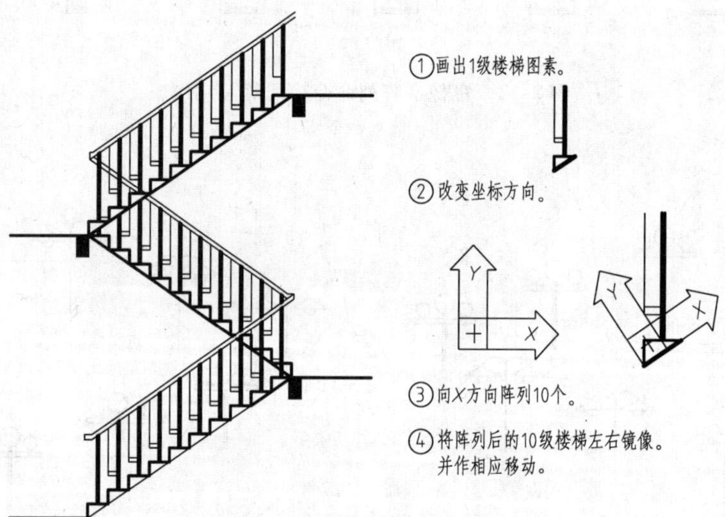

图 2-16　用阵列命令画楼梯

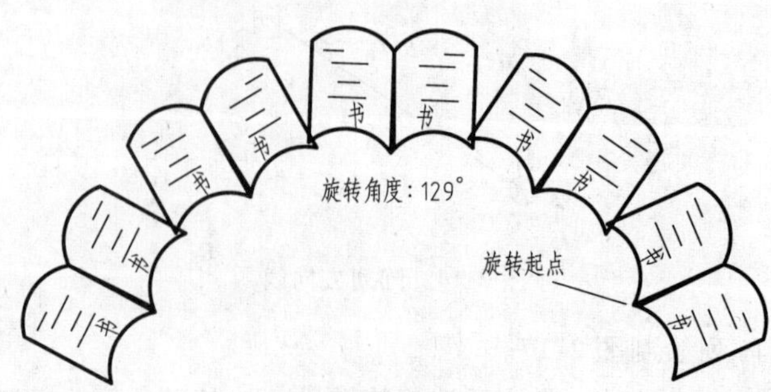

图 2-17　环形阵列

2.2 数据输入操作练习

数据输入分为绝对坐标数据输入、光标定向数据输入、相对坐标数据输入以及极坐标数据输入等方式，下面分别进行针对性练习。

题 2-12 用绝对坐标数据输入法画出图 2-18 所示的五角星和窗户图形。

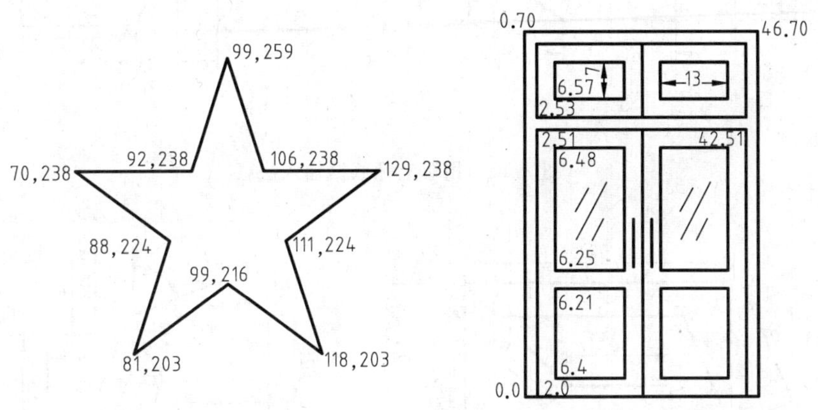

图 2-18 绝对坐标数据输入法

题 2-13 打开正交（ORTHO）状态，按字母顺序，用光标定向数据输入法画出图 2-19 所示的图形。

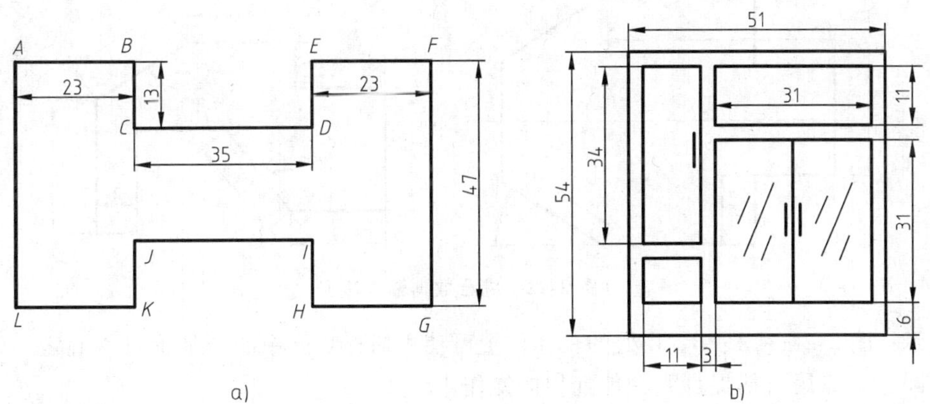

图 2-19 光标定向数据输入法

提示： 此方法只适合画水平或垂直直线。

题 2-14 用相对坐标数据输入法，按字母顺序画出图 2-20 所示的图形。

题 2-15 用极坐标数据输入法画出图 2-21 所示的图形。

题 2-16 用上述四种数据输入法画出图 2-22 所示的图形。

题 2-17 思考应用哪种数据输入法可绘制出图 2-23 所示的三视图。

题 2-18 应用数据输入和捕捉功能抄画图 2-24 和图 2-25 所示的图形。

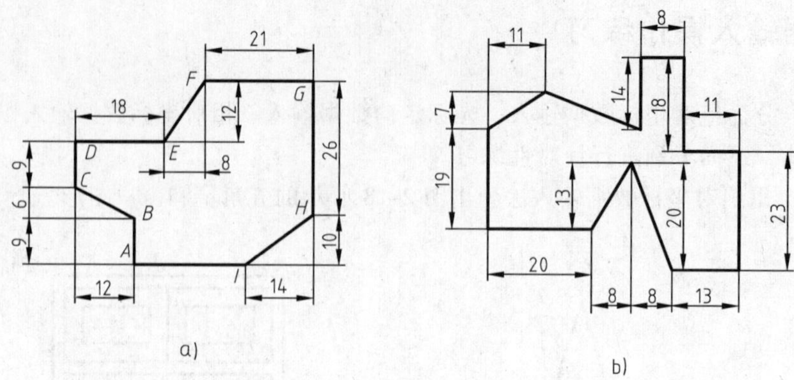

图 2-20　相对坐标数据输入法

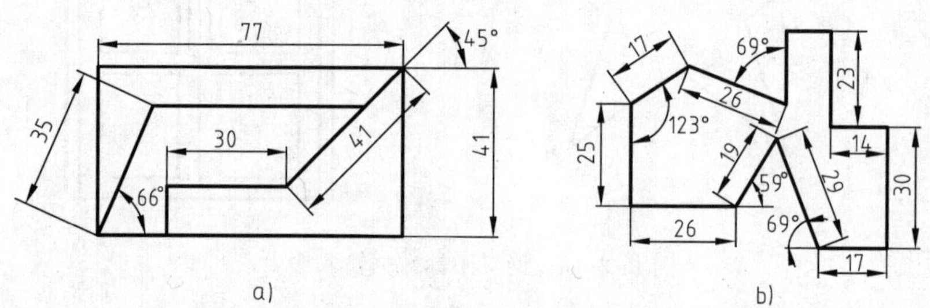

图 2-21　极坐标数据输入法

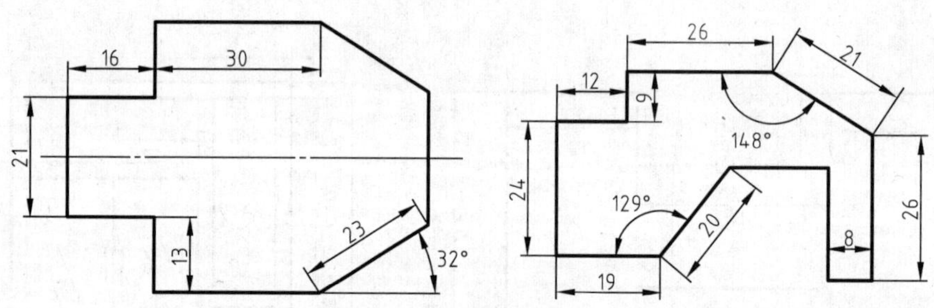

图 2-22　综合数据输入法

提示：图 2-24 中 *A*、*B*、*C* 处的具体位置可使用捕捉功能中的“捕捉自”确定。以画圆为例，圆心 *C* 点用“捕捉自”功能捕捉的操作步骤如下：

1）单击“圆”的图标命令或者键入“C”并回车。

2）指定圆的圆心或［三点(3P)/两点(2P)/相切、相切、半径(T)］：(指定圆心)；单击捕捉“捕捉自”图标，命令行出现_from 基点：(找出与圆心相关的参考点)。

3）捕捉 *D* 点并单击，命令行出现 <偏移>。

4）在键盘上输入“@20，20”并回车。圆心点找到。

题 2-19　选择合理的数据输入法，分别用镜像命令和阵列命令绘制图 2-26 所示的图形。

题 2-20　用倒直角（CHA）、倒圆角（F）命令绘制图 2-27 所示的图形。

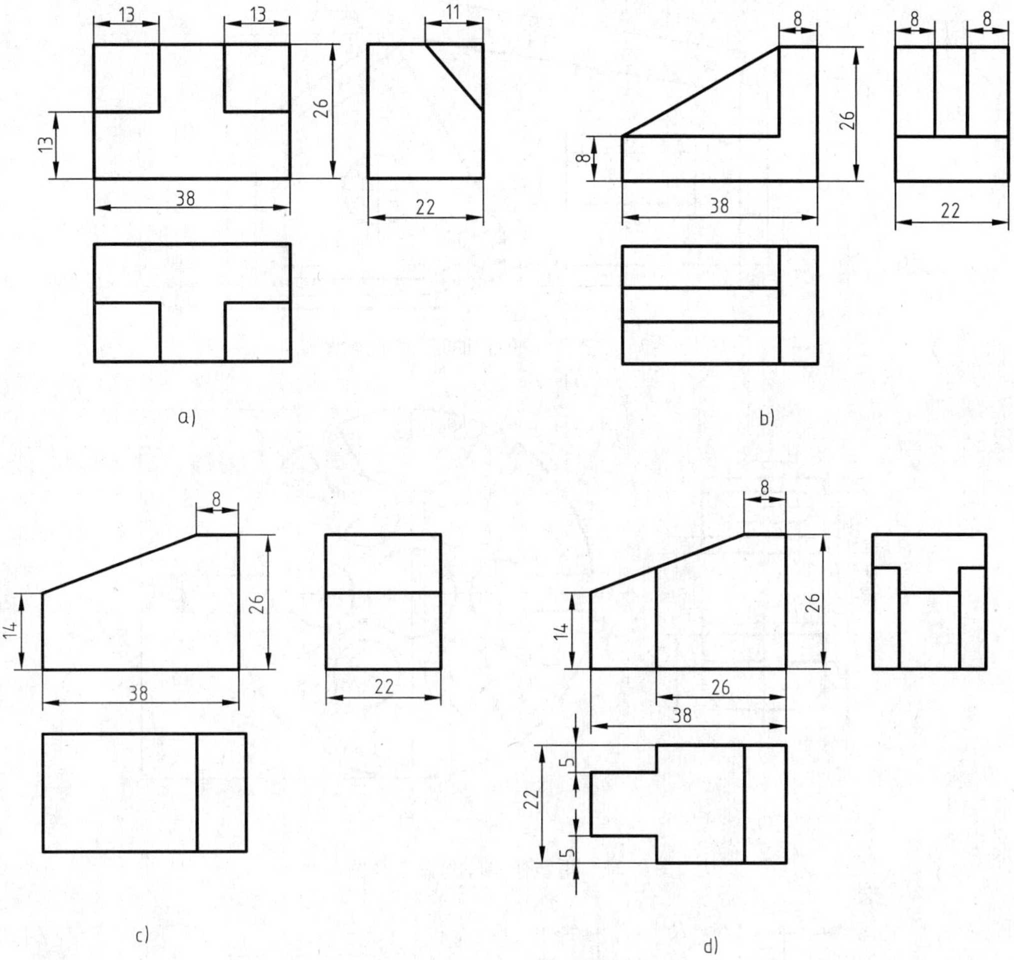

a)　　b)

c)　　d)

图 2-23　根据所给尺寸抄画三视图

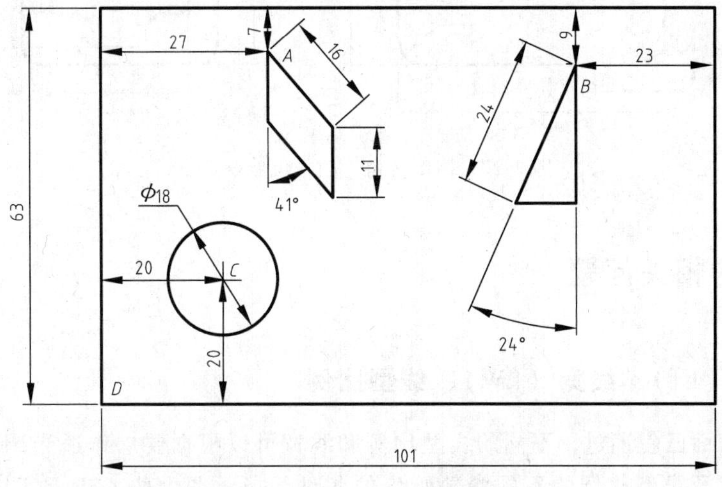

图 2-24　应用“捕捉自”功能画图

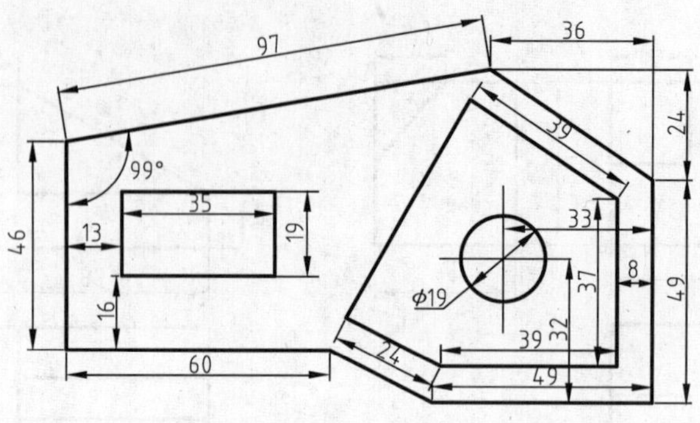

图 2-25 应用“平行捕捉”功能画图

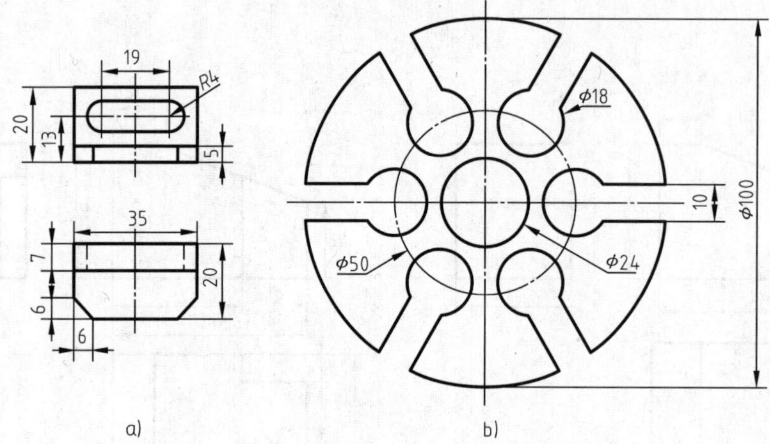

图 2-26 用镜像和阵列命令画图

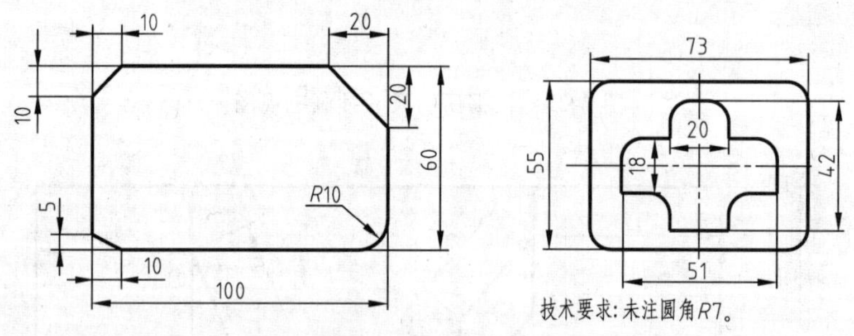

图 2-27 用倒直角、倒圆角命令画图

2.3 直线的相关问题

2.3.1 线型（LT）、线宽（LW）、线型比例

线型问题前面已叙述过，不同的线型比例和线宽可以根据要求作适当调整，图 2-28 是按线型、线宽以及线型比例的不同参数画出的各种线条。图中的 GSF 是 Global scale factor（全局比例因子）的缩写，COS 是 Current object scale（当前对象缩放比例）的缩写。读者可

以在线型管理器中（图 2-29），自行设计相关参数，并抄画图 2-28 中的 a 图。

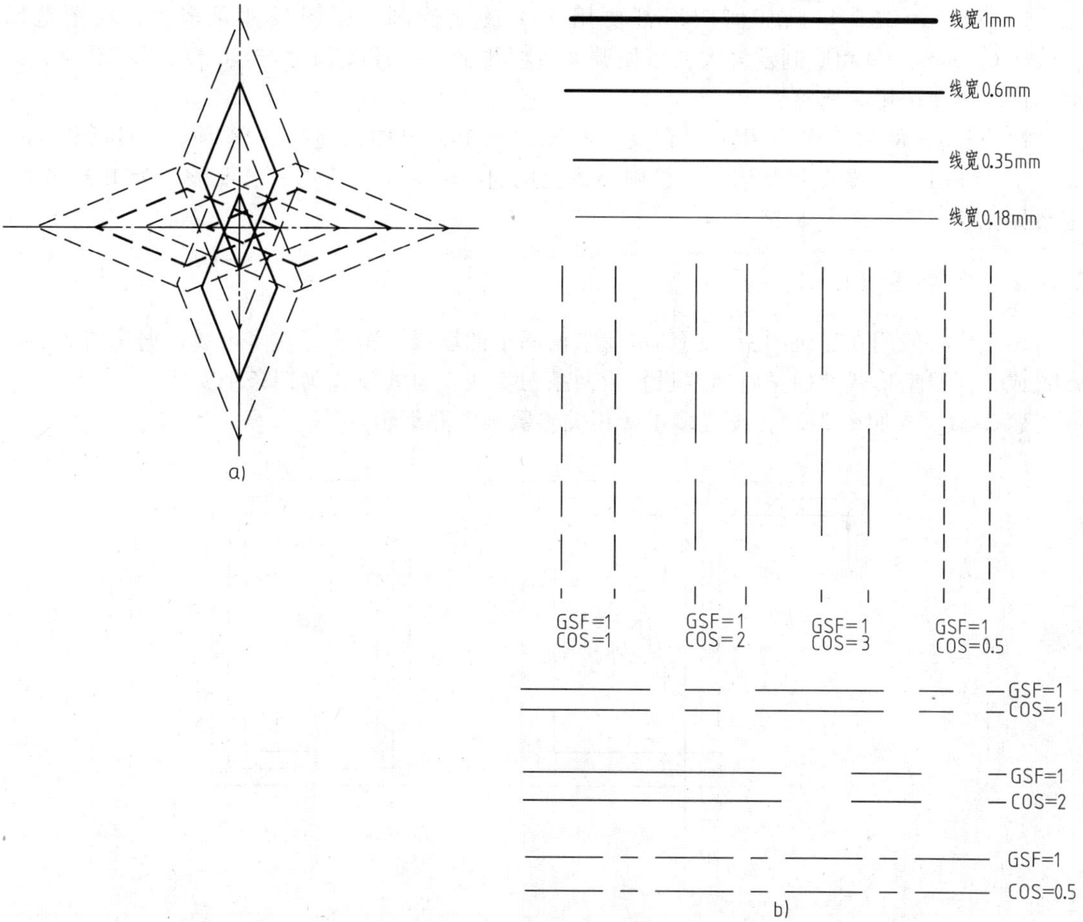

线宽1mm
线宽0.6mm
线宽0.35mm
线宽0.18mm
a)
GSF=1 COS=1　GSF=1 COS=2　GSF=1 COS=3　GSF=1 COS=0.5
GSF=1 COS=1
GSF=1 COS=2
GSF=1 COS=0.5
b)

图 2-28　线型、线宽、线型比例

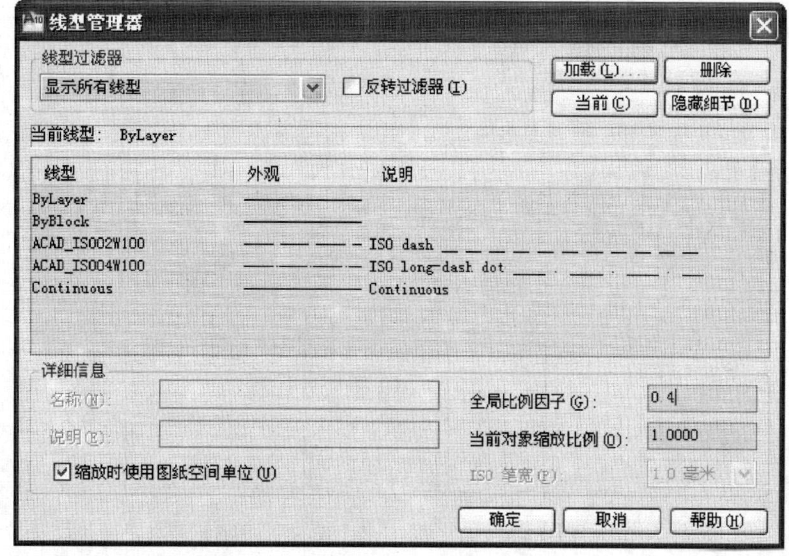

图 2-29　“线型管理器”对话框

提示：调整线型比例时要注意如下两个问题：

1）在 AutoCAD 里面画任何图形都要用 1∶1 的比例画，原图尺寸是多大，绘图范围（Drawing limits）就相应制定多大，以便调整线型比例。若原图尺寸与绘图范围不对应，线型比例就不便按规律调整。

2）线型比例与打印出图比例有关，若按常规 1∶1 出图，整体比例因子（Global scale factor）就是 1。若要放大 X 倍出图，则整体比例因子应缩小为 1/X；若要缩小为 1/X 出图，则整体比例因子应放大 X 倍。

2.3.2 多重线（ML）

多重线一般用在建筑图中，例如房屋平面图中的墙线、窗线等。多重线根据作图需要可设置成不同线型形式，通常将墙线设置为两条粗实线，窗线设置为四条细实线。

题 2-21 参照图 2-30，设置多重线相关参数画图并编辑。

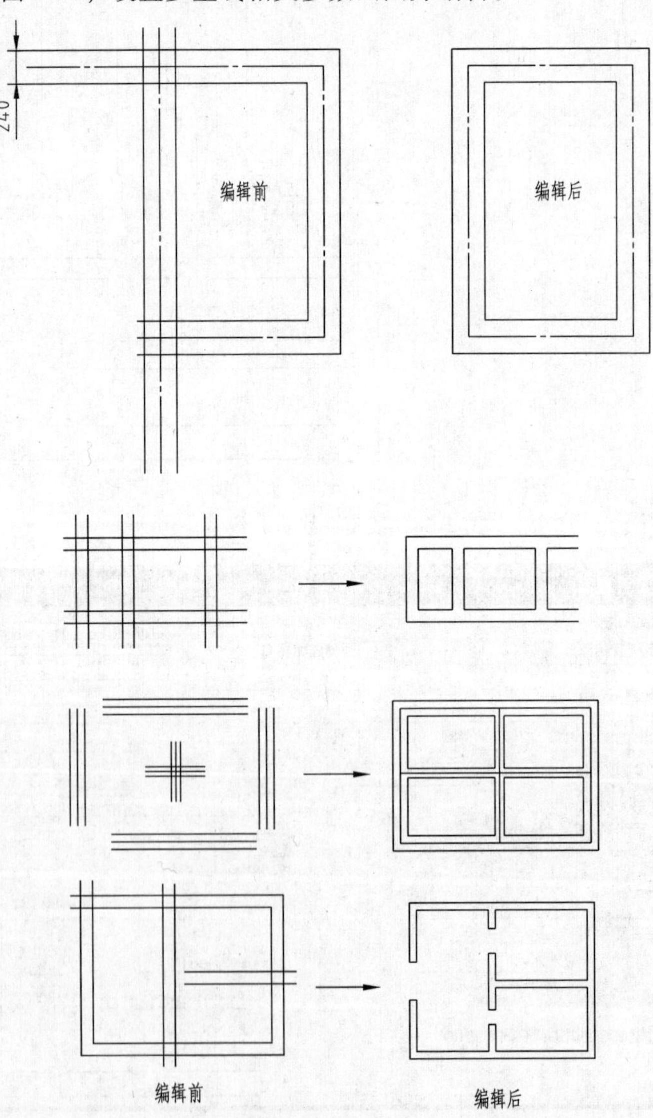

图 2-30 设置多重线画图并编辑

提示：设置多重线之间的距离时，一定不要忘了系统已设置好了的“比例”参数。例如，系统将比例设置为 20，两线间的距离若设为 2，则实际距离为 2 × 20 = 40。

题 2-22　用多重线抄画图 2-31 和图 2-32，注意掌握多重线的设置方法以及编辑技巧。

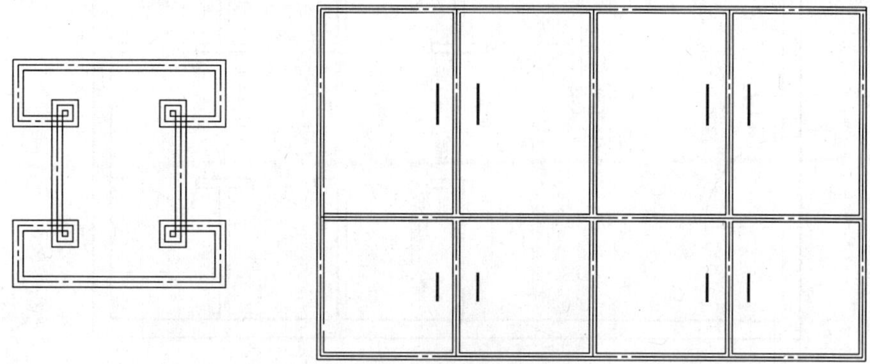

图 2-31　建筑装饰物和橱柜

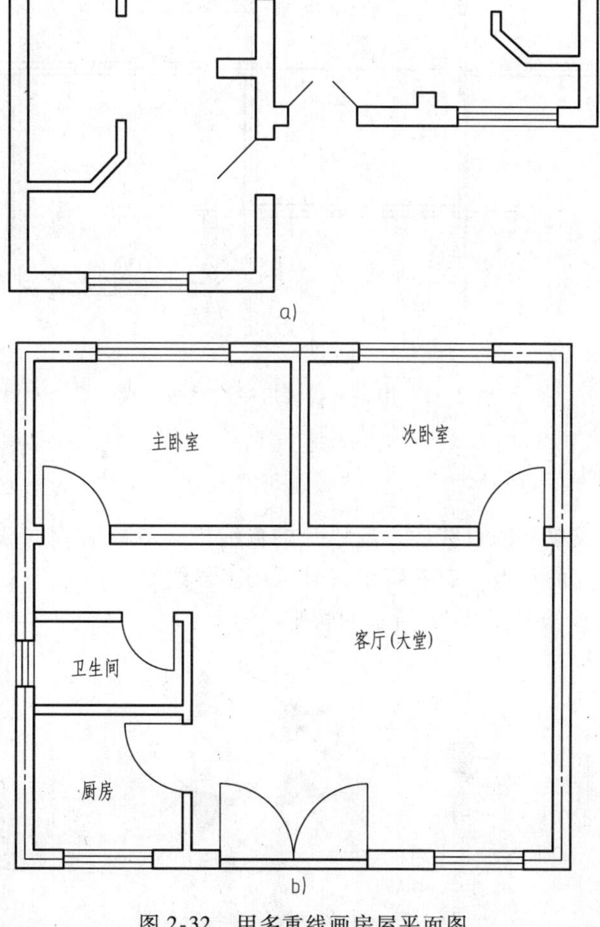

图 2-32　用多重线画房屋平面图

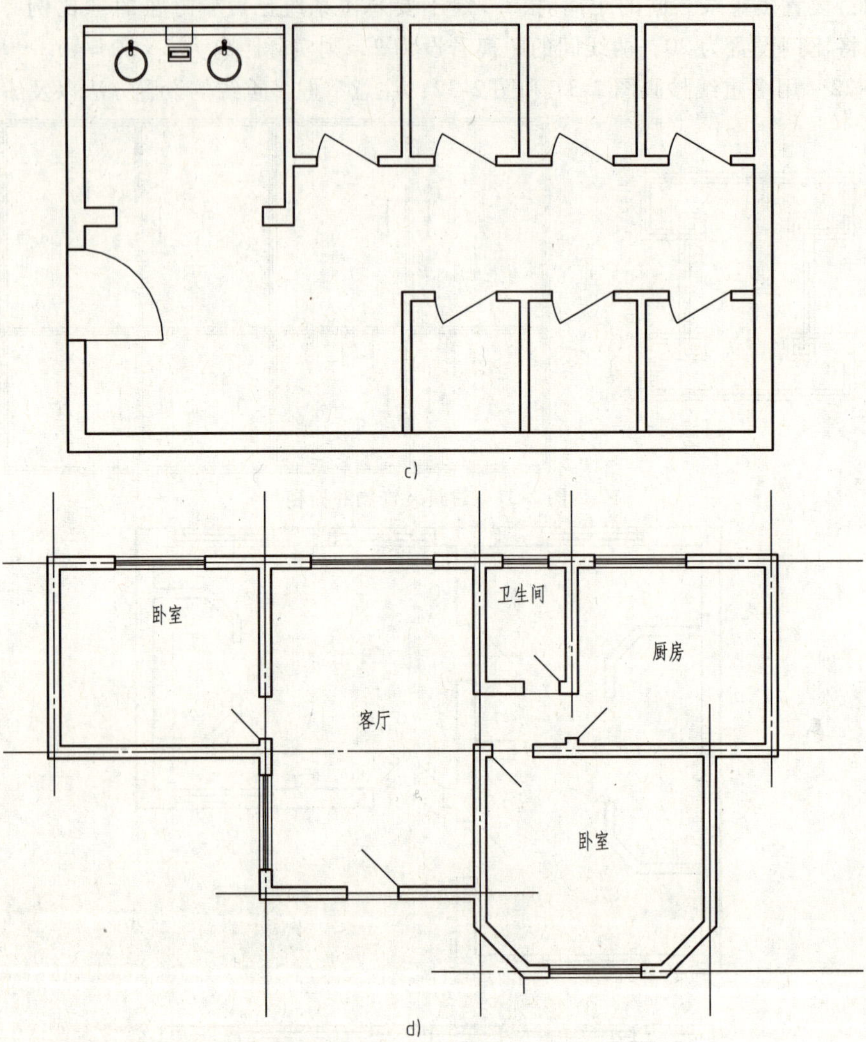

c)
卧室
卫生间
厨房
客厅
卧室
d)

图 2-32　用多重线画房屋平面图（续）

2. 3. 3　多段线（PL）

多段线可以绘制成单一的直线段，或单一的弧线段，或既有直线又有弧线的连续线段，具有随时设置线段宽度的特点，有些特定符号可用多段线绘制完成。

题 2-23　用多段线绘制图 2-33 所示的特定符号。

二极管
全波桥
变压器

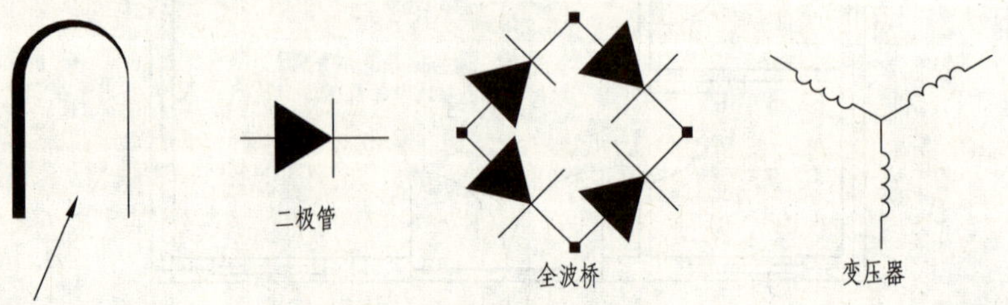

图 2-33　用多段线绘制特定符号

2.4　AutoCAD 常用命令综合练习

题 2-24　抄画图 2-34 所示的视图。

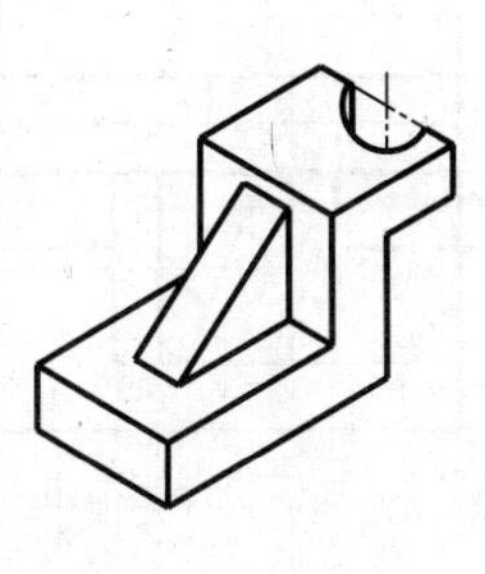

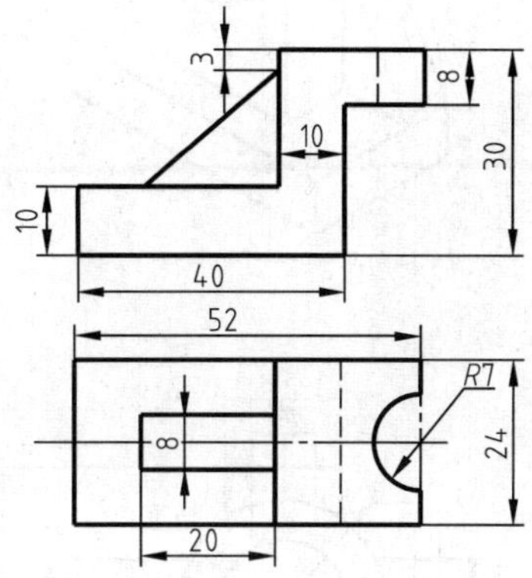

a)

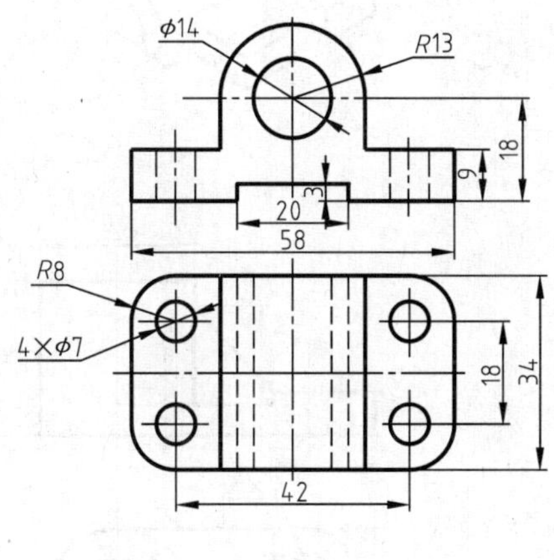

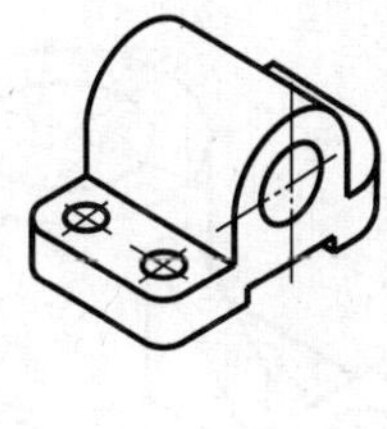

b)

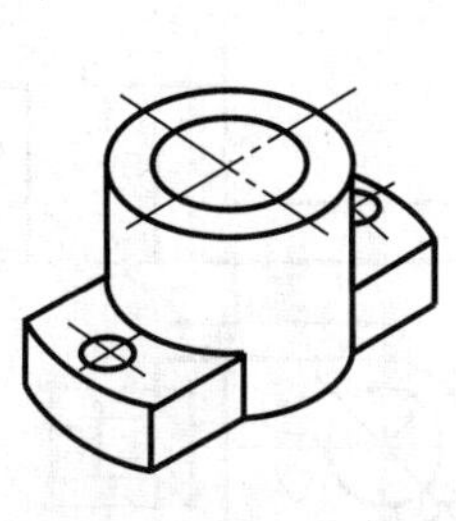

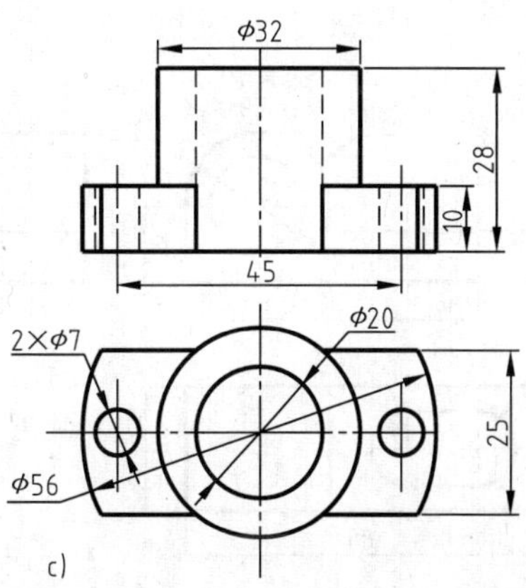

c)

图 2-34　常用命令综合练习

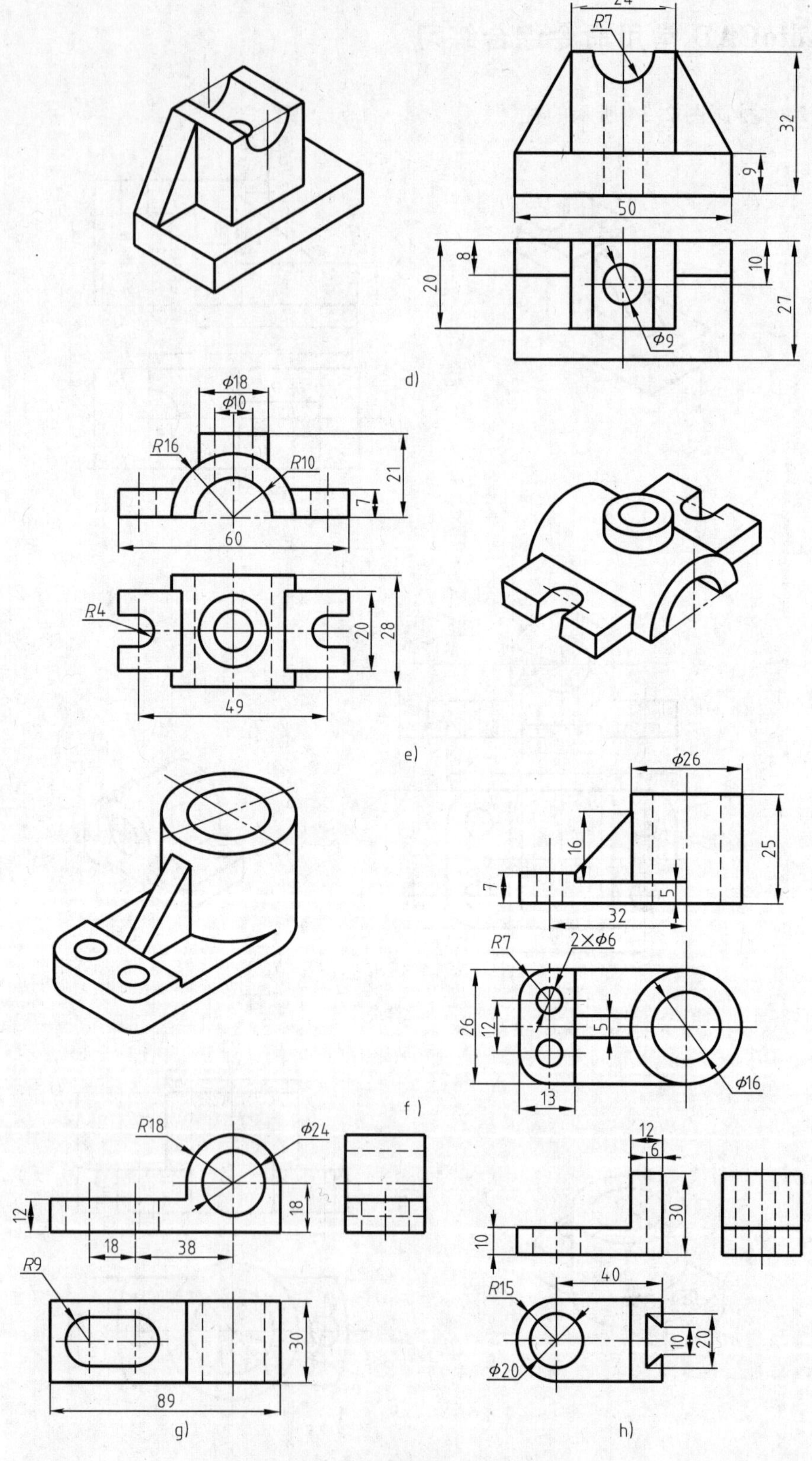

图 2-34　常用命令综合练习（续）

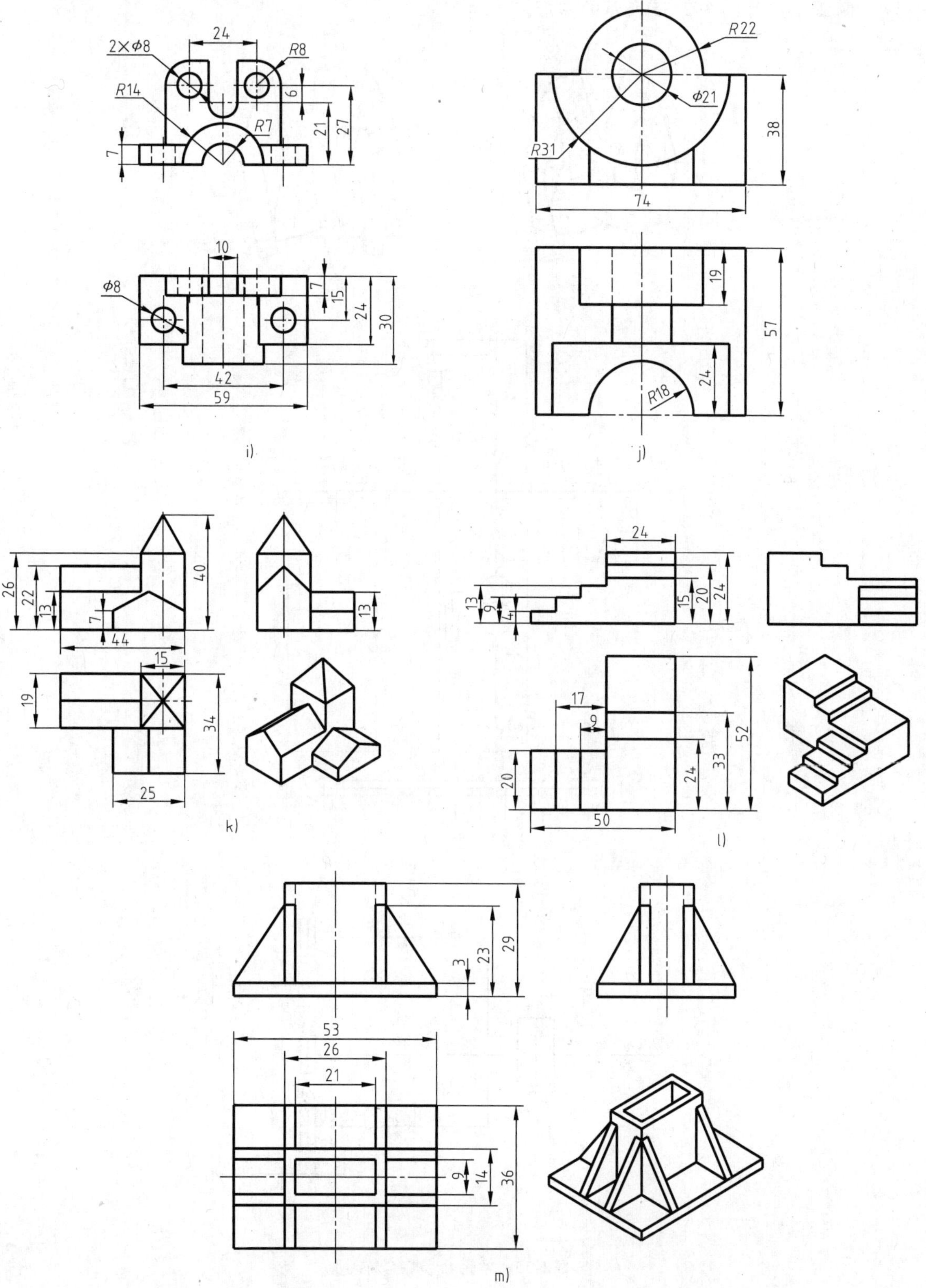

图 2-34　常用命令综合练习（续）

题 2-25　绘制图 2-35 所示的图形。

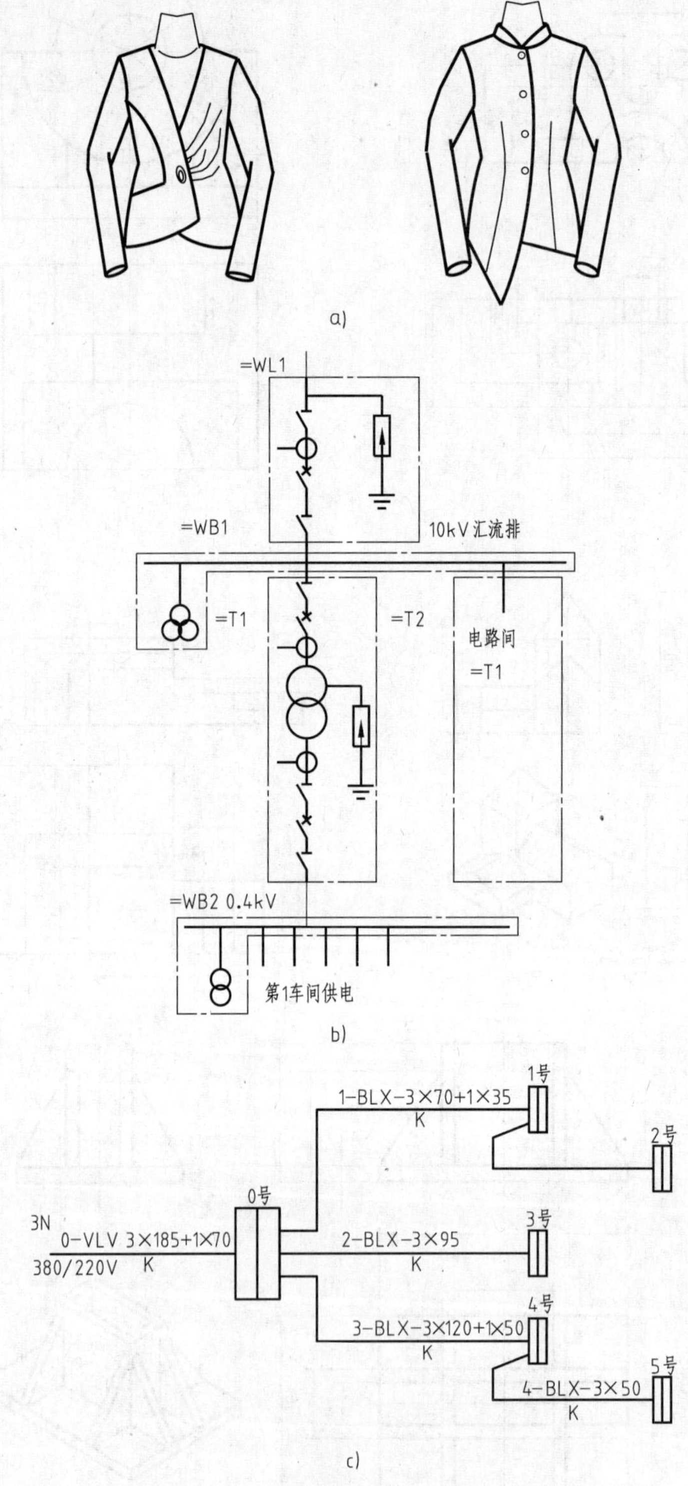

图 2-35　常用命令综合练习

a）上衣设计图　b）单线配电图　c）某车间配电干线图

题 2-26　抄画如图 2-36 所示的图形，掌握房屋平面图的画图技巧，暂时不标注尺寸，先保存好文件，在后续的尺寸标注练习中再调出该文件，补全尺寸标注。

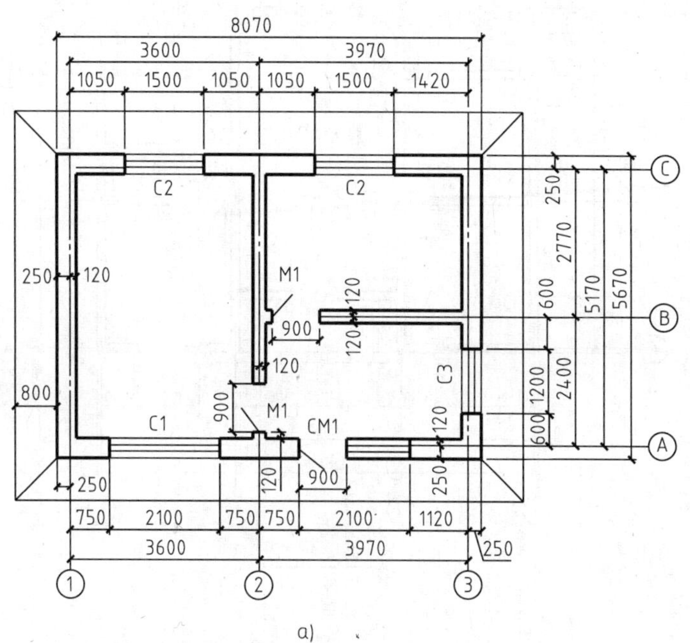

a)

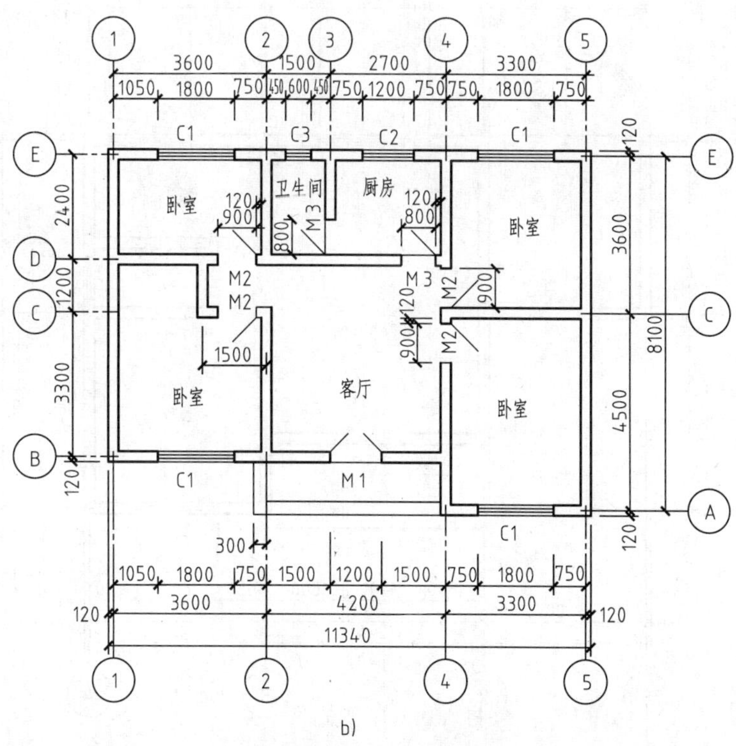

b)

图 2-36　房屋平面图的画法练习

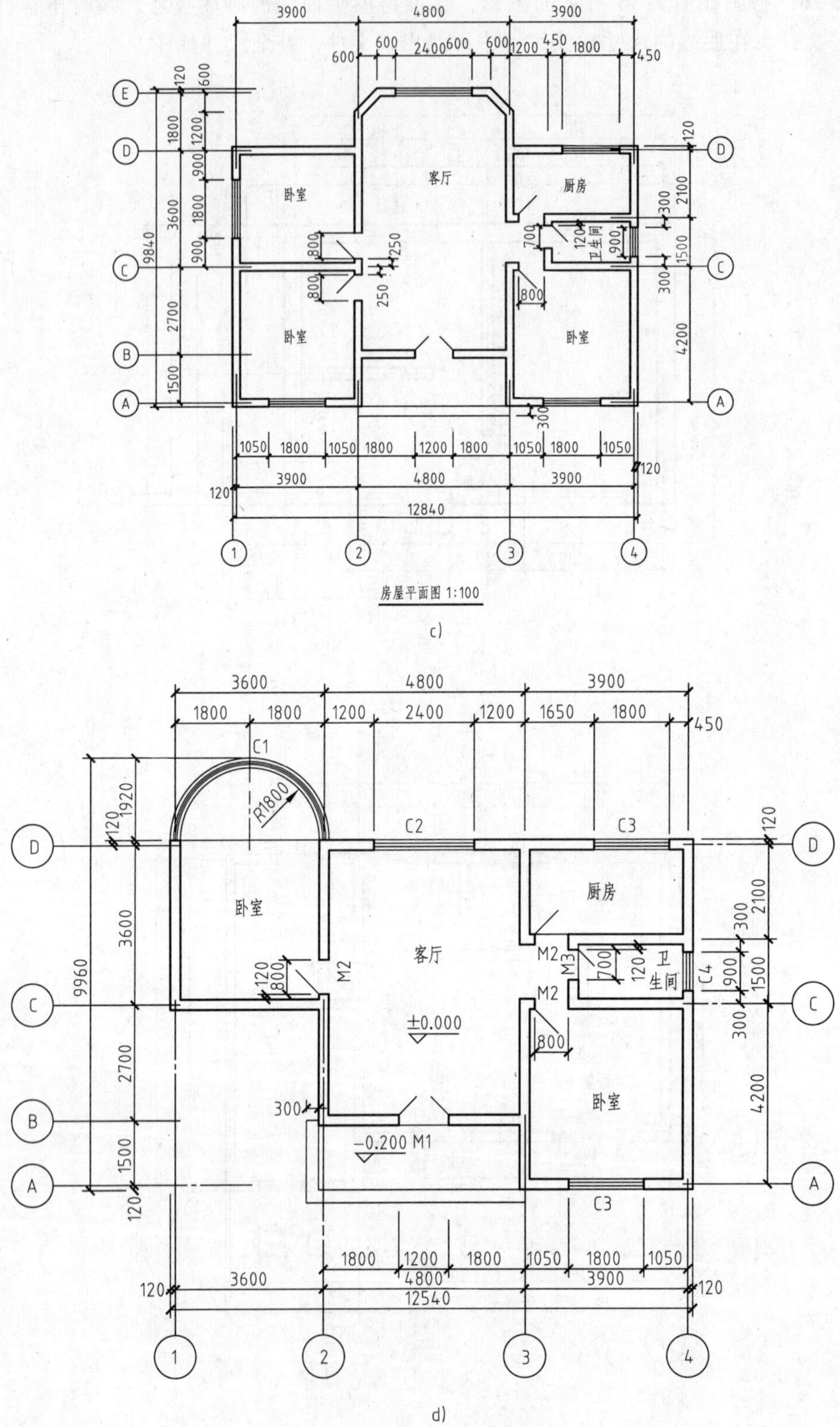

图 2-36 房屋平面图的画法练习（续）

2.5　几何作图练习

题 2-27　利用圆（C）命令中的“相切，相切，半径”（T）功能绘制图 2-37 所示的图形。

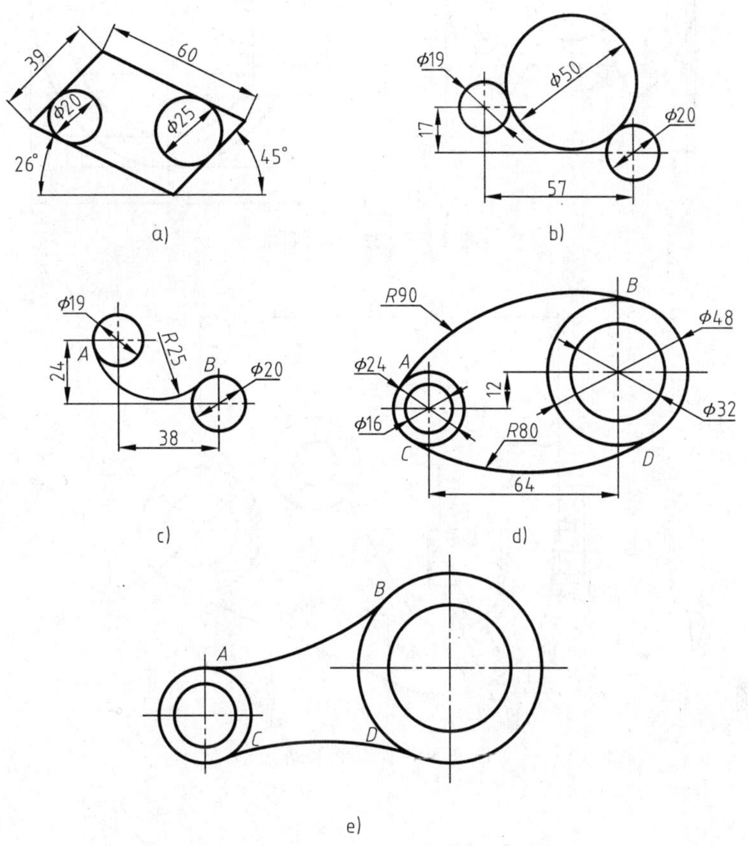

图 2-37　用圆命令中的“T”功能画图

提示：画图 2-37c 中的 R25mm 时要靠近 A、B 处捕捉切点，否则画出的图形将是另一种结果。如同图 2-37d 中的 R90mm 和 R80mm 一样，如不在切点（即 A、B、C、D）附近捕捉切点，画出的图形就像图 2-37e 一样。

题 2-28　抄画图 2-38 所示的几何图形。

题 2-29　抄画如图 2-39 所示的图形。

提示：几何作图是将圆、圆弧、直线等图素，根据尺寸进行连接的过程。手工作图时，凡是圆或圆弧。都必须找出圆心后才能画出。而在 AutoCAD 里不完全这样，在图 2-39 的作图步骤中可以具体了解用 AutoCAD 完成几何作图的优越性。

作图步骤如下：

1）画出尺寸 ϕ25mm、ϕ12mm、ϕ20mm、ϕ34mm 和 100mm 的定位线（图 a）。

2）画出尺寸为 ϕ25mm、ϕ12mm、ϕ20mm、ϕ34mm 和 16mm × 24mm 的图形（图 b）。

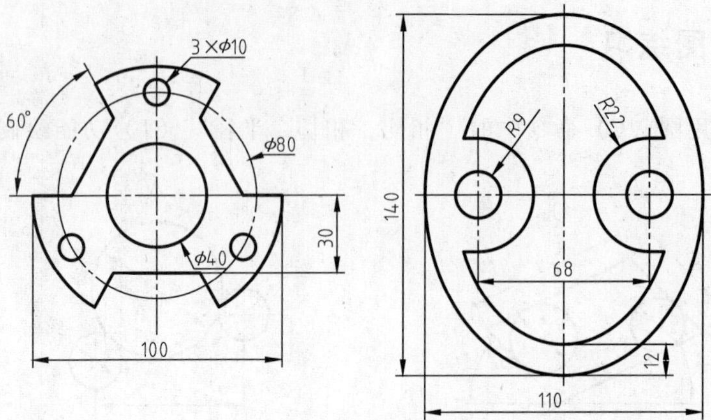

图 2-38 抄画几何图

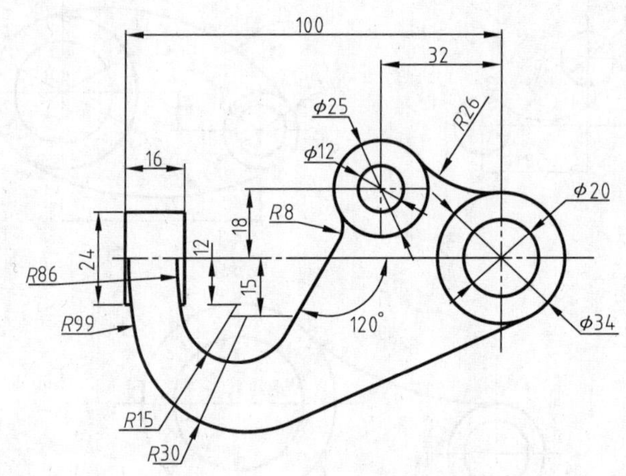

图 2-39 圆弧连接练习

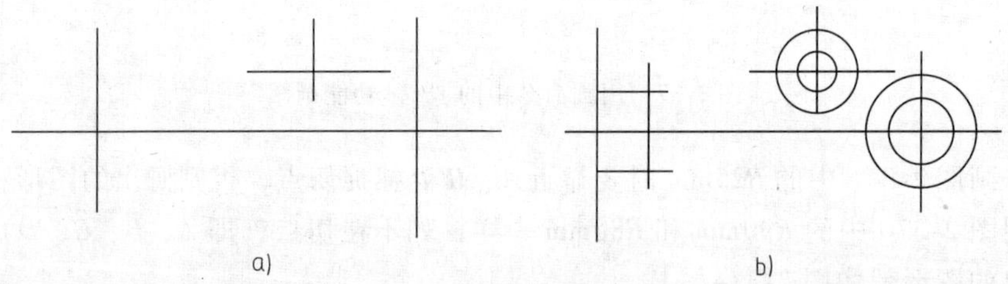

3）以 O 为圆心，先画成 R86mm、R99mm 为半径的圆，再剪去多余的线（图 c）。

4）将主中心线向下偏移 12mm 和 15mm 并调整长度得到直线 E 和直线 F。再以 O 为圆心画 $R71$mm 和 $R69$mm 弧线（图 d）。

5）由步骤 4）找到了圆心 O_1、O_2（注意，几何作图中，圆 D 和 C 属于“中间线段”，需要找圆心），并画出 $R30$mm 和 $R15$mm 的圆（图 e）。

6）画直线 G 和直线 H。选择直线命令后紧接着选择切线捕捉命令，然后将光标放在圆 c 上（类似找切点），当出现黄色切线捕捉光标后，单击鼠标左键一下，这是画出直线的开始点，此时光标呈十字形。再次选择切线捕捉命令，然后将光标放在圆 a 上，当出现黄色切线捕捉光标后，单击鼠标左键一下，回车结束。

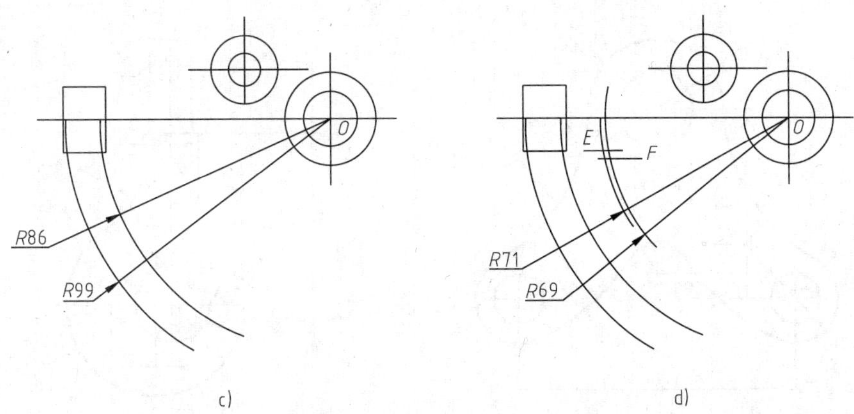

c)　　　　　　　　d)

直线 H 的开始点画法与上述方法一样，当系统要求确定第二点位置时需在键盘上输入 @ 50 < 60，再回车结束。50 是直线 H 的自定义长度，伸出部分剪掉。60 是角度（图 f）。

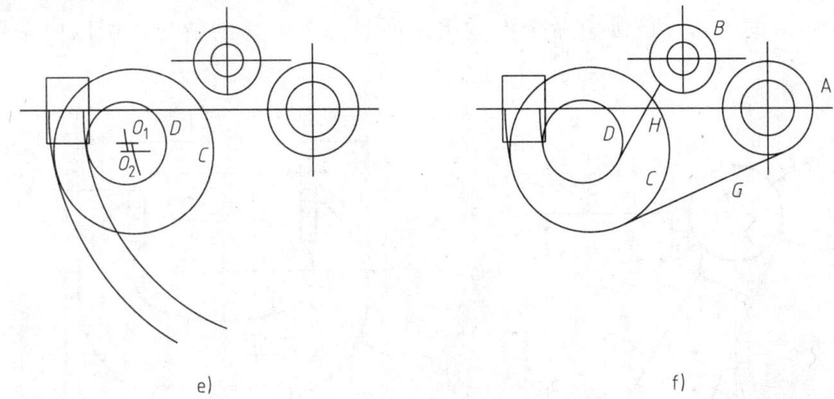

e)　　　　　　　　f)

7）剪去圆 C 和圆 D 多余部分，再用倒圆命令画出 $R26$mm 和 $R8$mm 弧线（不用找圆心，图 g）。

8）调整线型和线宽（图 h）。

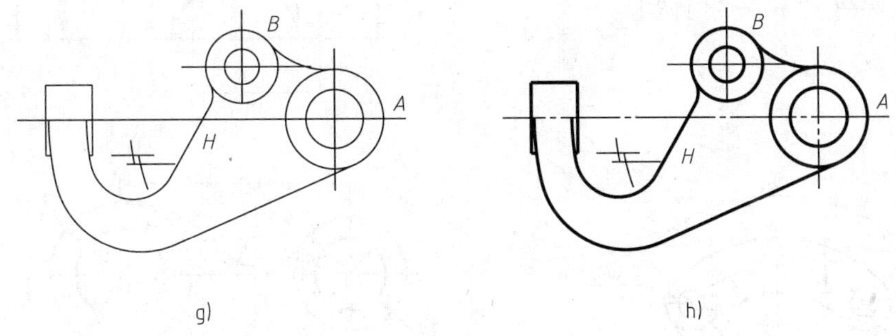

g)　　　　　　　　h)

图 2-40　图 2-39 的作图步骤

题 2-30　几何作图练习，画出图 2-41 所示的图形。

提示：几何作图中有“已知线段（弧）”、“中间线段（弧）”和“连接线段（弧）”之分。若是“中间弧”，需要找圆心；若是“连接弧”，可以用倒圆角命令或“TTR”功能完成。

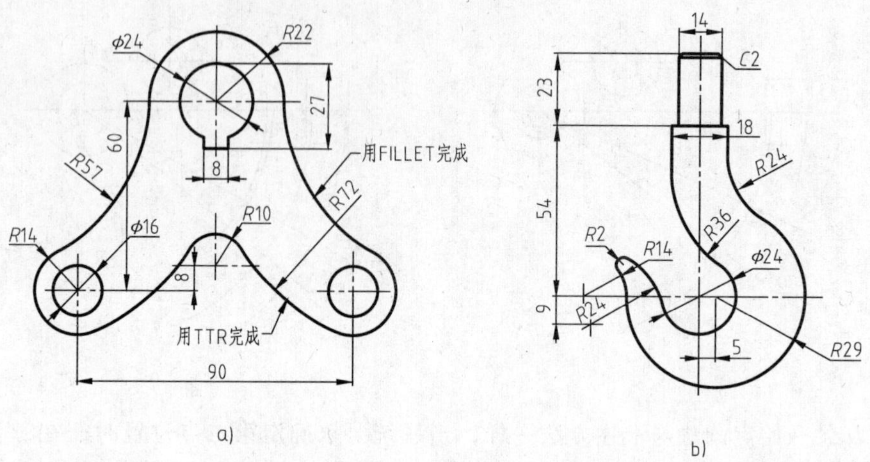

在图 2-41a 中，*R*72mm 的弧线不能用倒圆角（F）命令画，因为这条弧线既与 *R*10mm 外切又与 *R*14mm 的内切。倒圆角命令不适用于同时内、外切的情况，所以应采用“TTR”完成。

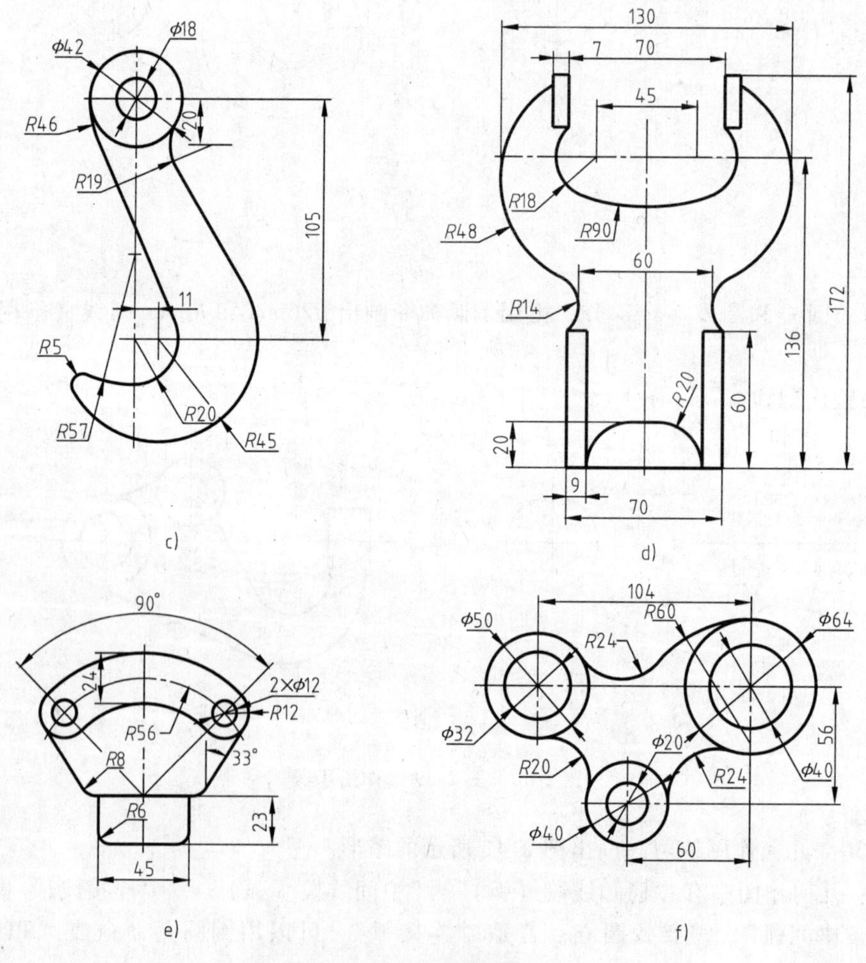

图 2-41　几何作图练习

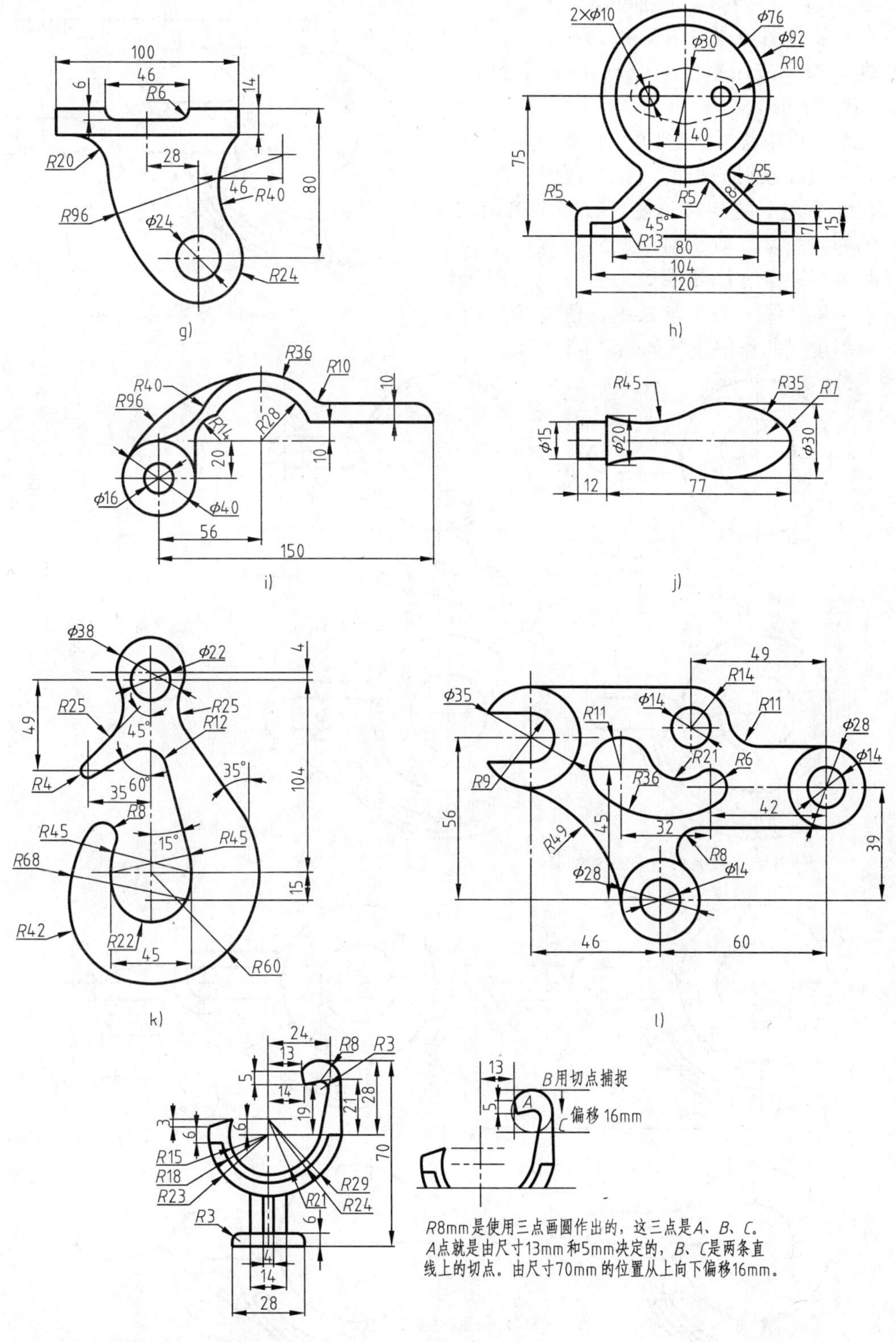

图 2-41　几何作图练习（续）

题 2-31 抄画图 2-42 所示的图形。

提示：作图步骤如图 2-43 所示。

题 2-32 应用射线命令（RAY），抄画图 2-44 所示的图形。

提示：图中符号 ∠1:10 为斜度，表示一直线对另一直线倾斜的程度。在本题中，数字 10 表示在 *X* 方向上的相对长度，数字 1 表示在 *Y* 方向的相对长度。应用射线画斜度线，是为了利用射线的一端有固定端点而另一端无限延伸的特点，斜度线一般不给长度，适合用射线完成。画斜度线的作图步骤如图 2-45 所示。

165
55
36
R20
R18
φ45
φ90
R64
φ20
R10
R9
R40
R5
60°
R10
R10
R4
R8

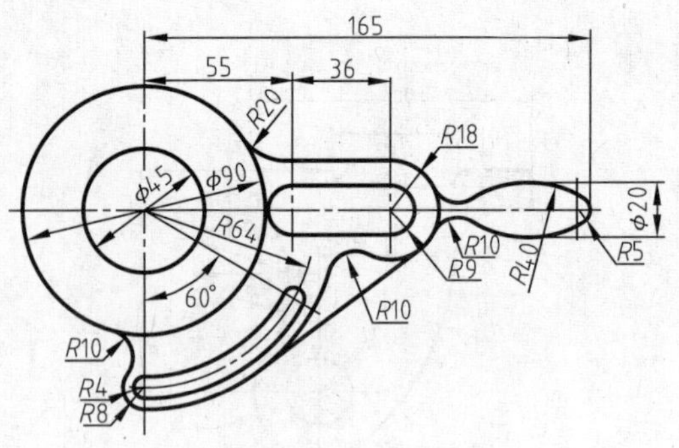

图 2-42 圆弧连接练习

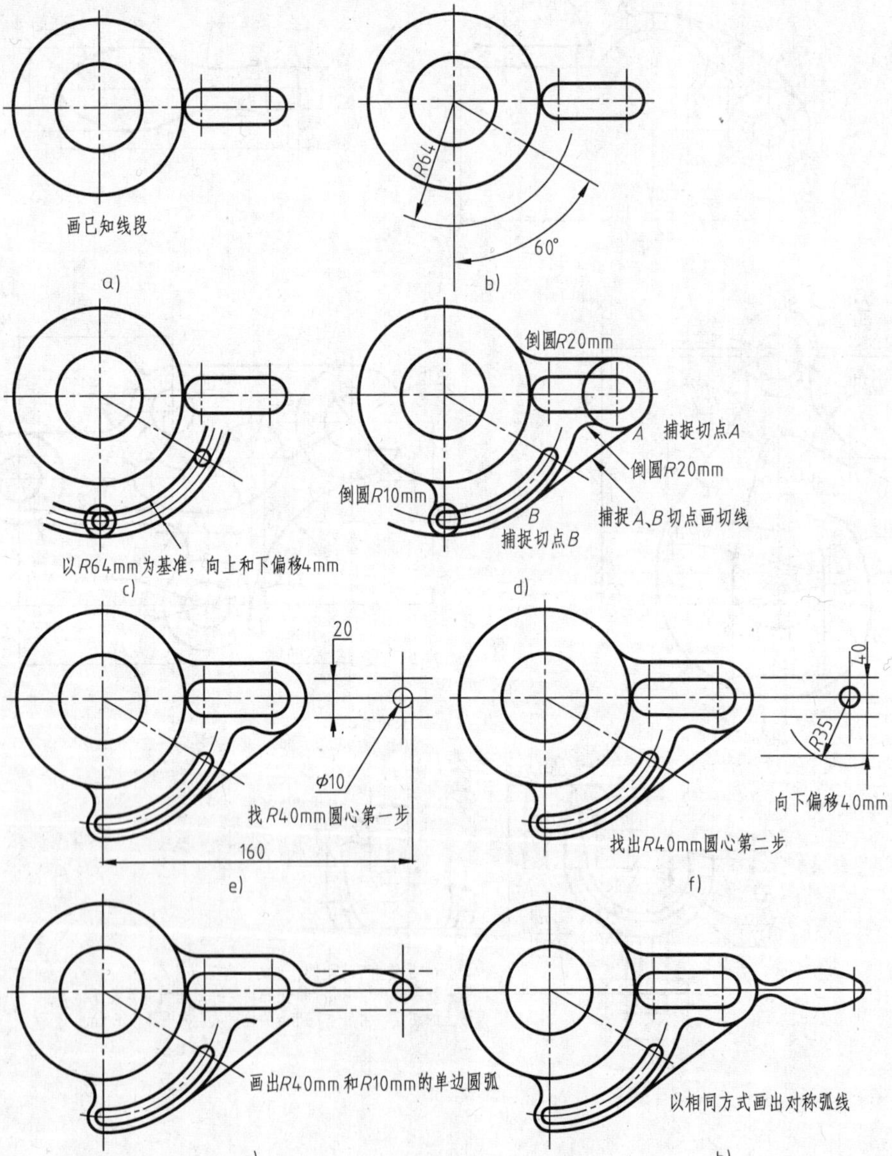

画已知线段
a)
R64
60°
b)
以R64mm为基准，向上和下偏移4mm
c)
倒圆R20mm
A 捕捉切点A
倒圆R20mm
倒圆R10mm
B
捕捉A、B切点画切线
捕捉切点B
d)
20
φ10
找R40mm圆心第一步
160
e)
40
R35
向下偏移40mm
找出R40mm圆心第二步
f)
画出R40mm和R10mm的单边圆弧
g)
以相同方式画出对称弧线
h)

图 2-43 圆弧连接作图步骤

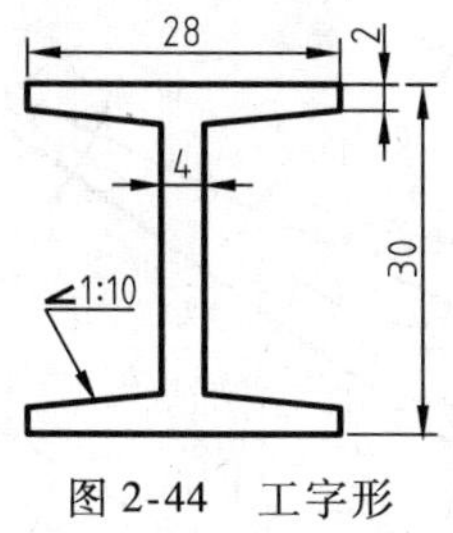

图 2-44　工字形

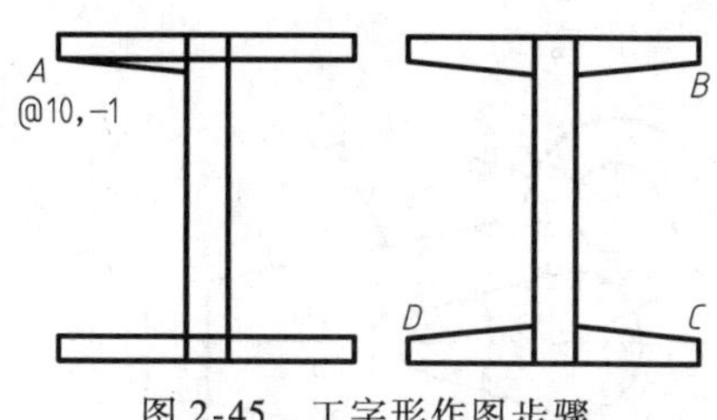

图 2-45　工字形作图步骤

1）命令行输入 RAY↙。

2）指定起点：单击图 2-45 中的点 *A*。

3）指定通过点，键盘上输入：@ 10，-1。

4）剪去射线一端多余的线。

5）以相同方式画出另三条斜度线（也可用镜像功能完成），即以 *B* 点为开始点，通过点为@ -10，-1；以 *C* 点为开始点，通过点为@ -10，1；以 *D* 点为开始点，通过点为@ 10，1。修剪射线多余的线。

题 2-33　应用构造线命令（XL），抄画图 2-46 所示的图形。

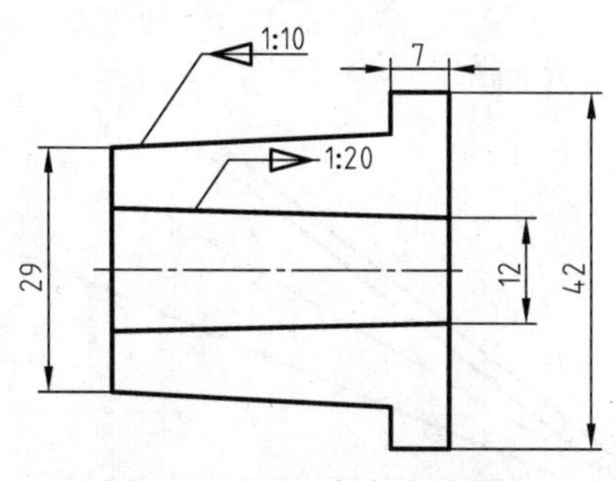

图 2-46　用 XL 命令画锥度线

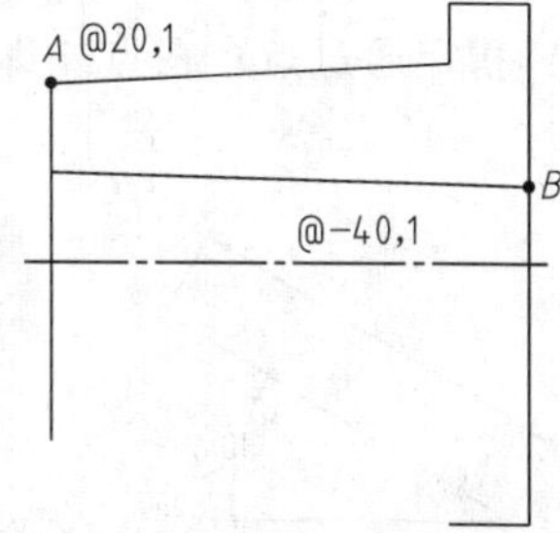

图 2-47　画锥度线步骤

提示：图中符号  1:10 和 1:20 为锥度，表示圆锥的底圆直径与圆锥高度之比。1:10 锥度线可用构造线命令（XL）完成，利用构造线画斜度线是为了利用构造线的两端无固定点并可无限延伸的特点，其功能类似于射线命令。作图步骤如图 2-47 所示，在指定点 *A* 处作为构造线起点，再输入数据@ 20，1 即可完成锥度线的要求。在点 *B* 处以同样方法完成 1:20 锥度线。

题 2-34　应用构造线命令（XL）或射线命令（RAY），抄画图 2-48 所示的图形。

题 2-35　用 Xline 命令抄画图 2-49 所示的图形。

提示：此题中出现的互为 16°的两相交斜线，可以尝试用构造线中的选项功能完成，作图步骤如图 2-50 所示。

1）画长度为 110mm 的 *AB* 直线段。见图 a。

2）在点 *A* 和点 *B* 处画直径为 ϕ7mm 和 ϕ4mm 的圆。

3）在键盘上输入快捷键 XL 并回车。

4）Xline 指定点或［水平 H/垂直 V/角度 A/二等分 B/偏移 O］：

5）选择角度（A）并回车。

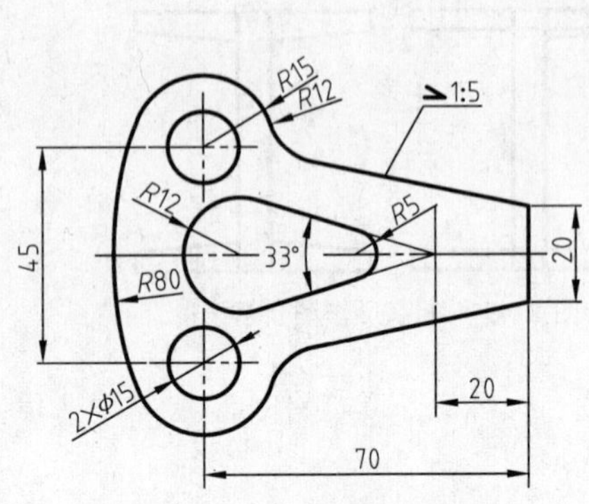

图 2-48 用构造线命令（XL）或射线命令（RAY）画几何图形

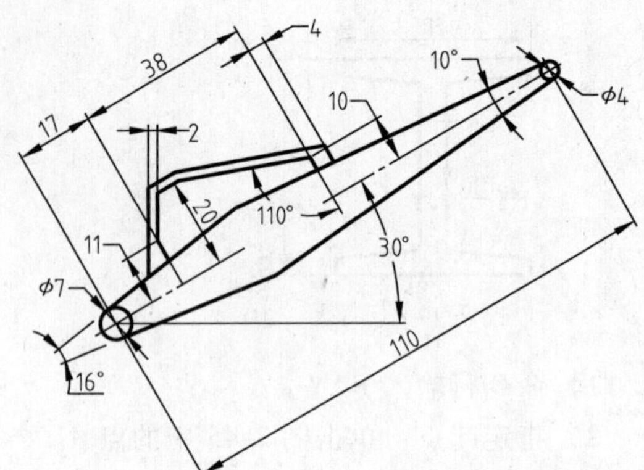

图 2-49 用 Xline 命令画图

6）输入构造线的角度（O）或［参照（R）］。

7）选择输入 R。

8）选择直线对象：此时选择 *AB* 线段。

9）输入构造线的角度（O）：8。

10）指定通过点：在点 *A* 即 ϕ7mm 的圆心处点击并回车，

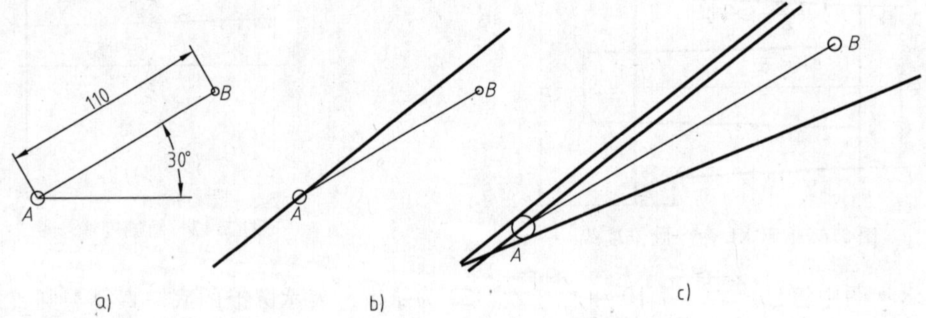

图 2-50 用 Xline 命令中的参照对象画图

11）将作出的构造线偏移 3.5mm，使之相切与 ϕ7mm 圆。

12）以 *AB* 线段为对称线，镜像偏移后的构造线，完成互为 16°的两相交斜线。

13）图中互为 10°的两相交斜线也以同样方式完成。

第 3 章　AutoCAD 注释命令操作

一份以图形信息为主的工程文件除了有图形外，还必须附有尺寸、技术要求、特定符号、文字说明以及文件管理等注释性内容，这样才能称得上是一份完整的工程图形文件。本章主要练习 AutoCAD 注释性命令的操作方法。

3.1　Layers（设置图层）

题 3-1　按 1:1 比例画出带有边界线（用细实线画）、图框线（用粗实线画）以及标题栏（标题栏外框用粗实线）的 A3 图幅（横装留装订边），图幅尺寸请参照图 3-1。

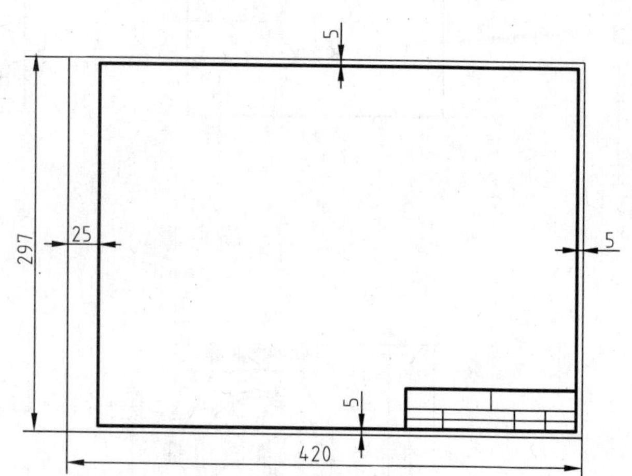

图 3-1　画 A3 横装图幅

题目要求：

1）按表 3-1 设置图层及线型，并设定线型比例为 0.4。

表 3-1　图层及线型的设置

图层名称	颜色（颜色号）	线　　型
01	白　（7）	实线 Continuous（粗实线用）
02	绿　（3）	实线 Continuous（细实线用）
04	黄　（2）	虚线 ACAD_ISO02W100（细虚线用）
05	红　（1）	点画线 ACAD_ISO04W100（细点画线用）
07	粉红（6）	双点画线 ACAD_ISO05W100（细双点画线用）
08	绿　（3）	实线 Continuous（尺寸标注、公差标注、指引线、表面结构代号用）
09	绿　（3）	实线 Continuous（装配图序列号用）
10	绿　（3）	实线 Continuous（剖面符号用）
11	绿　（3）	实线 Continuous（细实线文本用）

2）按照如图 3-2 所示的尺寸绘制标题栏，不用标注尺寸。

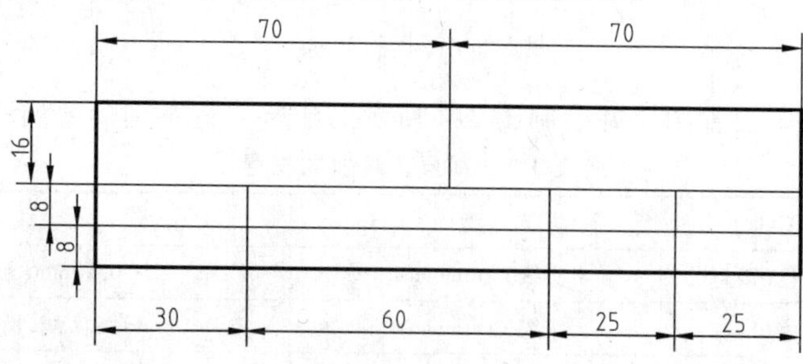

图 3-2　标题栏格式

题 3-2　设置图层并绘制图 3-3 所示的图形，不用标注尺寸。

说明：图层的设置请参照题 3-1 的题目要求。

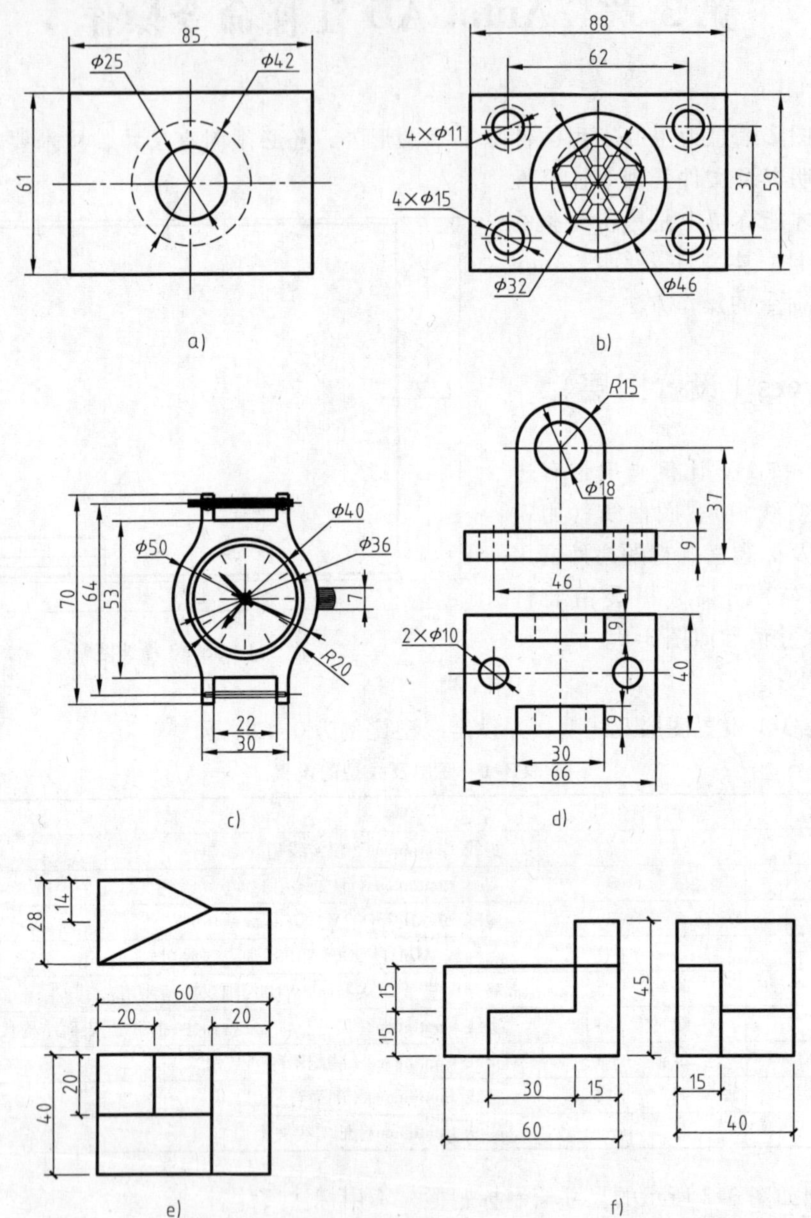

图 3-3　图层设置练习

题 3-3　按表 3-2 设置图层并绘制图 3-4 所示的建筑图，不用标注尺寸和文字。

表 3-2　图层、线型的设置

图层名	颜色(色号)	线型	线宽
01	白色(7)	实线 Continuous	0.50mm(粗实线用)
02	红色(1)	实线 Continuous	0.13mm(细实线,尺寸标注及文字用)
03	青色(4)	实线 Continuous	0.25mm(中粗实线用)

（续）

图层名	颜色（色号）	线型	线宽
04	绿色(3)	点画线 ACAD ISO04W100	0.13mm
05	黄色(2)	虚线 ACAD ISO02W100	0.13mm

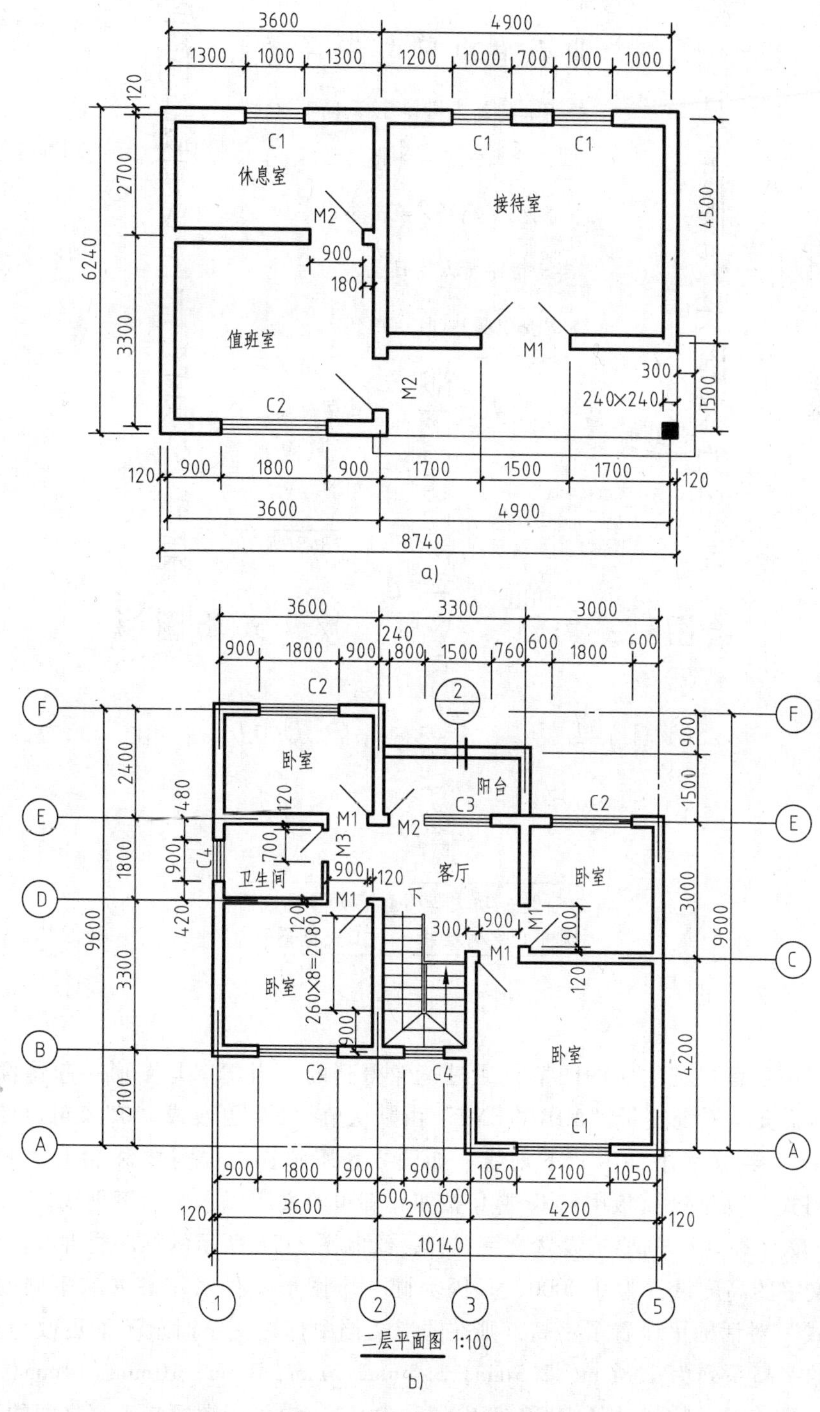

图 3-4　设置图层画建筑图

3.2 Text（文本）

题 3-4　抄写图 3-5 中的文字。

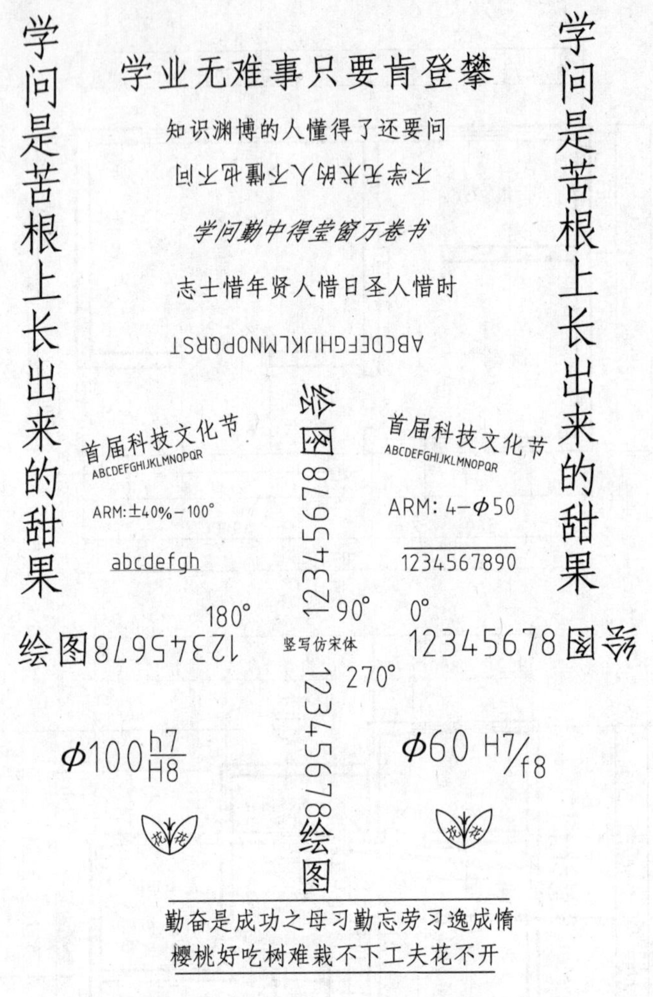

图 3-5　书写文字

提示：图中含有“花”字的图案是通过镜像得到的，当文字与图形一起镜像且要求文字不反向时，需要将系统变量“MIRRTEXT”由默认值“1”更改成“0”。可以使用多行文字命令（MText）给文字添加上、下划线。如图 3-6 所示，选中需要添加上、下划线的文字，单击“格式”功能区面板中的 O 或 U 按钮，即可给文字添加上、下划线。

题 3-5　按照图 3-7a 的要求设置文字式样，绘制图 3-7b 所示的标题栏并标注文字。

提示：文字的高度设置为 0.0000，是因为同一个图形文件对字高 h 有不同的要求，若在“文字样式”对话框里设置了字高，则在图形文档中标注文字时就不能更改为其他字高。机械工程图的字高系列为 1.8mm，2.5mm，3.5mm，5mm，7mm，10mm，14mm，20mm 等。根据《机械工程 CAD 制图规则》（GB/T 14665—2012）中关于图幅与字高之间的选用关系，

A2、A3 和 A4 图幅，字母和数字的高度取 3.5mm，汉字高度取 5mm；A0、A1 图幅，字母和数字的高度取 5mm，汉字高度取 7mm。

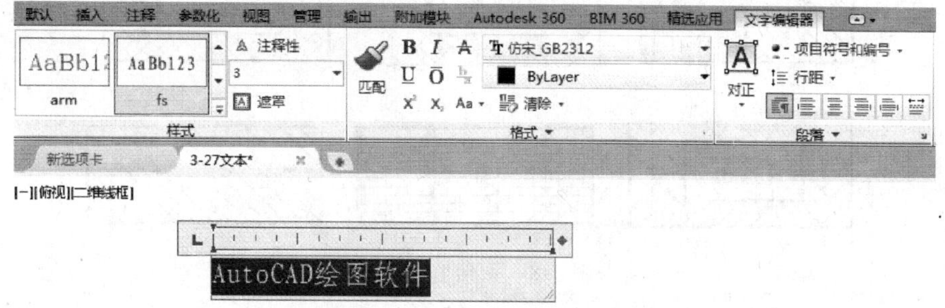

图 3-6　给文字添加上、下划线

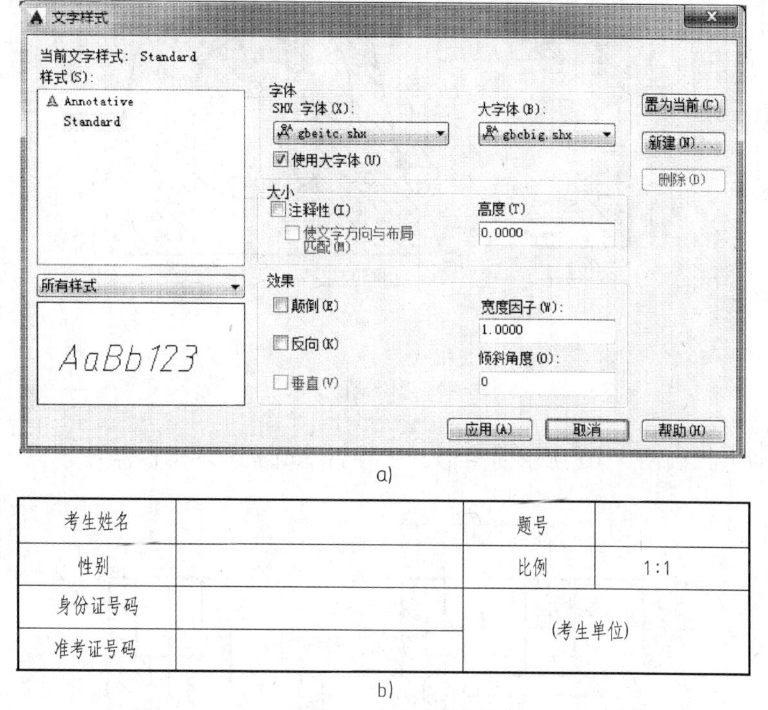

a)

考生姓名		题号	
性别		比例	1:1
身份证号码		(考生单位)	
准考证号码			

b)

图 3-7　画标题栏并标注文字

a）设置文字式样　b）标题栏

3.3　Hatch（图案填充）

题 3-6　用图案填充命令绘制图 3-8 和图 3-9 所示的图形。

提示：有时单击填充命令并选中了要填充的封闭图形后，系统显示“无法确定闭合的边界”的边界错误定义警告对话框，这说明看似封闭的图形实际上有缺口，此时必须将缺口封闭。另外，若填充图案的比例选取过小或过大，会出现图案一团黑或没有图案，这时需要适当调整图案填充的比例。

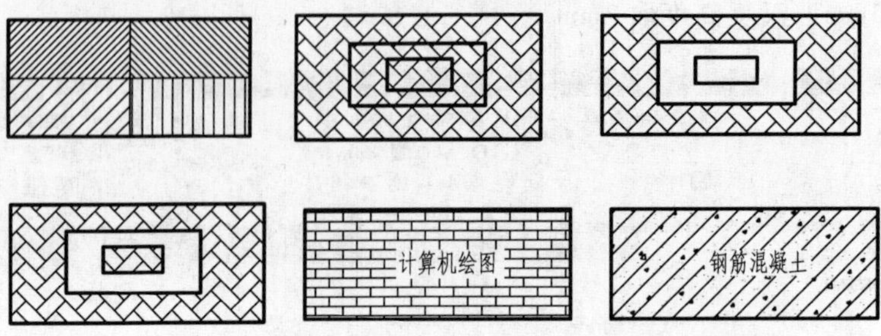

图 3-8　图案填充（1）

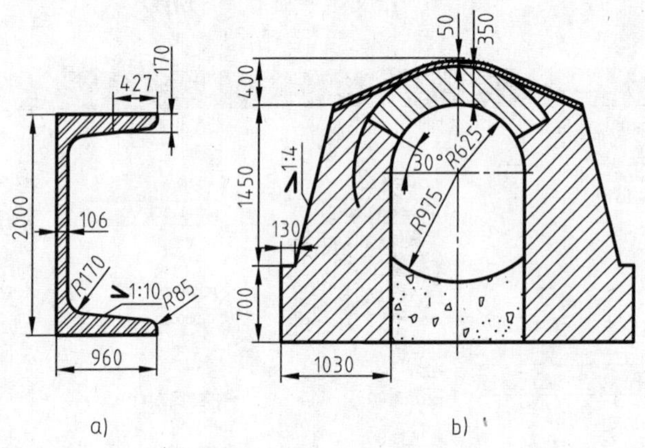

图 3-9　图案填充（2）

题 3-7　抄画图 3-10 所示的图形，注意图案填充，不用标注尺寸。

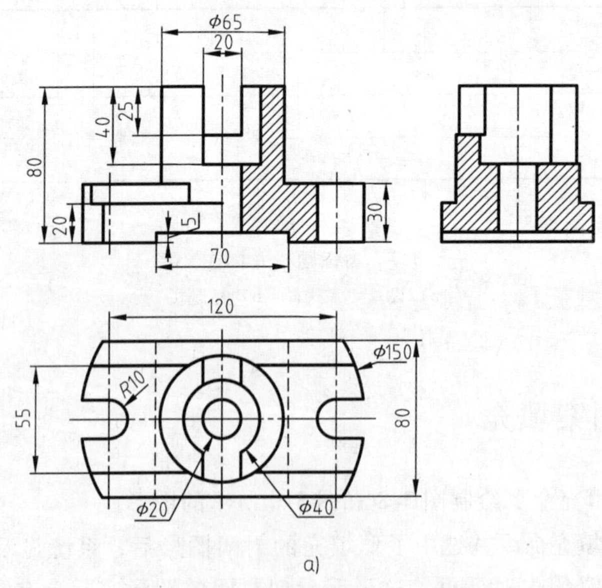

图 3-10　抄画有图案填充的图形

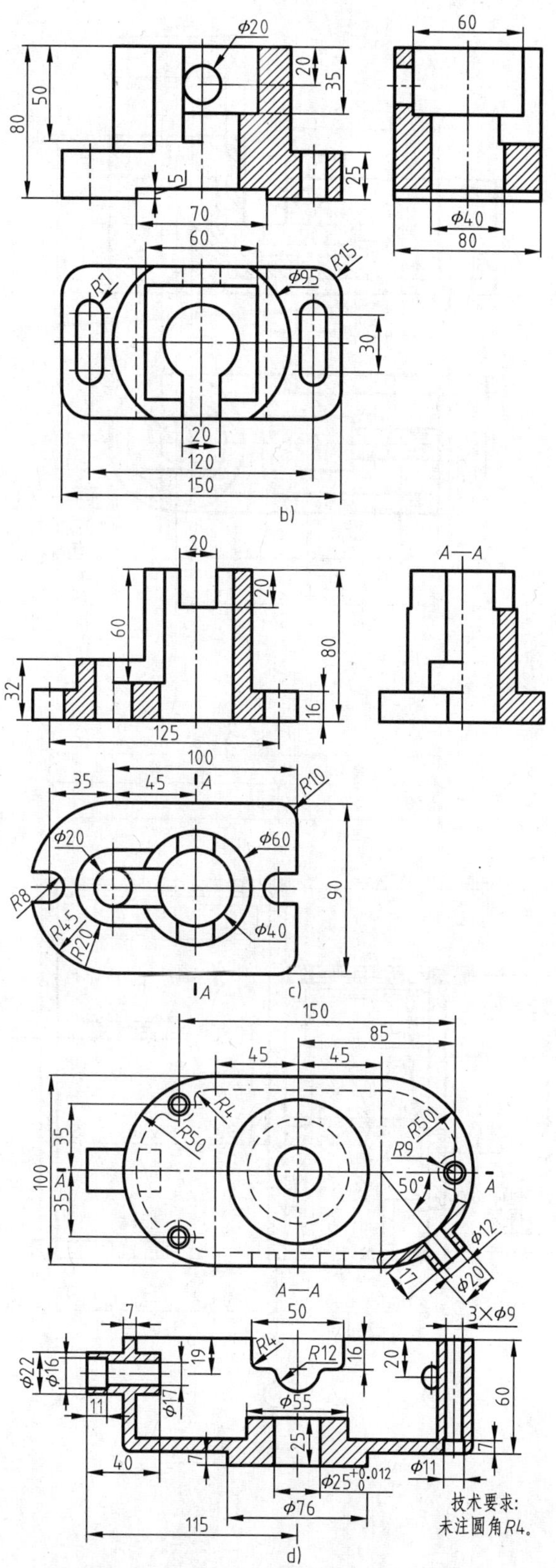

图 3-10　抄画有图案填充的图形（续）

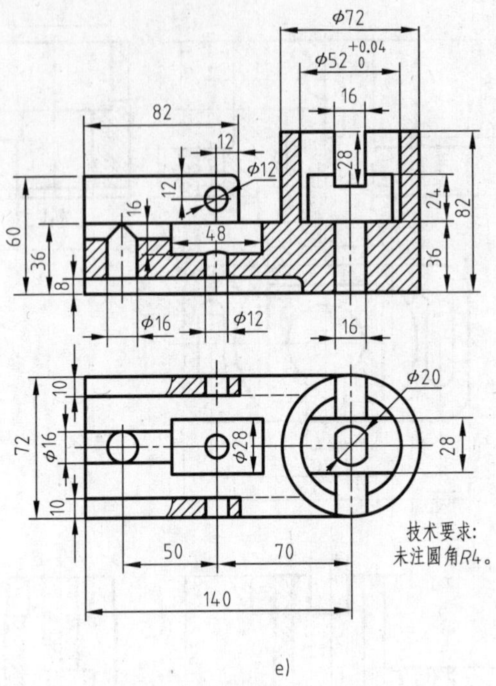

e)

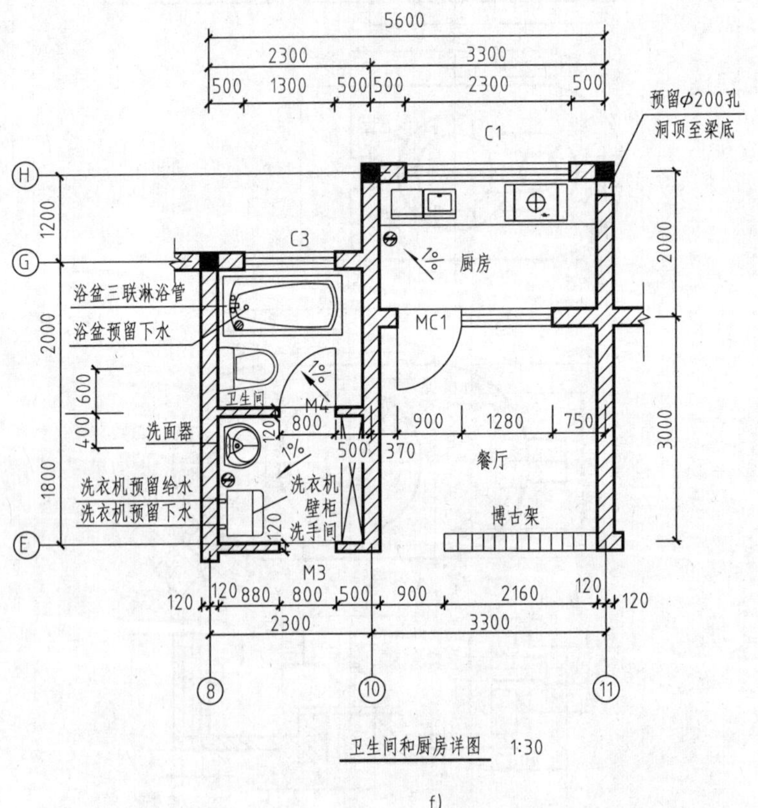

f)

图 3-10　抄画有图案填充的图形（续）

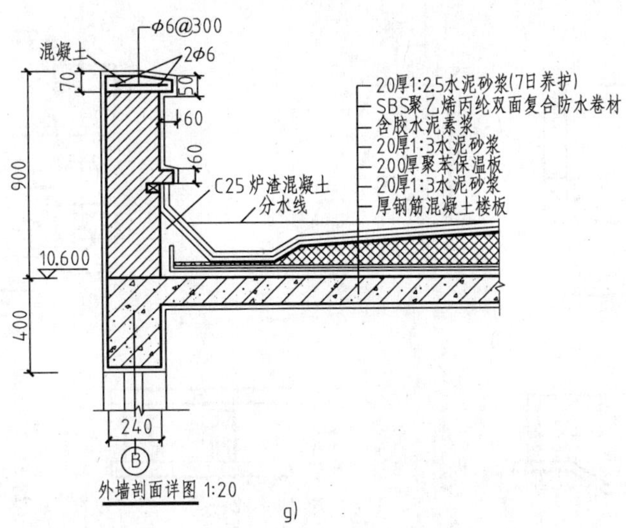

g)

图 3-10 抄画有图案填充的图形（续）

题 3-8 按图示尺寸抄画图 3-11a、b、c、d 所示的三视图，并把主视图改画成全剖视图，左视图改画成半剖视图。抄画图 3-11e、f、g、h 所示的图形，尺寸按 1:1 的比例从图中直接量取，并在适当位置绘制 1—1 剖面图和 2—2 剖面图。

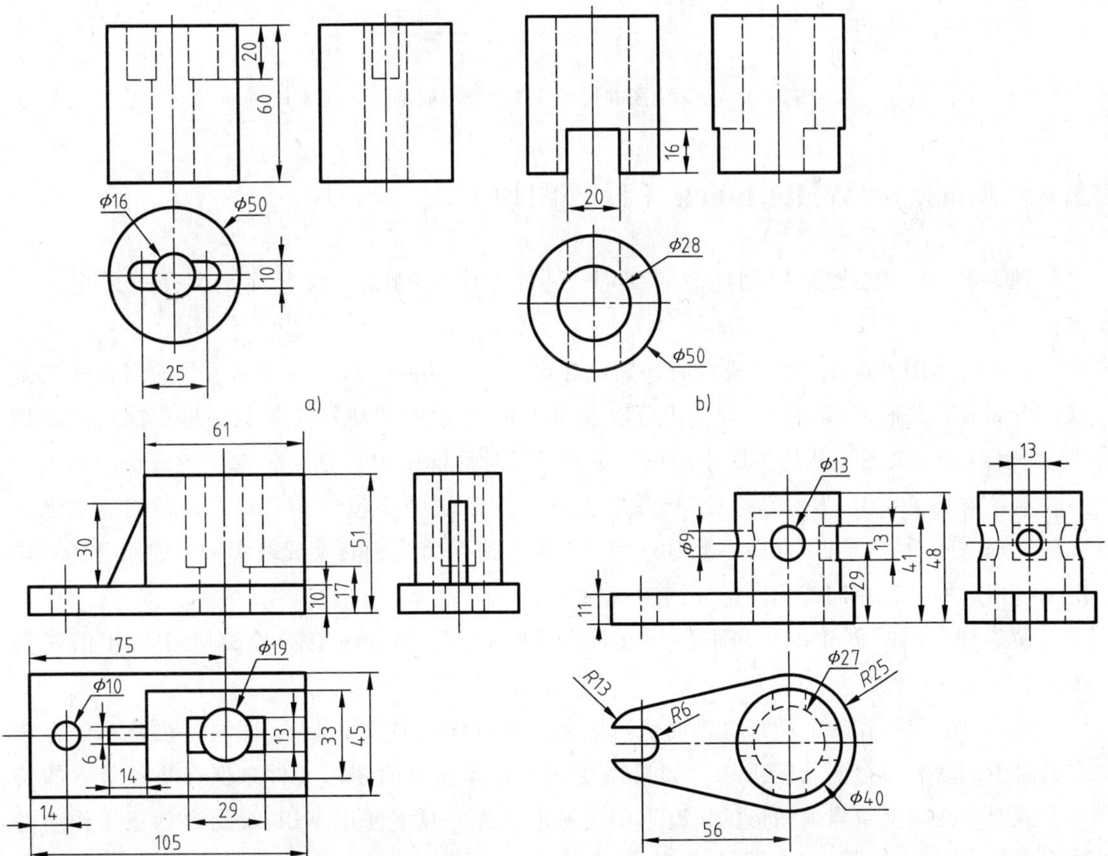

a) b)

c) d)

图 3-11 抄画视图并按要求画剖视图或剖面图

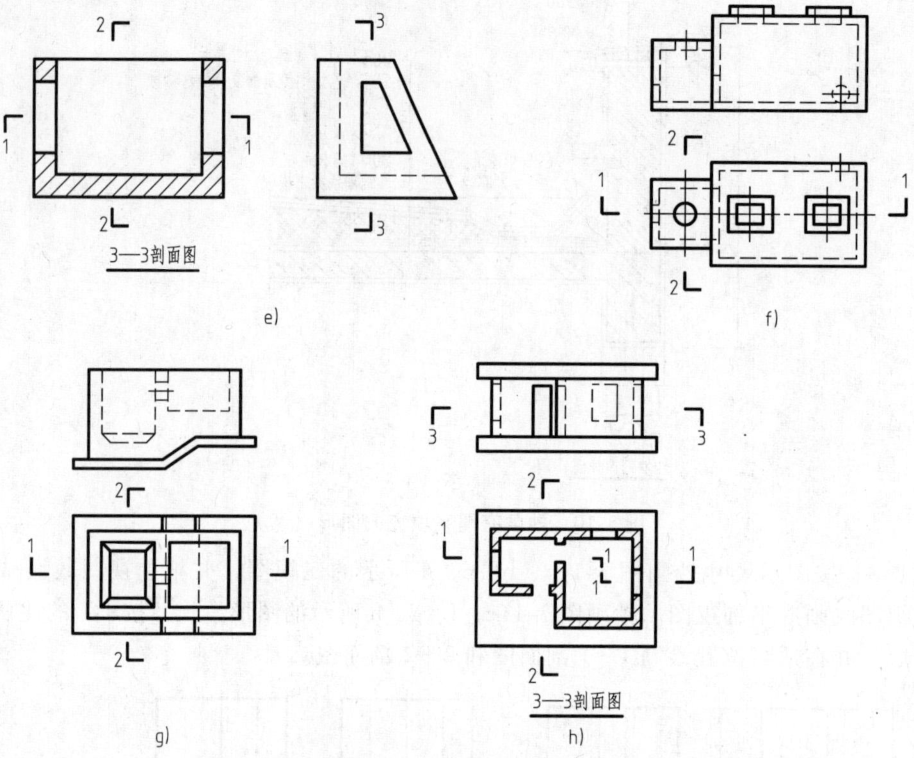

图 3-11 抄画视图并按要求画剖视图或剖面图（续）

3.4 Block or Write block（设置图块）

题 3-9 用“在图形中创建块（Block）”的方法绘制图 3-12 所示的常用电子电路元器件。

提示：当用 Block 命令定义块时，它包含块名、块几何图形、用于插入块时对齐块的基点位置和所有关联的属性数据。用户可以在图 3-13 所示的“块定义”对话框中或通过使用“块编辑器”定义图形几何图形中的块，可以通过对话框中的“基点”选项指定块的插入基点，默认值是（0，0，0）。通过“对象”选项指定新块中要包含的对象，以及创建块之后如何处理这些对象，可以保留、删除选定的对象或者是将它们转换成块实例。如果已创建块定义，用户可以在相同或不同的图形中参照它。

题 3-10 用“创建用作块的图形文件（WBlock）”的方法绘制图 3-14 中常用的建筑图例。

提示：创建用作块的图形文件时，可以使用 EXPORT 或 WBlock（写块）创建和保存选定的对象，然后保存到新图形中。如果需要作为相互独立的图形文件来保存几种版本的符号，或者要在不保留当前图形的情况下创建图形文件，只能使用 WBlock 命令创建用作块的图形文件。图 3-15 所示为“写块”命令的对话框，其中“基点”选项可以指定块的基点，默认值是（0，0，0），当使用“拾取点”时，可以暂时关闭对话框，以使用户能在当前图形中拾取插入基点。

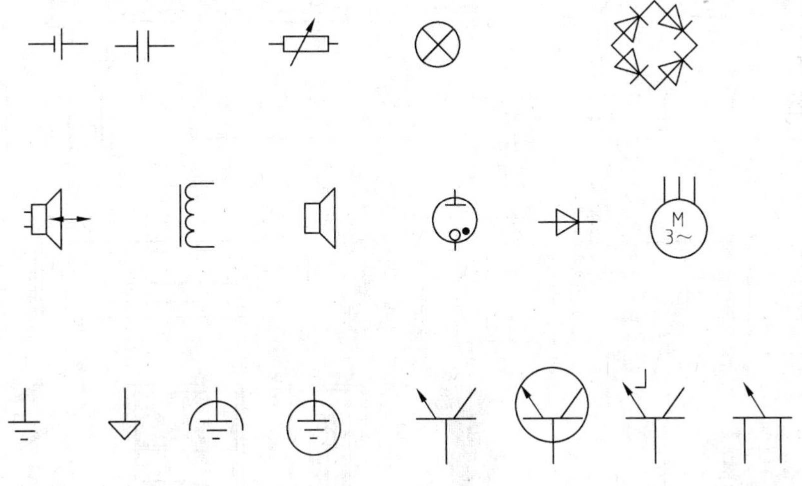

图 3-12　电子元器件符号

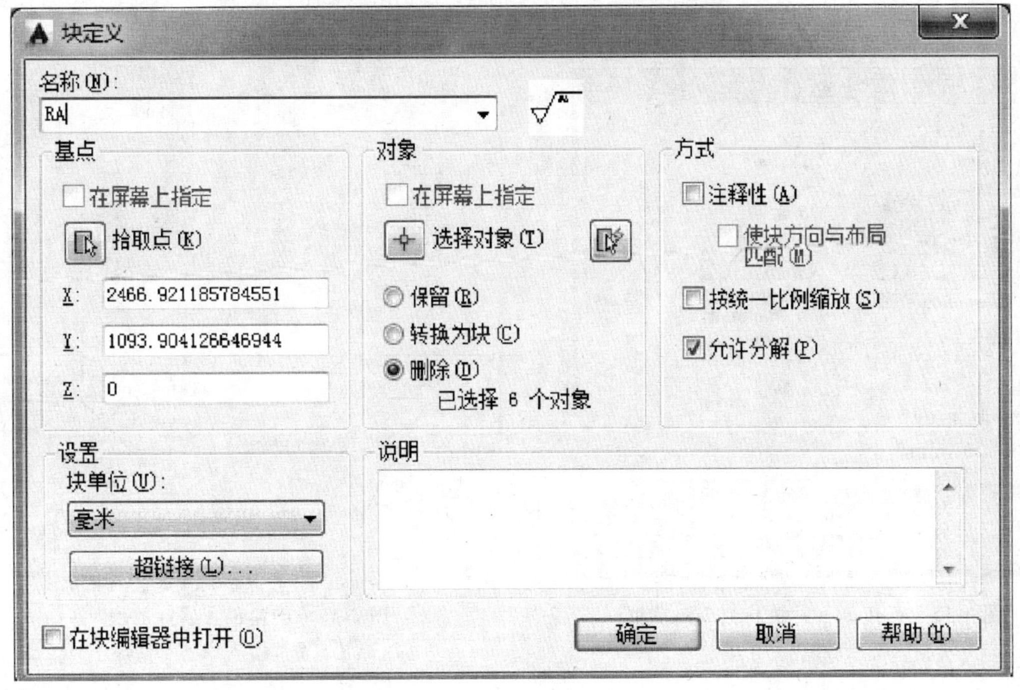

图 3-13　块定义

题 3-11　按照图 3-16 所示的表面粗糙度和标高符号的尺寸，创建包含属性的块。

提示：下面以表面粗糙度符号为例，说明创建包含属性的块的方法和步骤。

1）绘制块图形：按照如图 3-16 所示的尺寸，绘制表面粗糙度符号的图形。

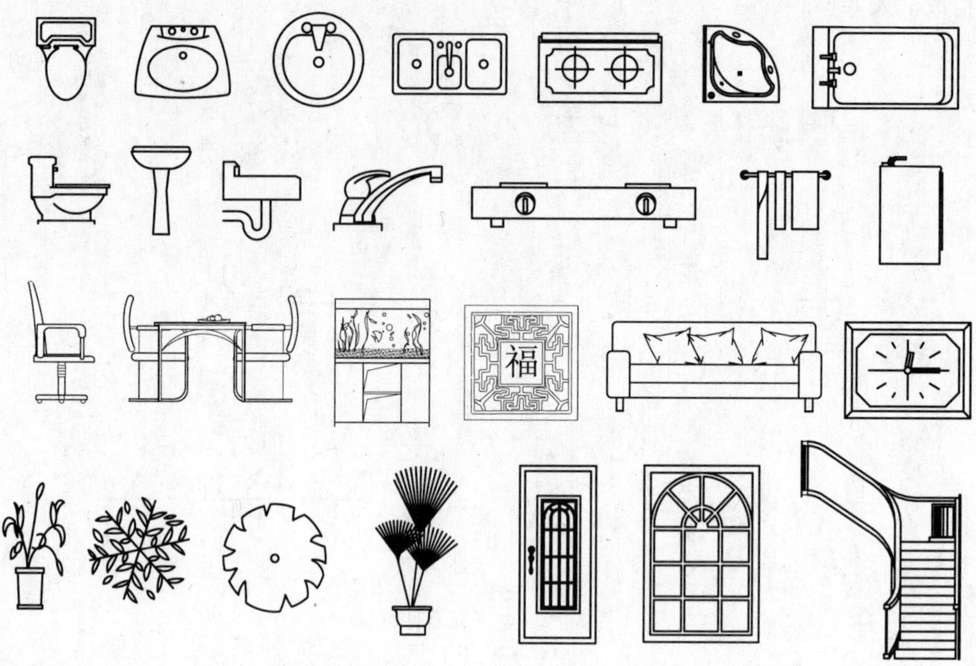

图 3-14　创建用作块的建筑图例图形文件

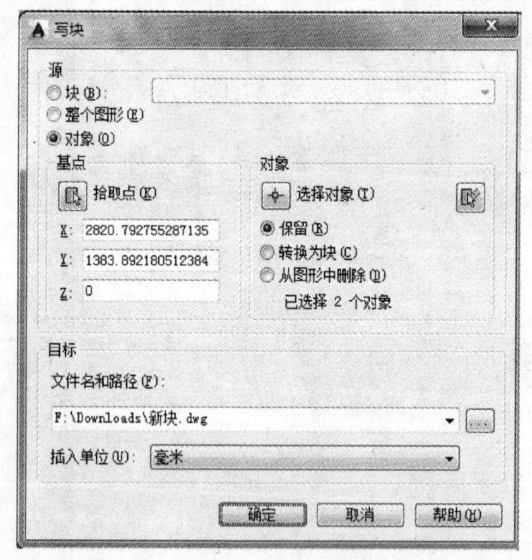

图 3-15　WBlock（写块）命令对话框

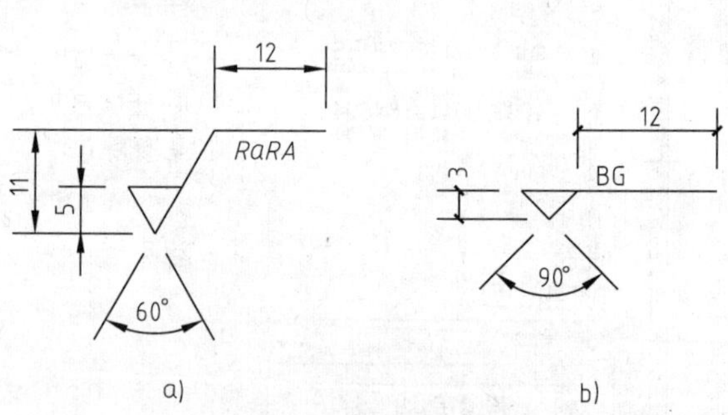

图 3-16　创建包含属性的块

a）表面粗糙度符号　b）标高符号

2）定义块属性：在“插入”选项卡中的“块定义”功能区面板中点击“定义属性”命令，打开属性定义对话框，按照图 3-17 所示设置块属性的各项参数，其中“标记”设置为 RA，“提示”设置为 RA，“默认”设置为 3.2，“文字高度”设置为 3.5。

3）单击“确定”按钮后，对话框关闭，系统显示“起点”提示，可以使用定点功能来指定属性相对于其他对象的位置。

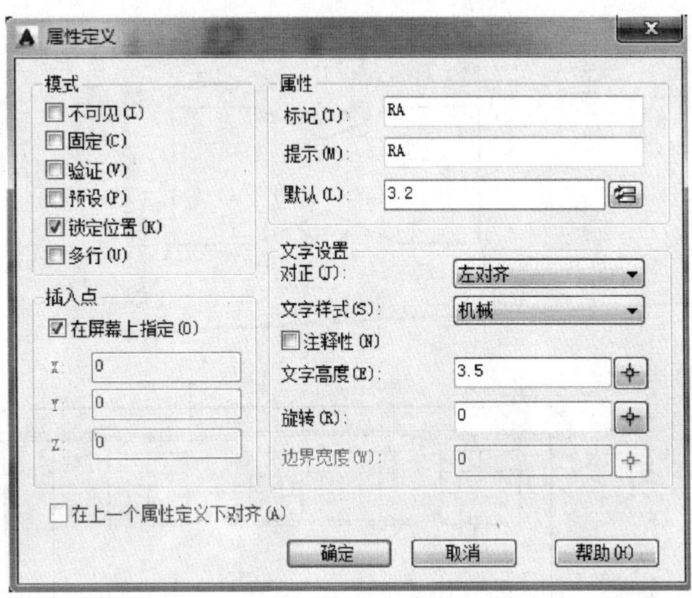

图 3-17　定义块的属性

4）创建块：在“插入”选项卡中的“块定义”功能区面板中，单击“创建块”命令，打开块定义对话框，按照图 3-18 所示设置块定义的参数，其中“块名”设置为 RA；单击“选择对象”按钮，将表面粗糙度图形对象和属性都包含到选择集中；单击“拾取点”按钮，选择表面粗糙度图形符号中的三角形下顶点作为插入基点；最后单击“确定”按钮，即可完成块的定义。

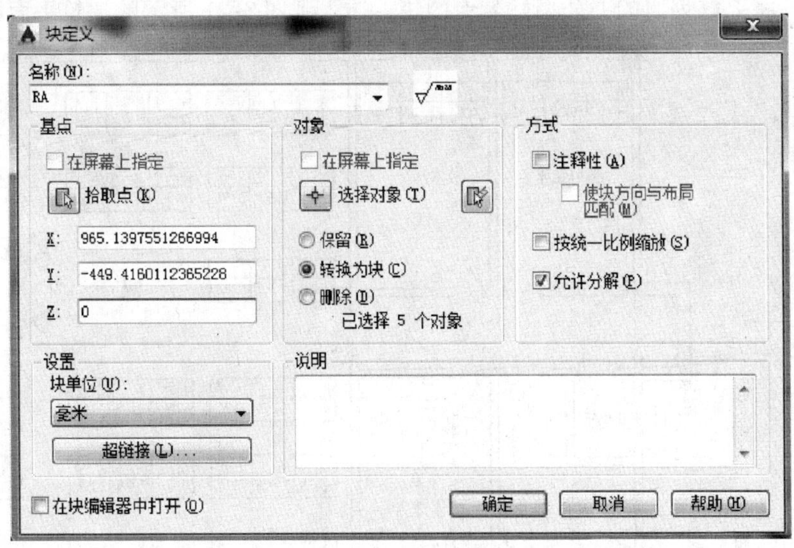

图 3-18　创建块

题 3-12　绘制图 3-19 所示的图形，并将上题创建的表面粗糙度块和标高符号块插入到图形中合适的位置。

提示：图 3-19a 中的表面粗糙度符号块的引线符号可以使用多重引线绘制。

题 3-13　按照图 3-20 所示的办公桌姓名卡，创建包含多个属性的块。

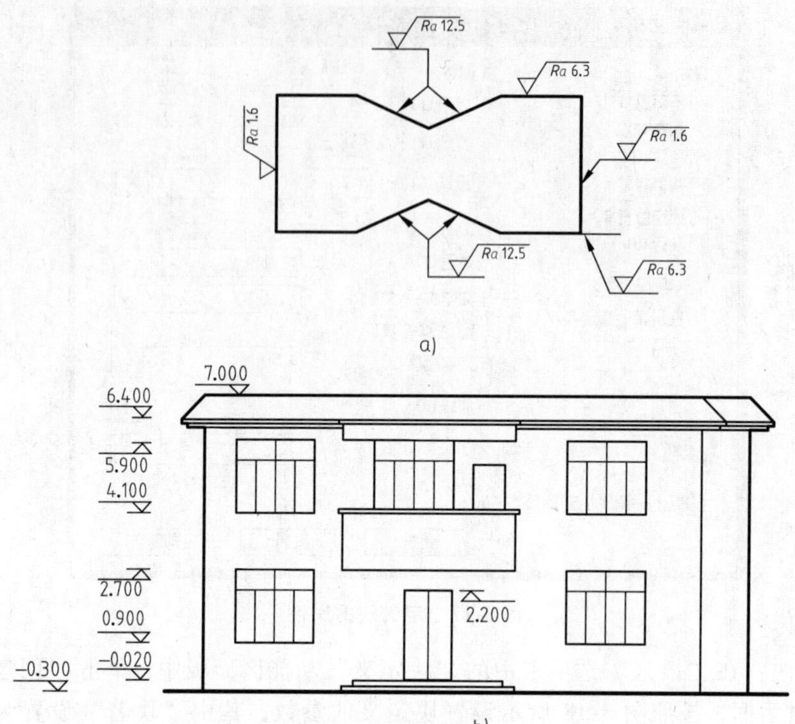

图 3-19　插入块

a）插入表面粗糙度符号块　b）插入标高符号块

题 3-14　将上题创建的办公桌姓名卡的块，插入到图 3-21 所示的建筑平面图中。

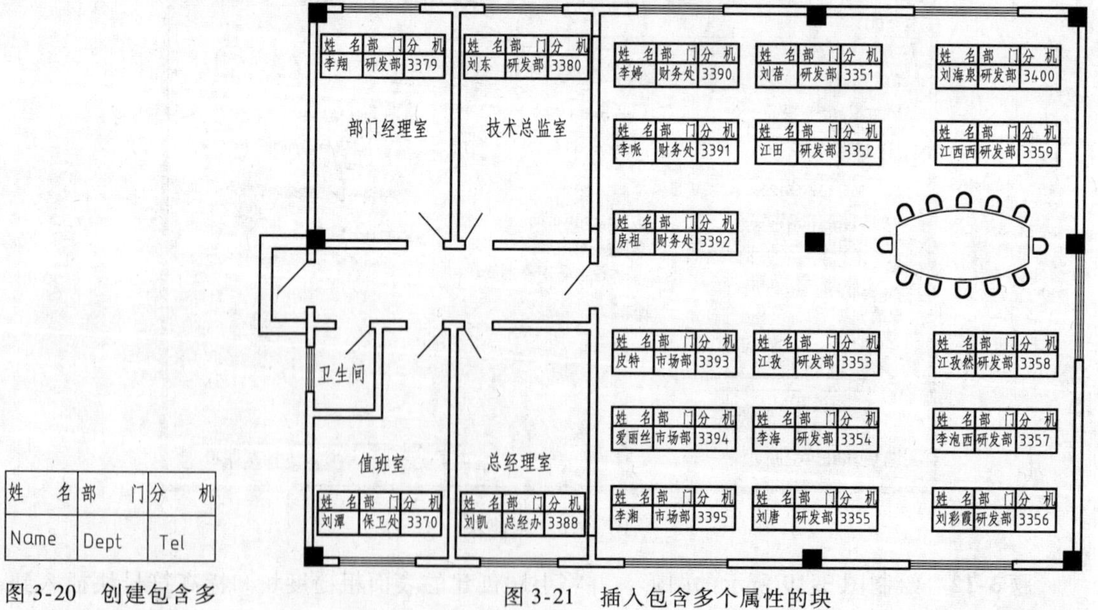

图 3-20　创建包含多个属性的块

图 3-21　插入包含多个属性的块

提示：创建和应用包含多个属性块的操作步骤如下：

1）绘制图形：绘制图 3-22 所示的办公桌姓名卡，设置文字样式并标注文字“姓名”、“部门”和“分机”。

姓　名	部　门	分　机

图 3-22　绘制办公桌姓名卡

2）定义块属性：如图 3-23 所示，在“插入”选项卡的“块定义”功能区面板中单击“定义属性”命令。

3）设置块属性的参数值：在图 3-24 所示的“属性定义”对话框中设置相关参数，其中“标记”栏填写“Name”，“提示”栏填写“姓名 =”，“默认”栏填写“刘东”，“文字高度”栏填写“3. 5”。

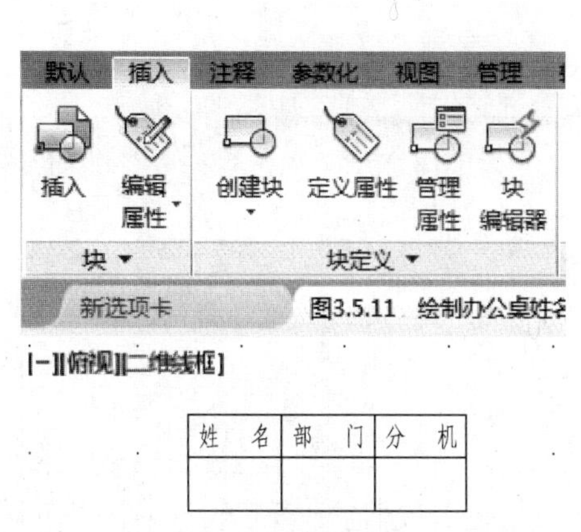

图 3-23　打开属性定义对话框

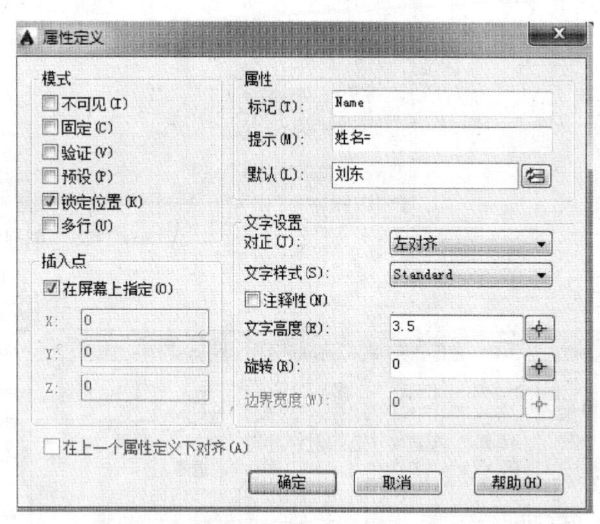

图 3-24　定义块属性

4）完成块属性定义：单击“确定”按钮后，将块属性“Name”插入到图 3-25a 所示的光标位置，即可完成属性定义。按照以上步骤分别定义属性 Dept 和 Tel，完成后的属性定义如图 3-25b 所示。

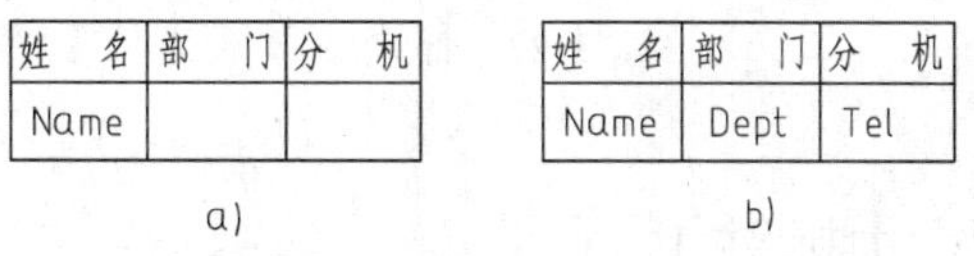

a)

姓　名	部　门	分　机
Name		

b)

姓　名	部　门	分　机
Name	Dept	Tel

图 3-25　完成块的属性定义

5）创建块：在“插入”选项卡中的“块定义”功能区面板中单击“创建块”命令，打开块定义对话框，按照图 3-26 所示设置块定义的参数，其中“块名”设置为 NameCard；单击“选择对象”按钮，将办公桌姓名卡的图形对象和属性都包含到选择集中；单击“拾取点”按钮，选择办公桌姓名卡图形的左下角点作为插入基点；最后单击“确定”按钮，即可完成块的定义。

6）插入块：如图 3-27a 所示，在“插入”选项卡中的“块”功能区面板中单击“插入”控件，在下拉式列表框中选择块“NameCard”。按照命令窗口的提示，用鼠标选择合适的插入点后即可弹出如图 3-27b 所示的“编辑属性”对话框，在“姓名”、“部门”和“电话”栏中输入相关数据，单击“确定”按钮，即可完成插入块操作。

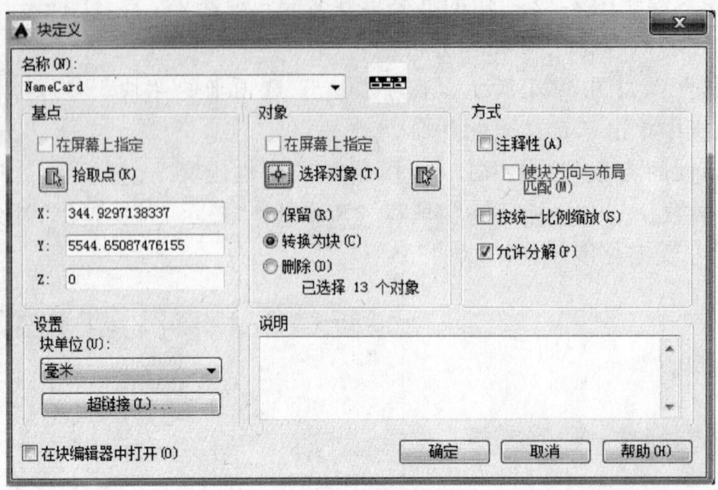

图 3-26　创建块

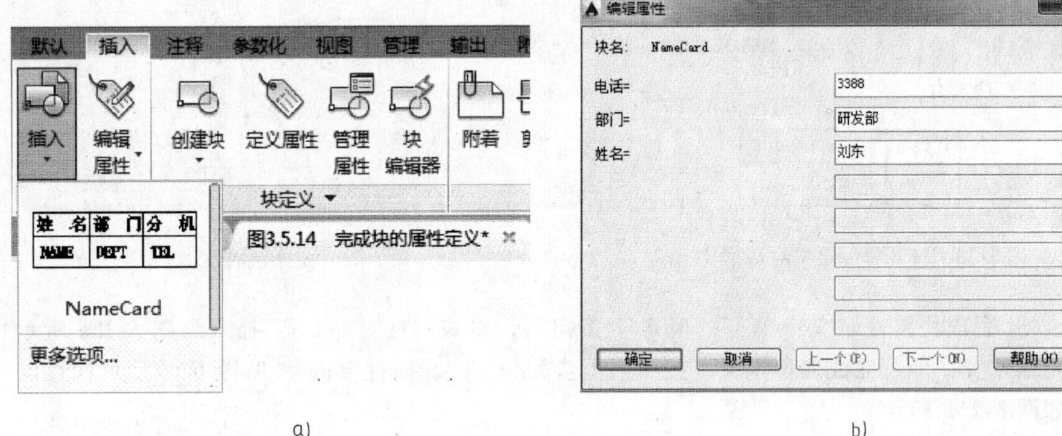

图 3-27　插入块

3.5　Dimension（尺寸标注）

题 3-15　图 3-28 所示的图形并标注尺寸。

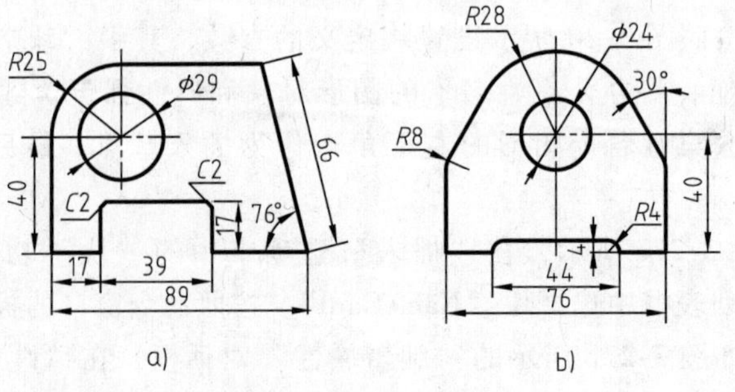

图 3-28　基本尺寸标注

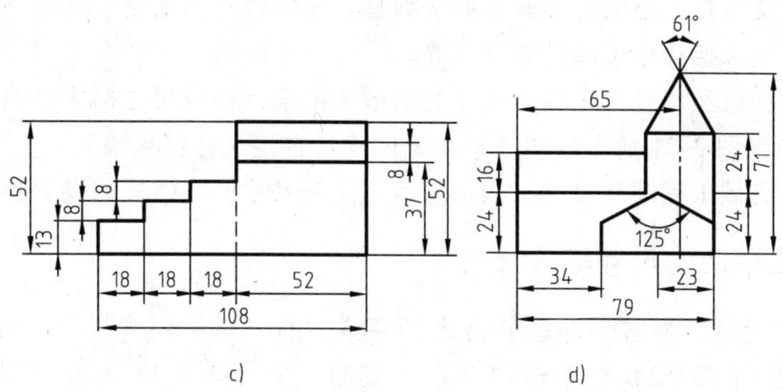

图 3-28 基本尺寸标注（续）

提示：若绘图界面中没有尺寸标注命令和控件，可以通过下列的操作步骤调出：选择“默认”选项卡中的“注释”功能区面板的尺寸标注命令和控件，如图 3-29a 所示。也可以选择“注释”选项卡中的“标注”功能区面板的尺寸标注命令和控件，如图 3-29b 所示。图中的倒角尺寸 C2mm 使用“多重引线”进行标注。

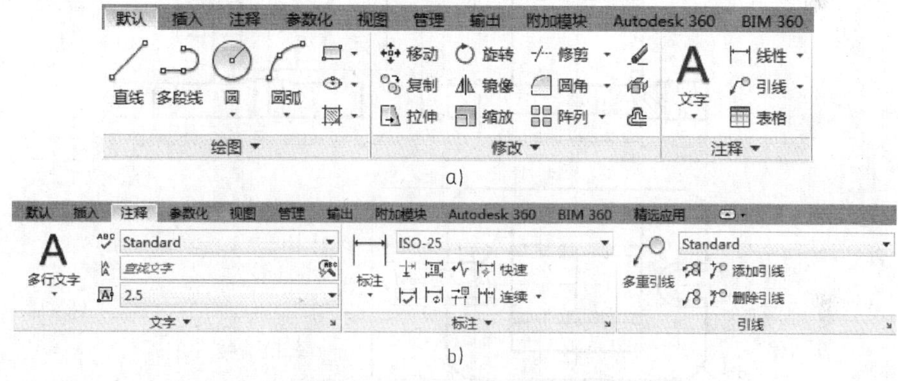

图 3-29 调出尺寸标注命令和控件

题 3-16 参照图 3-30 的标注样式，练习自定义标注风格。

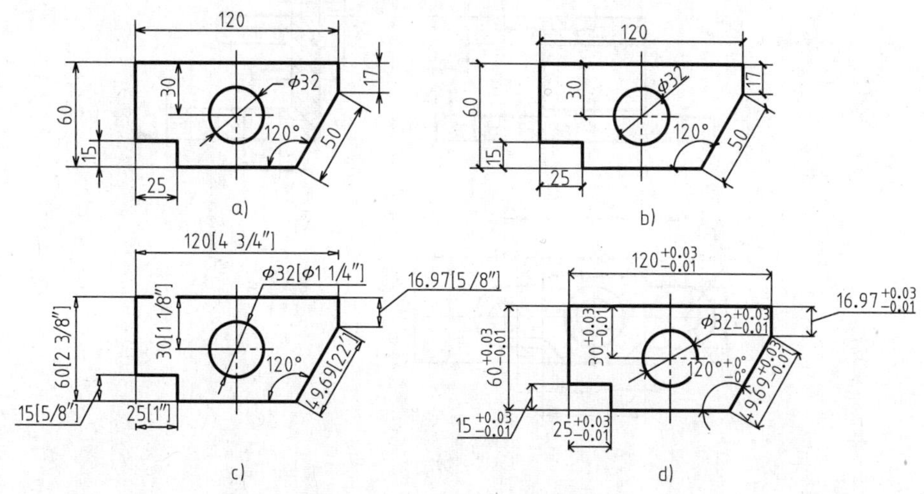

图 3-30 自定义标注风格

提示：自定义标注风格通常要调整的选项是：文字样式和高度、文字对齐方式、文字位置、箭头形状、显示换算单位和设置公差等。

建议：将前面已经画过但未标注尺寸的图形调出来，补全尺寸标注（自定义风格）。

题 3-17　绘制图 3-31 所示的图形，注全尺寸（自定义标注风格）。

下面分别以机械工程图和建筑工程图为例，说明尺寸标注样式的设置步骤：

3.5.1　机械工程图的尺寸标注样式

（1）新建“机械”样式　选择“格式”菜单下的“标注样式”，从弹出的“标注样式管理器”对话框（图 3-32）中单击“新建”按钮，弹出图 3-33 所示“创建新标注样式”对话框，在“新式样名”中输入样式名称：机械。

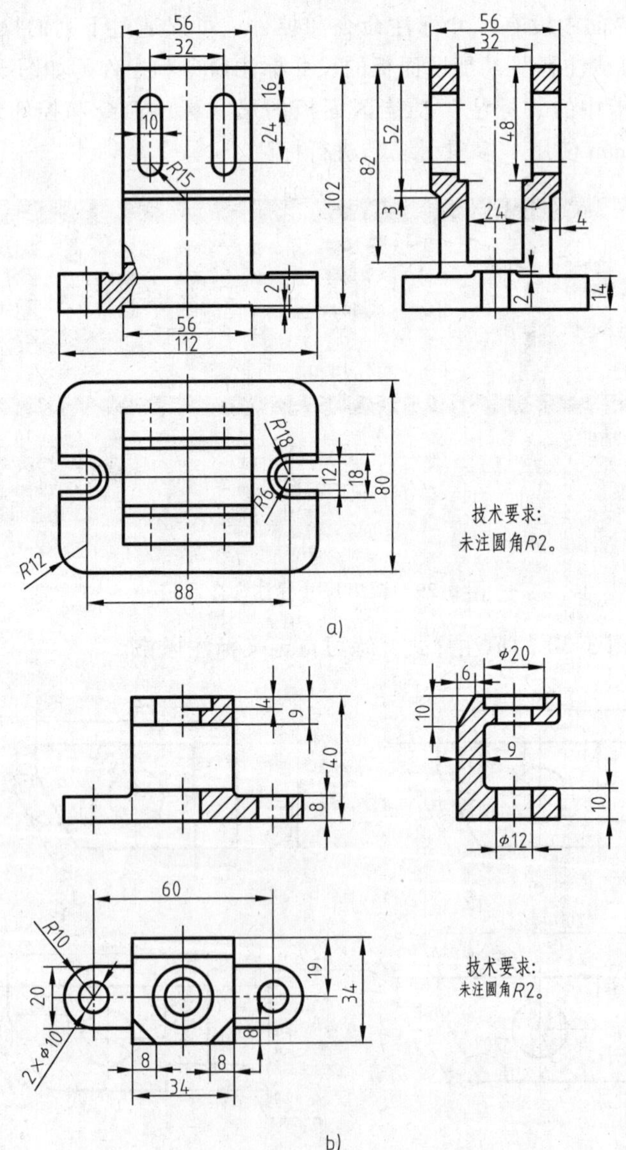

图 3-31　自定义标注样式绘图

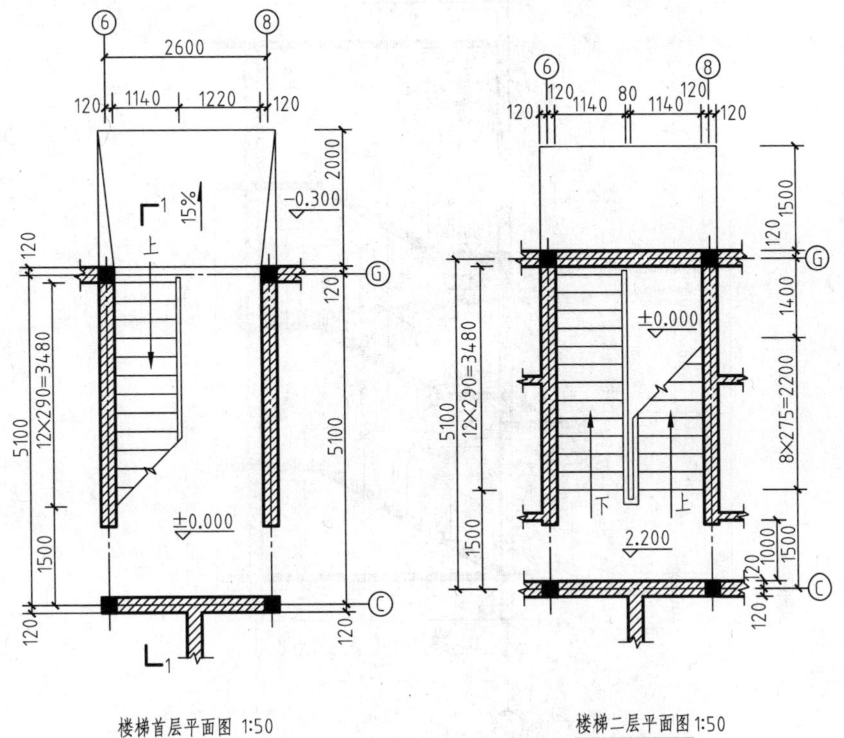

c)

楼梯三层平面图 1:50

楼梯顶层平面图 1:50

d)

图 3-31　自定义标注样式绘图（续）

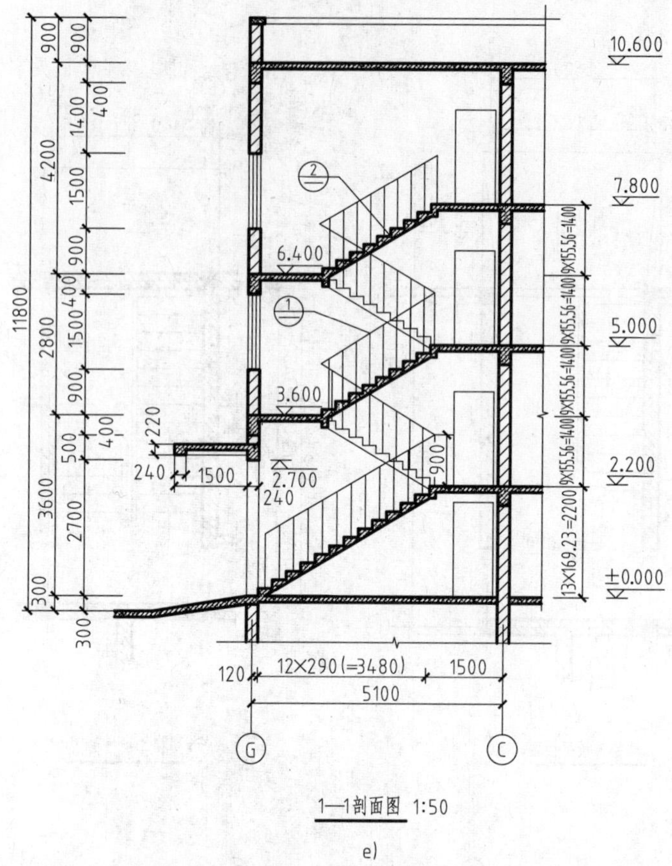

图3-31 自定义标注样式绘图（续）

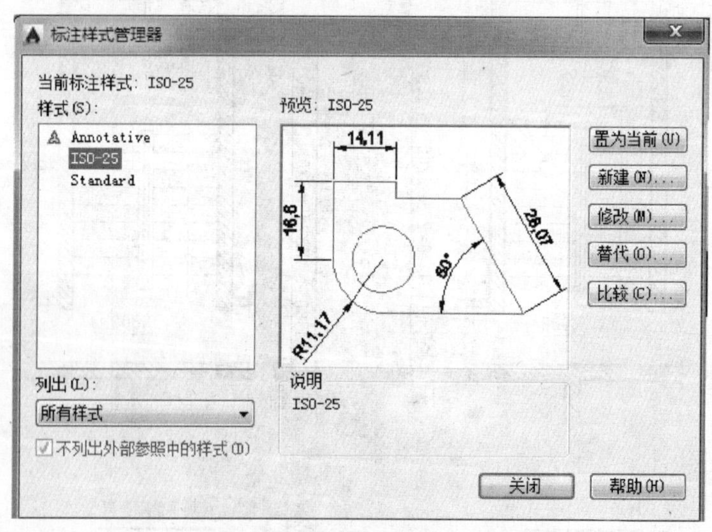

图3-32 标注样式管理器

（2）设置“机械”标注样式的参数 单击“创建新标注样式”对话框中的“继续”按钮，在弹出的如图3-34所示的对话框中选择“线”选项卡，以A3图纸1:1的比例打印图形，设置基线间距为“7”，超出尺寸线为“3”，起点偏移量为“0”。

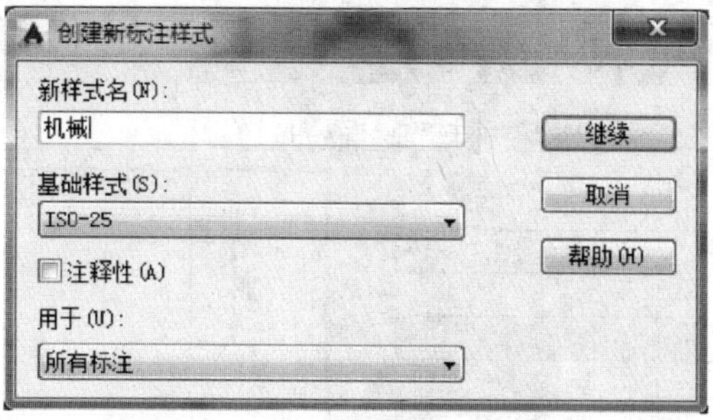

图 3-33　创建新标注样式

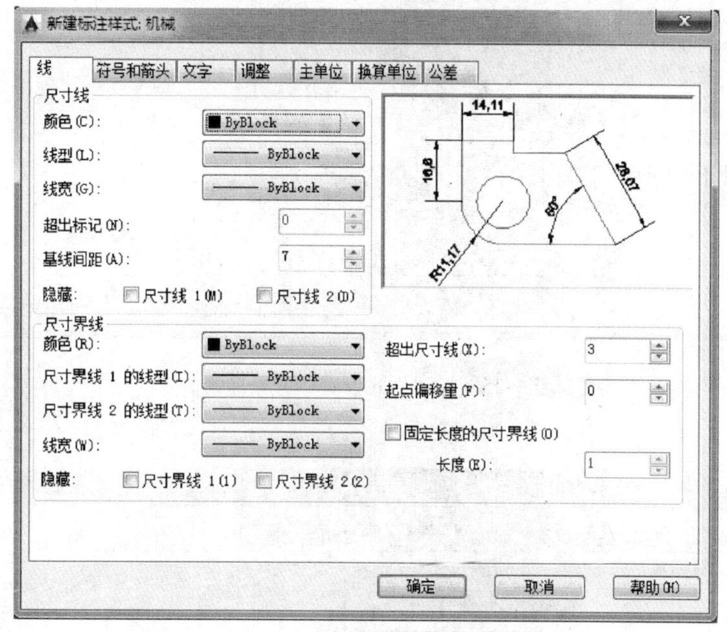

图 3-34　标注样式设置：线

选择“符号和箭头”选项卡，设置箭头大小为“3”，圆心标记设置为“无”，如图3-35所示。

选择“文字”选项卡，设置文字高度为“3.5”，从尺寸线偏移为“1”，文字对齐方式为“与尺寸线对齐”，如图 3-36 所示。

选择“主单位”选项卡，设置单位格式为“小数”，精度为“0.00”，小数分割符为“句点”，角度标注的单位格式为“度/分/秒”，精度为“0d”，如图 3-37 所示。

完成上述设置之后单击“确定”按钮，回到“标注样式管理器”，如图 3-38 所示。至此“机械”尺寸标注样式设置完成。

(3) 在“机械”标注样式下建立“角度”标注子样式　在“标注样式管理器”的“样式”栏中选中“机械”，再次单击“新建”按钮，从弹出的图 3-39 所示的“创建新标注样式”对话框的“用于”选项中选择“角度标注”。单击“继续”按钮，设置“文字”选项卡中的“文字对齐”方式为“水平”，如图 3-40 所示。

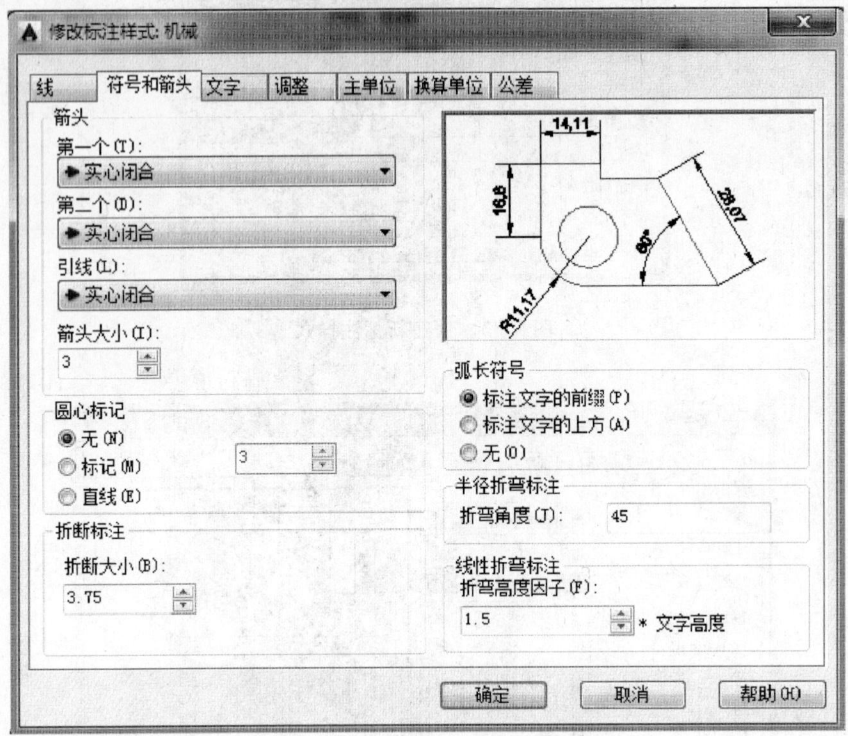

图 3-35　标注样式设置：符号和箭头

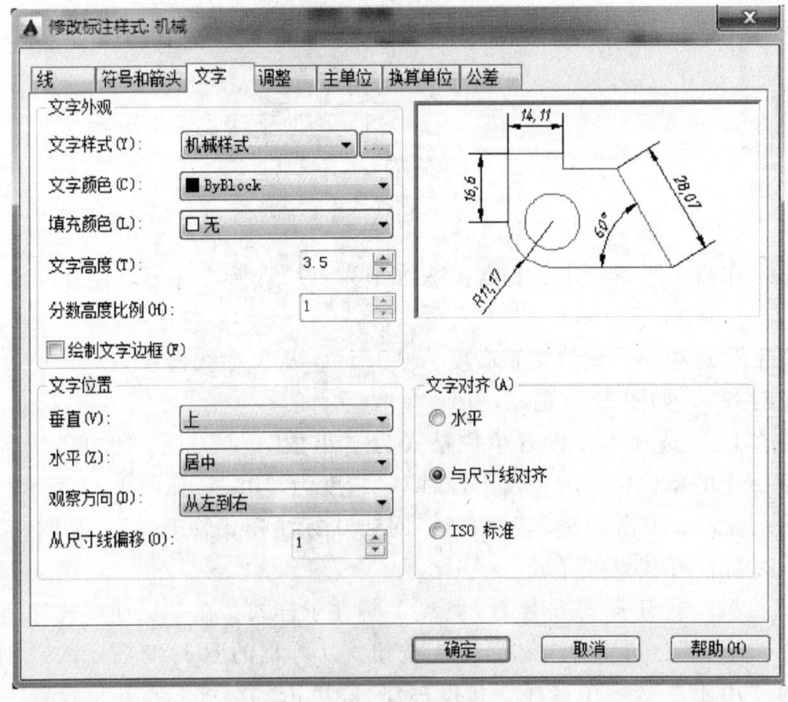

图 3-36　标注样式设置：文字

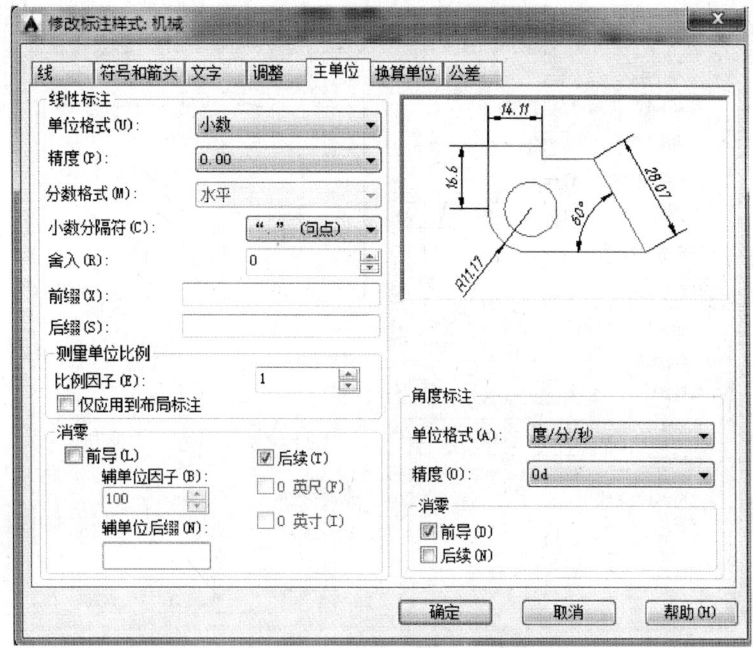

图 3-37　标注样式设置：主单位

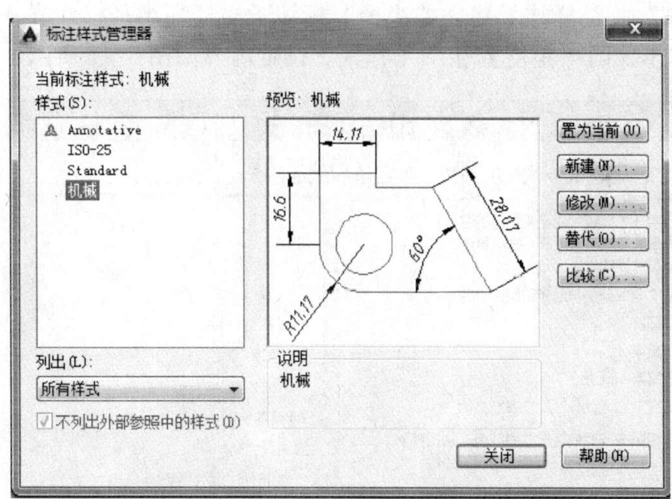

图 3-38　完成“机械”尺寸标注样式设置

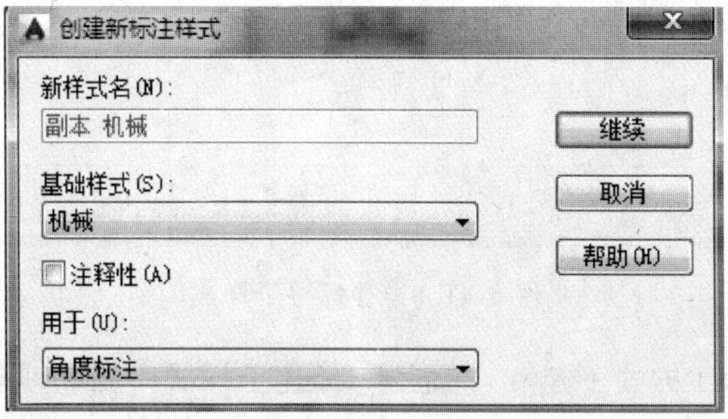

图 3-39　创建新标注子样式— 角度

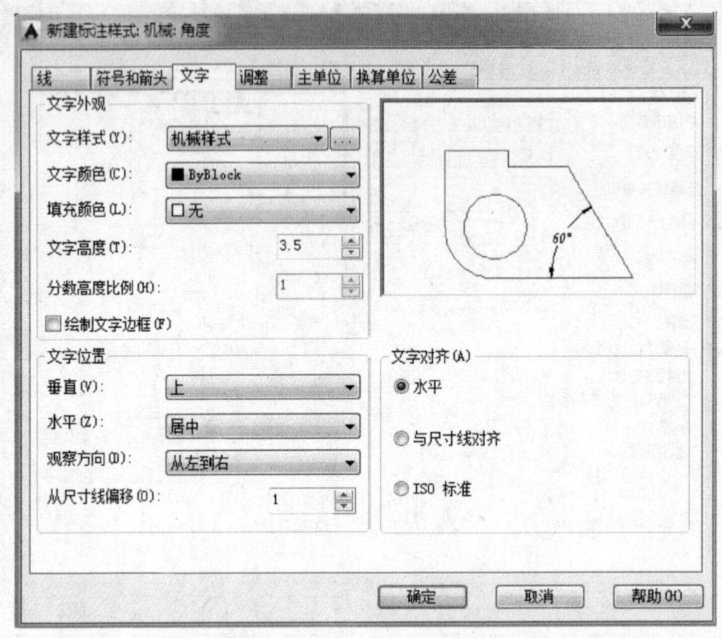

图 3-40　角度标注子样式：文字

（4）在“机械”标注样式下建立“半径”标注子样式　半径标注样式要在“调整”选项卡里设置，操作步骤同“角度标注”子样式。设置内容如图 3-41 所示。

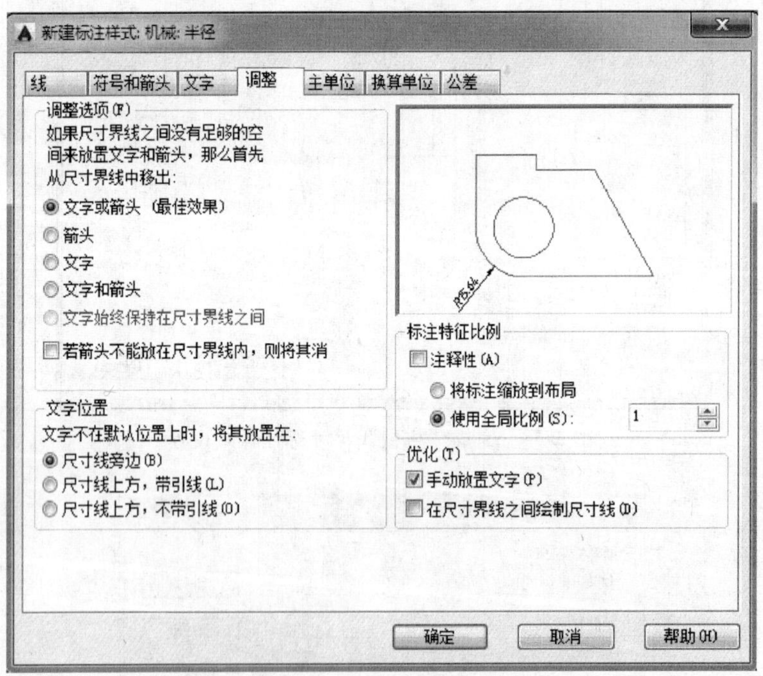

图 3-41　半径标注子样式

（5）在“机械”标注样式下建立“直径”标注子样式　操作步骤同“半径”标注子样式。但需要在“调整”和“文字”选项卡中设置相关的参数，设置内容如图 3-42 和图 3-43

所示。

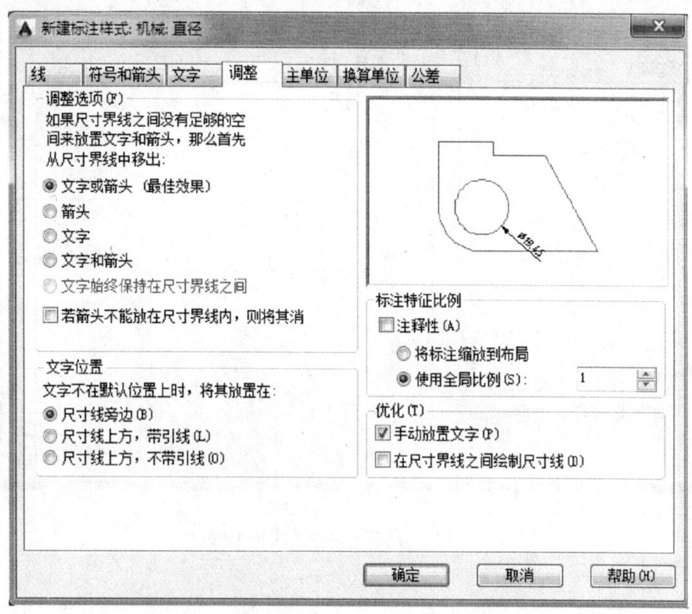

图 3-42 直径标记子样式：调整

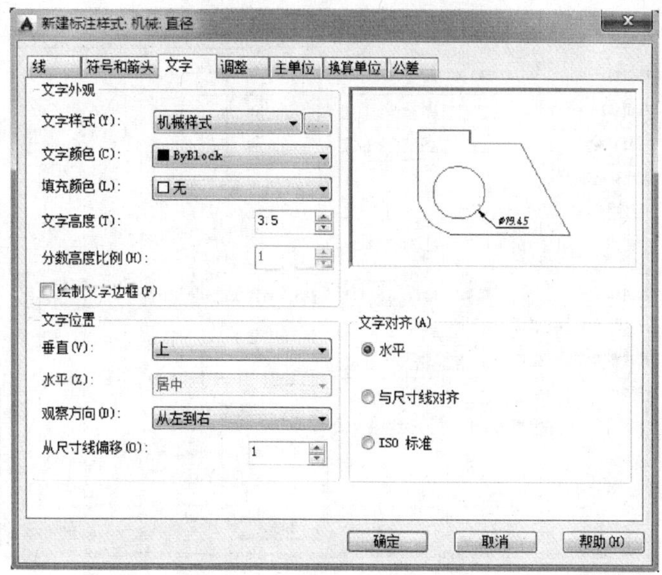

图 3-43 直径标注子样式：文字

完成后的“机械”尺寸标注样式如图 3-44 所示。选中机械样式，把它置为当前样式，就可以用它进行尺寸标注了。

3.5.2 建筑工程图的尺寸标注样式

建立一个名称为“建筑”的尺寸标注样式，接着按以下步骤设置相关参数：

1）设置尺寸线和尺寸界线。如图 3-45 所示，设置基线间距为“7”，超出尺寸线为

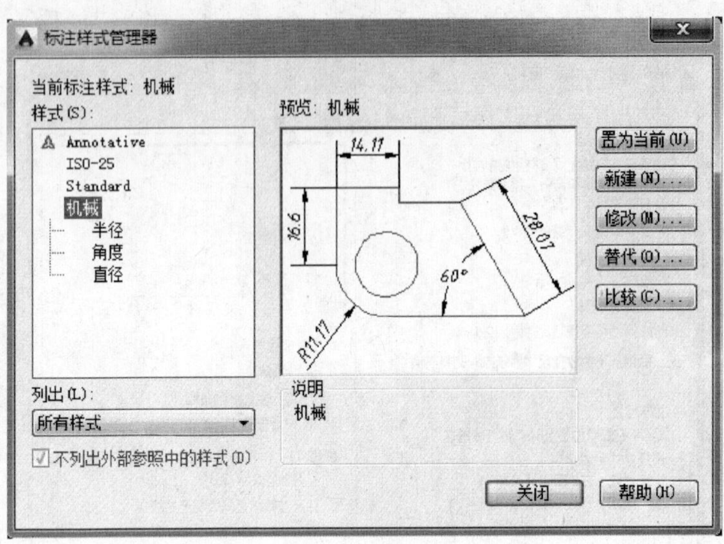

图 3-44　完成标注样式的设置

“3”，起点偏移量为“3”。

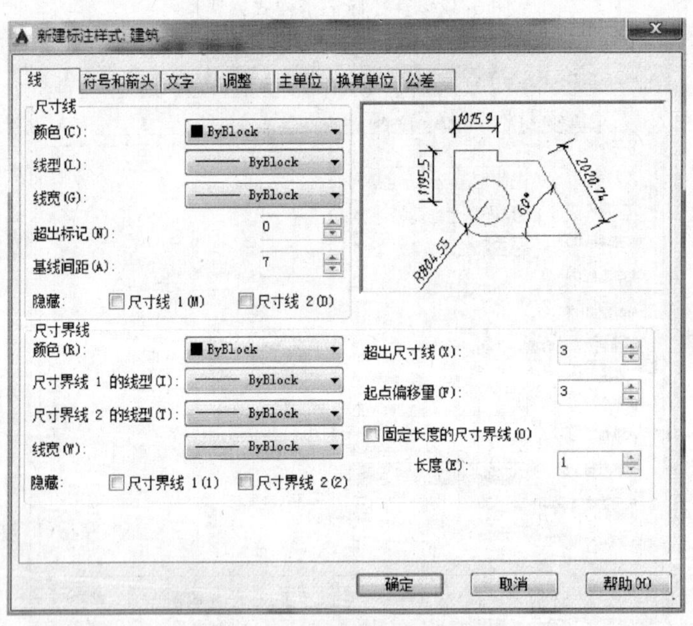

图 3-45　设置尺寸线和尺寸界线

2）如图 3-46 所示，设置箭头大小为“2”，圆心标记为“无”。

3）如图 3-47 所示，设置文字高度为“3”，从尺寸线偏移为“1”。

4）如图 3-48 所示，设置使用全局比例为“100”，文字位置为“尺寸线上方，带引线”，调整选项为“文字始终保持在尺寸线之间”。

5）如图 3-49 所示，设置单位格式为“小数”，精度为“0.00”，小数分隔符为“句点”，角度标注为“度/分/秒”，精度为“0d”。

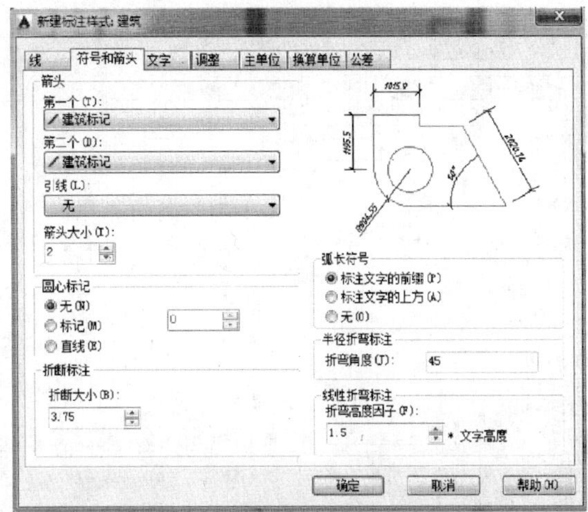

图 3-46　设置符号和箭头选项

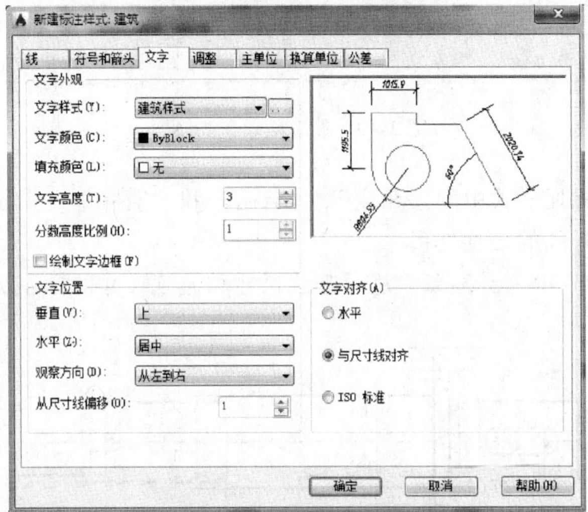

图 3-47　设置文字选项

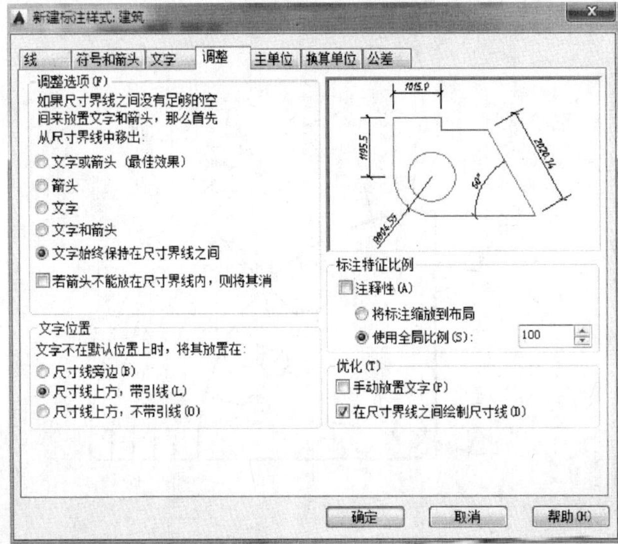

图 3-48　设置调整选项

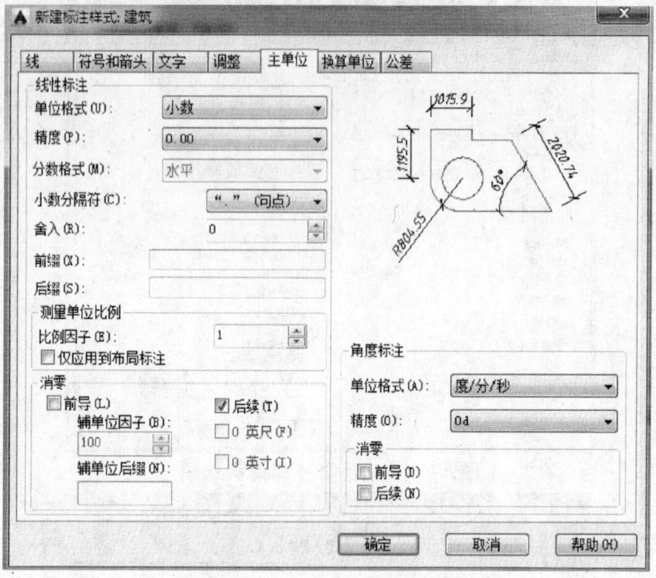

新建标注样式: 建筑
线
符号和箭头
文字
调整
主单位
换算单位
公差
线性标注
单位格式(U): 小数
精度(P): 0.00
分数格式(M): 水平
小数分隔符(C): "." (句点)
舍入(R): 0
前缀(X):
后缀(S):
测量单位比例
比例因子(E): 1
仅应用到布局标注
消零
前导(L)
后续(T)
辅单位因子(B): 100
0 英尺(F)
辅单位后缀(N):
0 英寸(I)
1015.9
1195.5
2020.74
60°
R804.55
角度标注
单位格式(A): 度/分/秒
精度(O): 0d
消零
前导(D)
后续(N)
确定
取消
帮助(H)

图 3-49　设置主单位选项

建筑工程图尺寸标注样式中的“角度”、“半径”和“直径”子样式的设置步骤请参看机械工程图尺寸标注样式的设置过程。

题 3-18　抄画图 3-50 ~ 图 3-52，练习基线尺寸和连续尺寸的标注。

8
5
C2
R4
C2
Φ24
19
Φ38
Φ28
Φ24
Φ20
23
16
66
47
103
180
a)
R90
5×Φ10
R70
75°
60°
45°
30°
15°
Φ12
R10
b)

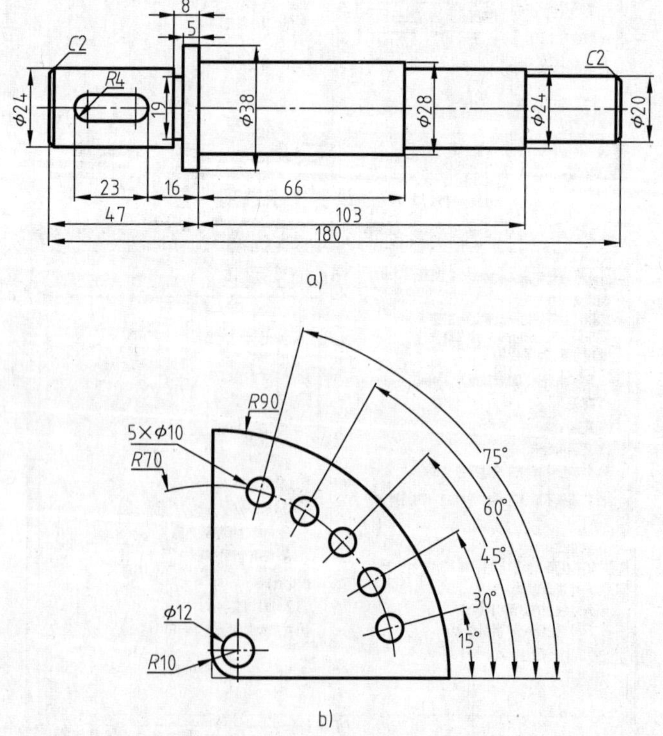

图 3-50　基线尺寸标注

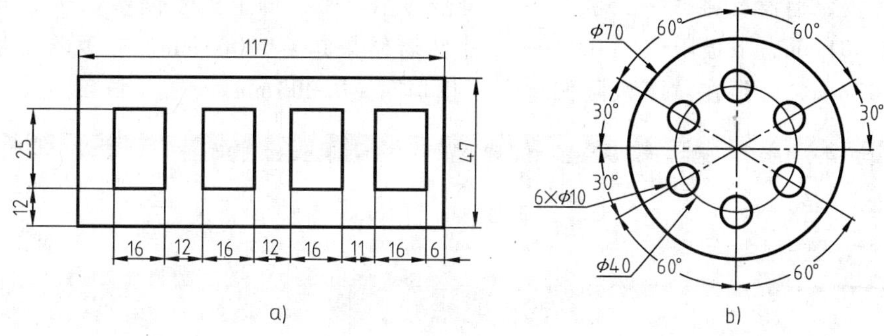

图 3-51　连续尺寸标注（1）

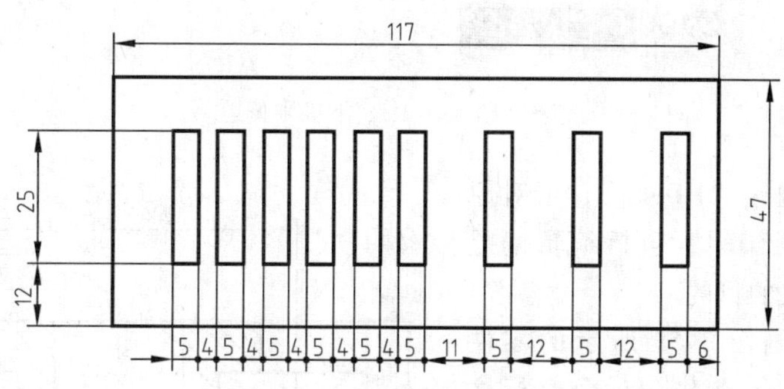

图 3-52　连续尺寸标注（2）

提示：图 3-52 中的连续标注里的“点箭头”，是通过在“标注样式管理器”对话框里单击“替代”按钮，进入“符号和箭头”标签中临时设置的。它只对当前正在标注的图形作“小点”箭头标注，不影响先前的标注风格。若进入“修改”中设置，将会使所有标注里的箭头都变成“小点”箭头。

题 3-19　抄画图 3-53，练习标注公差尺寸。

提示：标注公差尺寸有以下两种操作方式：

1）在“标注”功能区面板里，单击“线性标注”命令并选择了标注对象后，命令行显示：[多行文字（M）/文字（T）/角度（A）/水平（H）/垂直（V）/旋转（R）]：＊取消＊。此时选择 M 并回车，屏幕出现“文字编辑器”选项卡，输入尺寸数字及其上、下极限偏差，上、下极限偏差值用符号“^”隔开，选中上、下极限偏差数值和间隔符号，单击“格式”功能区选项板中的“b/a”堆叠选项，上、下极限偏差的标注形式即显示出来，如图 3-54 所示。

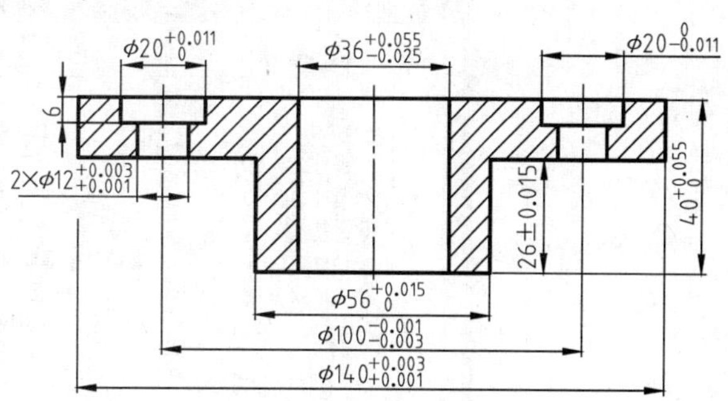

图 3-53　公差尺寸标注

2)：标注上、下极限偏差尺寸也可在“标注样式管理器”对话框里单击“替代...”按钮，选择“公差”标签，根据不同偏差的标注情况，需要在“公差格式”的“方式”框里变换设置偏差标注样式。有一点要注意，系统已将偏差设置为上极限偏差为正，下极限偏差为负，但没有将“+”和“-”符号显示出来，即上极限偏差 0.001mm 意味着结果是 +0.001mm，下极限偏差 0.003mm 意味着结果是 -0.003mm。若要将下极限偏差设置 +0.003mm，必须在“下极限偏差”框里填写 -0.003mm。

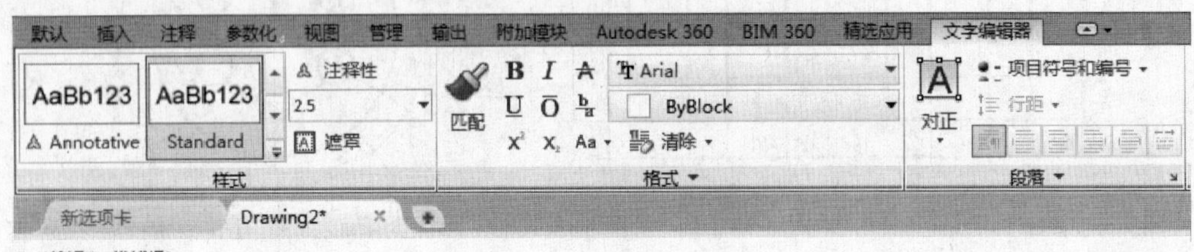

图 3-54　标注上、下极限偏差

在命令行里输入“DDedit”，可对原有的尺寸标注进行编辑，包括编辑偏差尺寸，以达到修改的目的。

题 3-20　抄画图 3-55 所示的零件图，练习用 QLeader 或 Leader 命令标注几何公差。

提示：用 QLeader 命令标注几何公差时，需要先在图 3-56 所示的“引线设置”对话框中设置注释类型为“公差”。

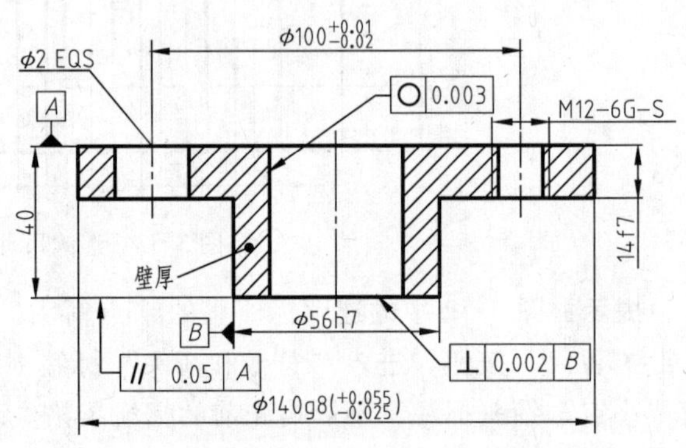

图 3-55　用 QLeader 命令标注几何公差

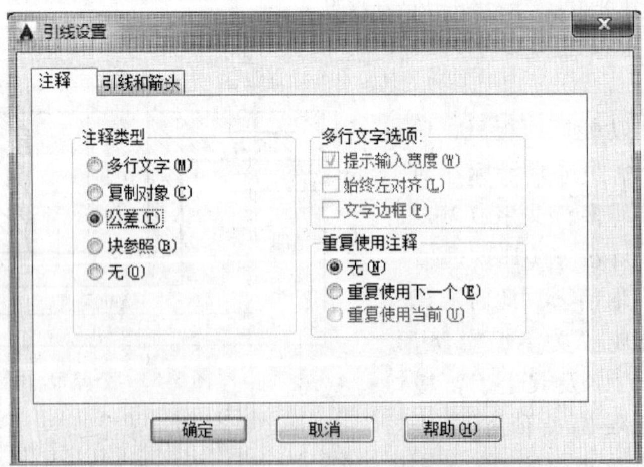

图 3-56　引线设置为公差

题 3-21　抄画图 3-57，练习单边箭头标注。

提示：在“标注样式管理器”里，单击“替代”按钮，选中“线”选项卡，隐藏尺寸线 2 和尺寸界线 2，如图 3-58 所示，即可实现单箭头标注。

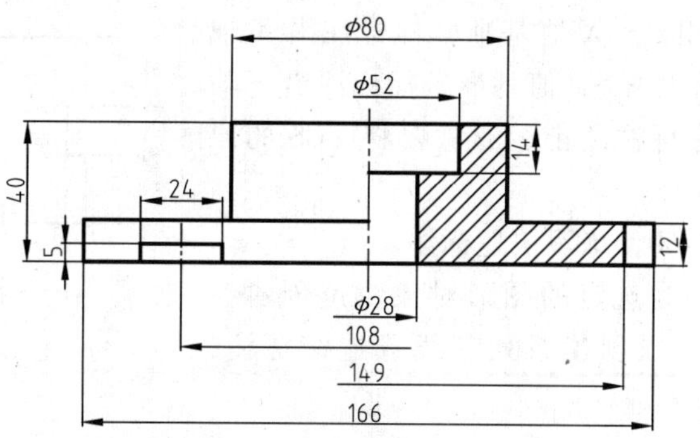

图 3-57 单边箭头标注

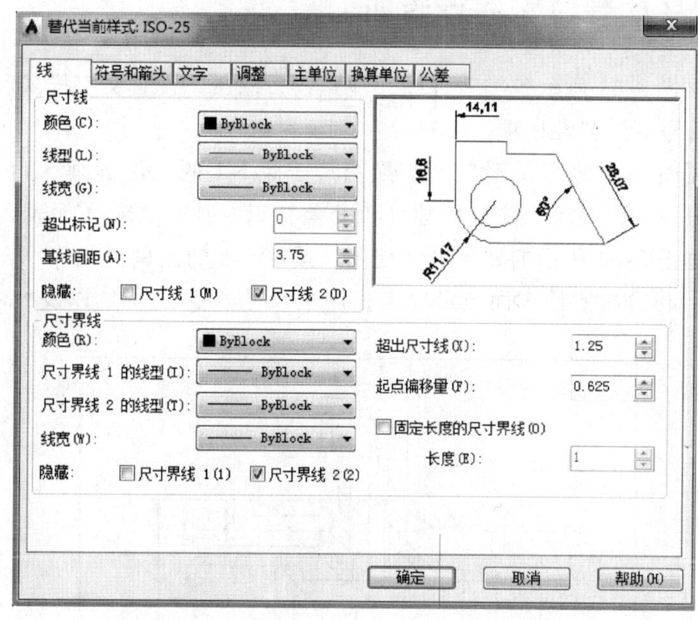

图 3-58 在“替代”中设置单箭头标注

题 3-22 抄画图 3-59，练习坐标标注。

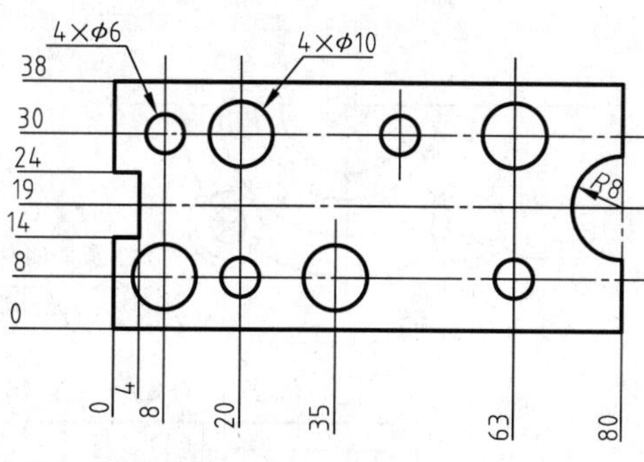

图 3-59 坐标标注

提示： 坐标标注是测量原点（称为基准）到要素（例如部件上的一个孔）的水平或垂直距离。这种标注能保持要素点与基准点之间的精确偏移量，从而避免增大误差。坐标标注

由 X 值或 Y 值和引线组成。X 值基准坐标标注沿 X 轴测量特征点与基准点的距离。Y 值基准坐标标注沿 Y 轴测量距离。在创建坐标标注之前，通常要将 UCS 的原点与坐标标注的基准重合。

题 3-23　抄画图 3-60，练习快速标注。

提示： 快速标注是为选定的图形对象快速创建一系列标注的方法，它可以创建系列基线或连续标注，或者为一系列圆或圆弧创建标注。

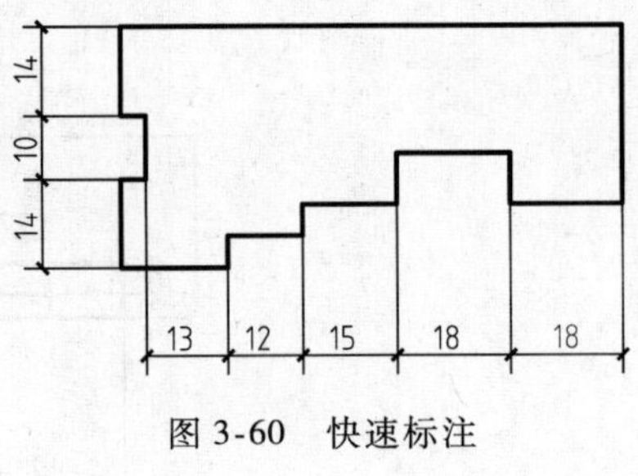

图 3-60　快速标注

3.6　AutoCAD 注释命令综合实训

题 3-24　抄画图 3-61 所示各类零件图，注意设置图层、设置文字样式和尺寸标注样式、制作表面粗糙度符号等注释性事项。

题 3-25　根据图 3-62 所示的泄气阀装配图，按照 1:1 的比例拆画 5、6 和 7 号零件图，并自行分析零件表面质量要求，注全尺寸（含公差）以及技术要求（如表面粗糙度等）。

题 3-26　根据图 3-63 所示的转子泵装配图，按照 1:1 的比例拆画 1、3、4、5、8、9 和 12 号零件图，并自行分析零件表面质量要求，注全尺寸（含公差）以及技术要求（如表面粗糙度等）。

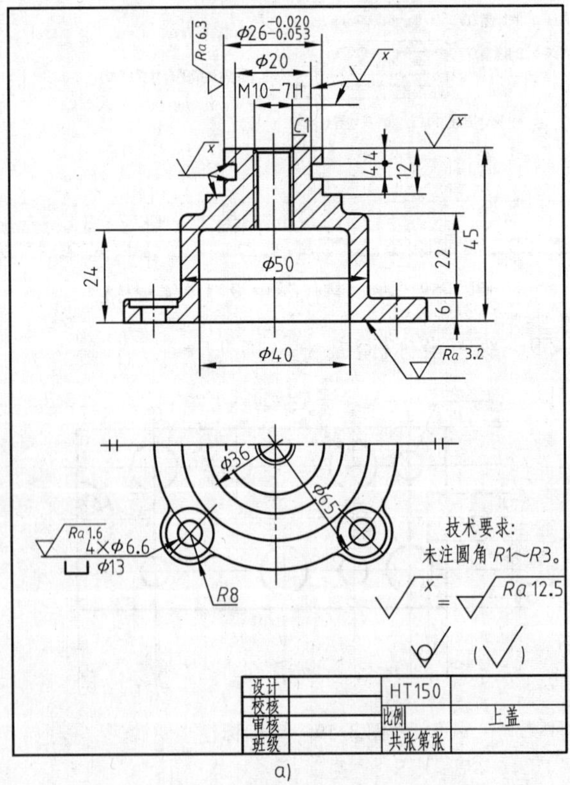

a)

图 3-61　抄画各类零件图：注释性练习

a）上盖零件图

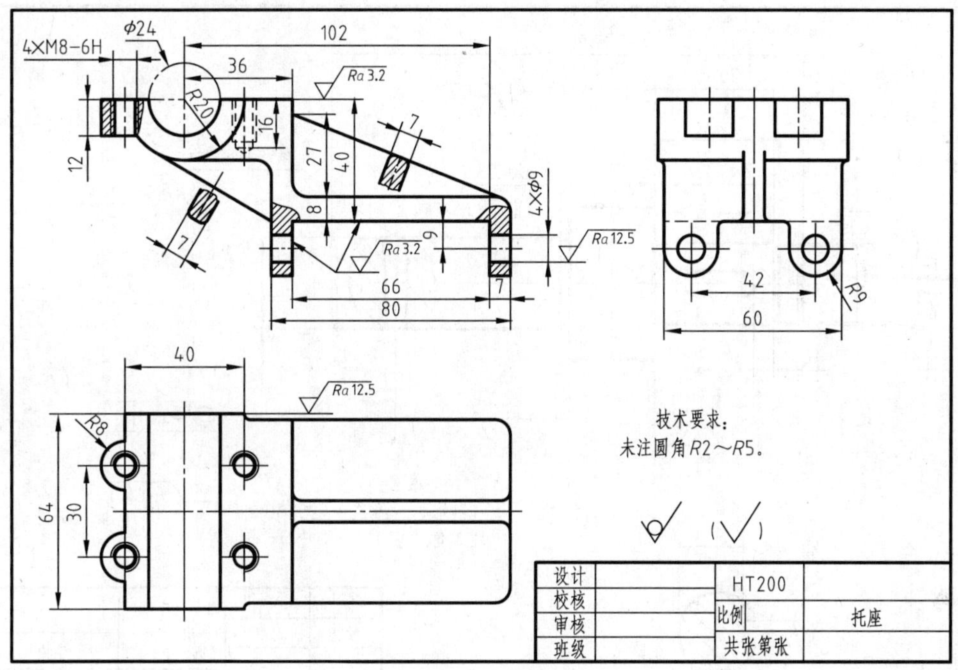

b)

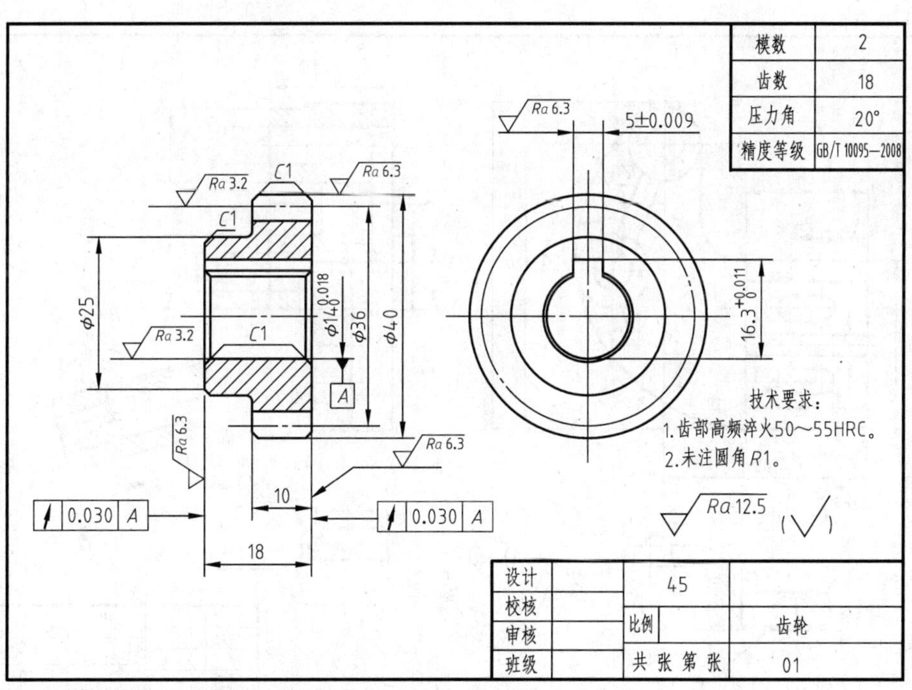

c)

图 3-61　抄画各类零件图：注释性练习（续）

b）托座零件图　c）齿轮零件图

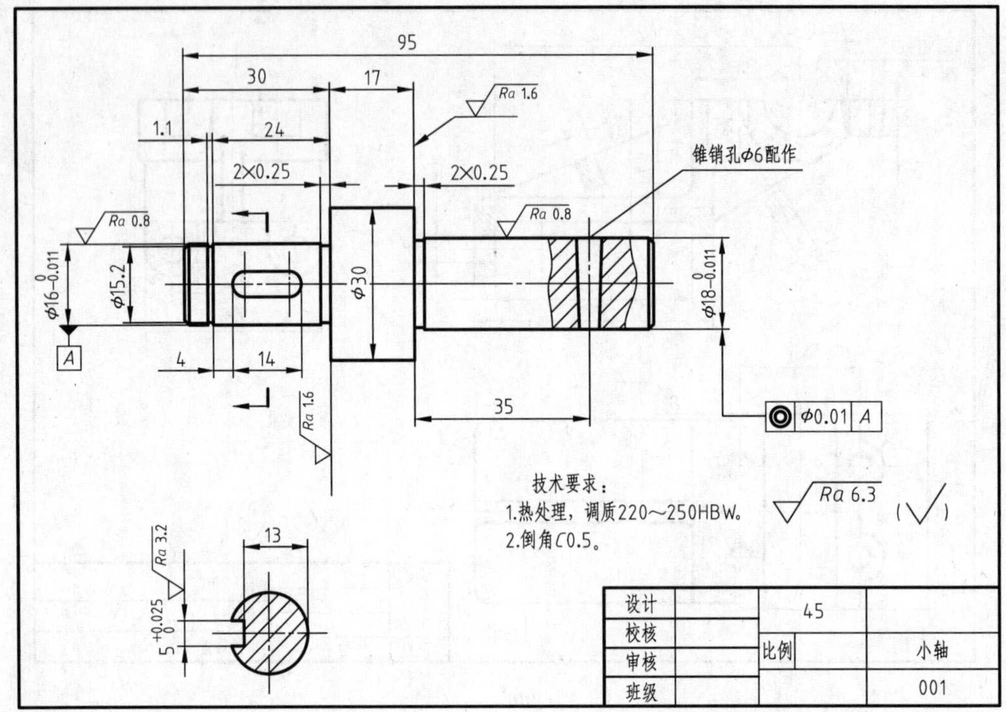

d)

技术要求：
未注圆角R2。

设计		35	
校核		比例	支架
审核			
班级			001

e)

图 3-61 抄画各类零件图：注释性练习（续）

d）小轴零件图 e）支架零件图

序号	零件名称	数量	材料	备注
7	阀杆套	1	35	
6	阀杆	1	35	
5	阀座	1	HT200	
4	钢球	1	45	
3	弹簧	1	55Si2Mn	
2	阀套	1	Q235A	
1	调整螺套	1	Q235A	

泄气阀			
考生姓名		题号	
准考证号码		比例	

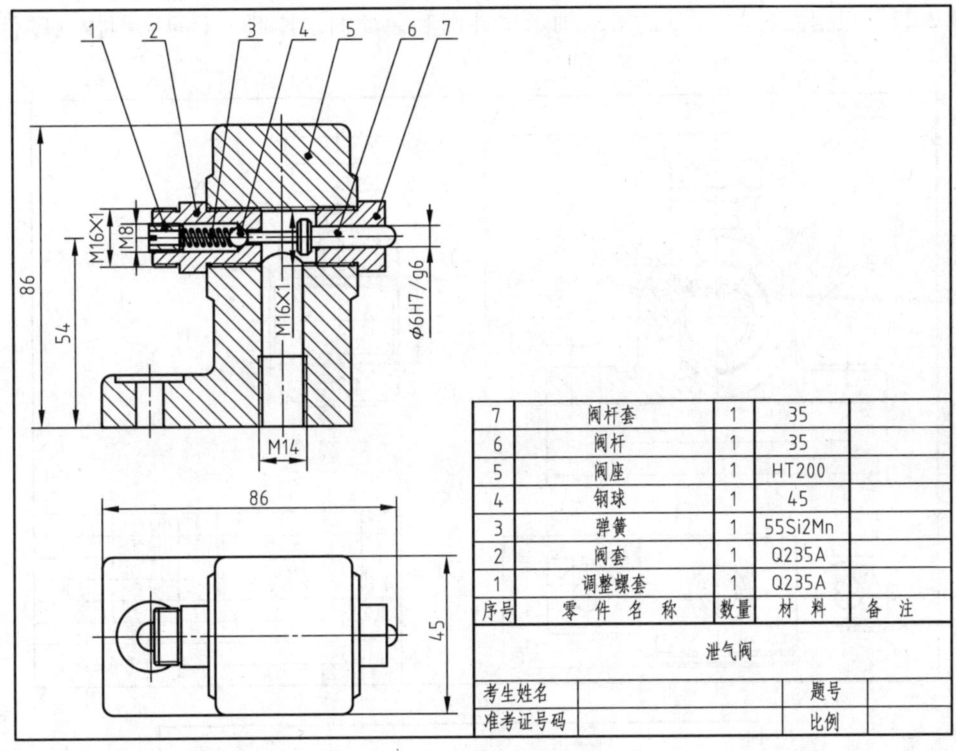

图 3-62　泄气阀装配图

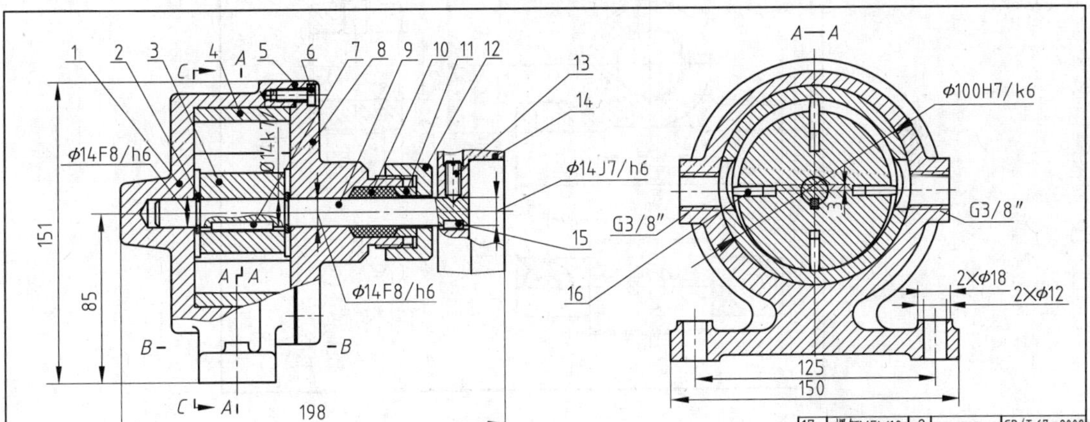

序号	名称	数量	材料	备注
17	螺钉M5×10	2		GB/T 67—2008
16	叶片	4	45	
15	键4×10	1		
14	带轮	1	HT200	
13	紧定螺钉M8×20	1		GB/T 71—1985
12	压盖螺母	1	Q235	
11	填料压盖	1	Q235	
10	填料	1	橡胶	
9	轴	1	45	
8	泵盖	1	HT300	
7	键4×32	1		
6	螺钉M6×16	3		GB/T 67—2008
5	垫片	1	工业用纸	
4	衬套	1	20	
3	转子	1	45	
2	挡圈14	2		GB/T 894—1986
1	泵体	1	HT300	

考生姓名		题号	CADH1-07-2
性别	比例		
身份证号码		转子泵	
准考证号码			

图 3-63　转子泵装配图

题 3-27　根据图 3-64 所示的滑动轴承零件图和装配图，按照 1:1 的比例抄画零件图和装配图。

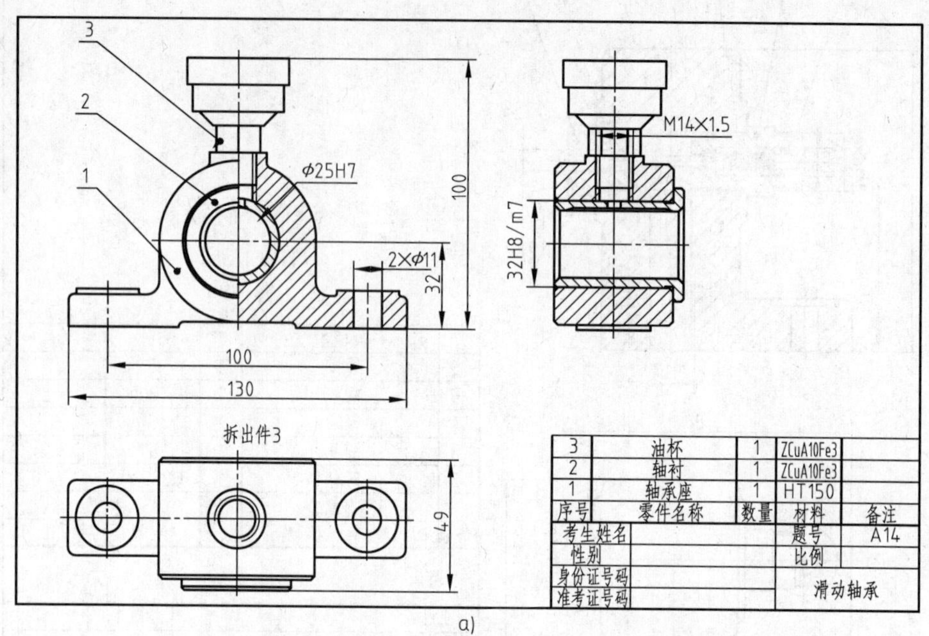

a)

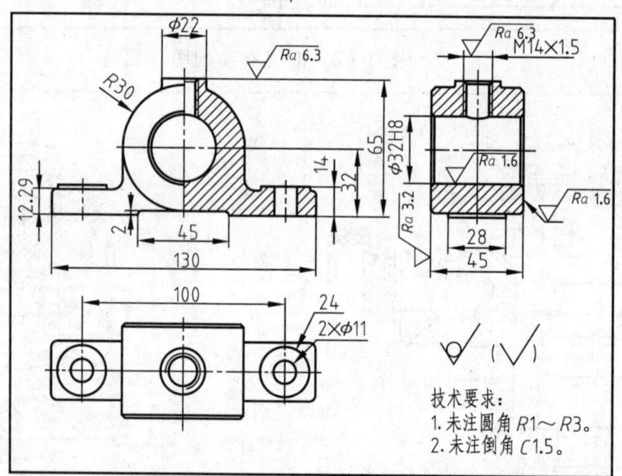

b)

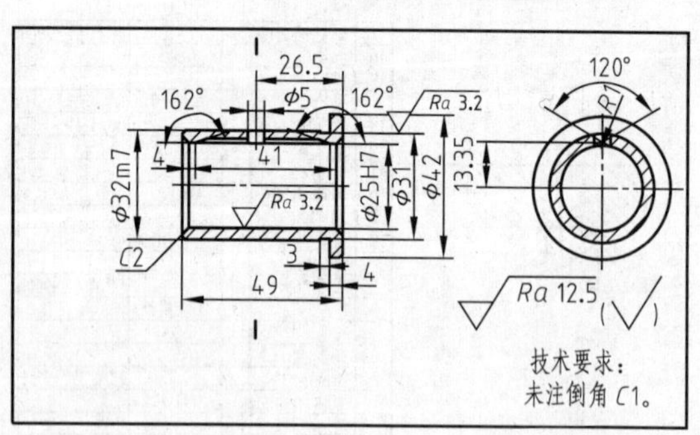

c)

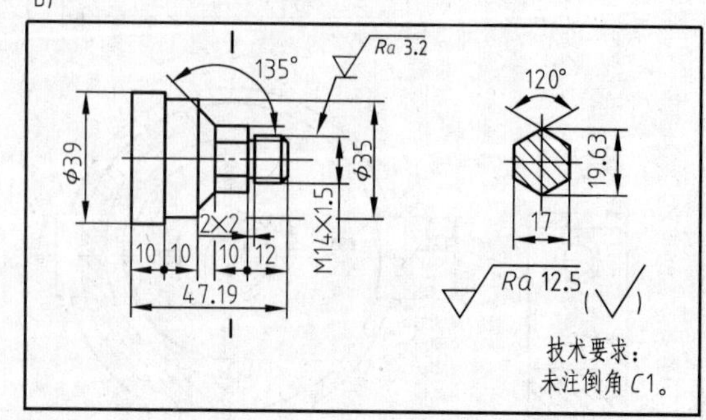

d)

图 3-64　滑动轴承零件图和装配图

a）装配图　b）轴承座零件图　c）轴衬零件图　d）油杯零件图

题 3-28　根据图 3-65 所示的夹紧卡爪零件图和装配图，按照 1:1 的比例抄画零件图和装配图。装配图中未提供的标准件几何尺寸，请自行查阅相关的国家标准设计手册。

题 3-29　抄画图 3-66 所示的单层房屋建筑施工图，补画 2-2 剖面图。

题 3-30　抄画图 3-67 所示的多层房屋建筑施工图，补画 1-1 剖面图。

题 3-31　抄画图 3-68 所示的某写字楼房屋建筑施工图，补画 1-1 剖面图。

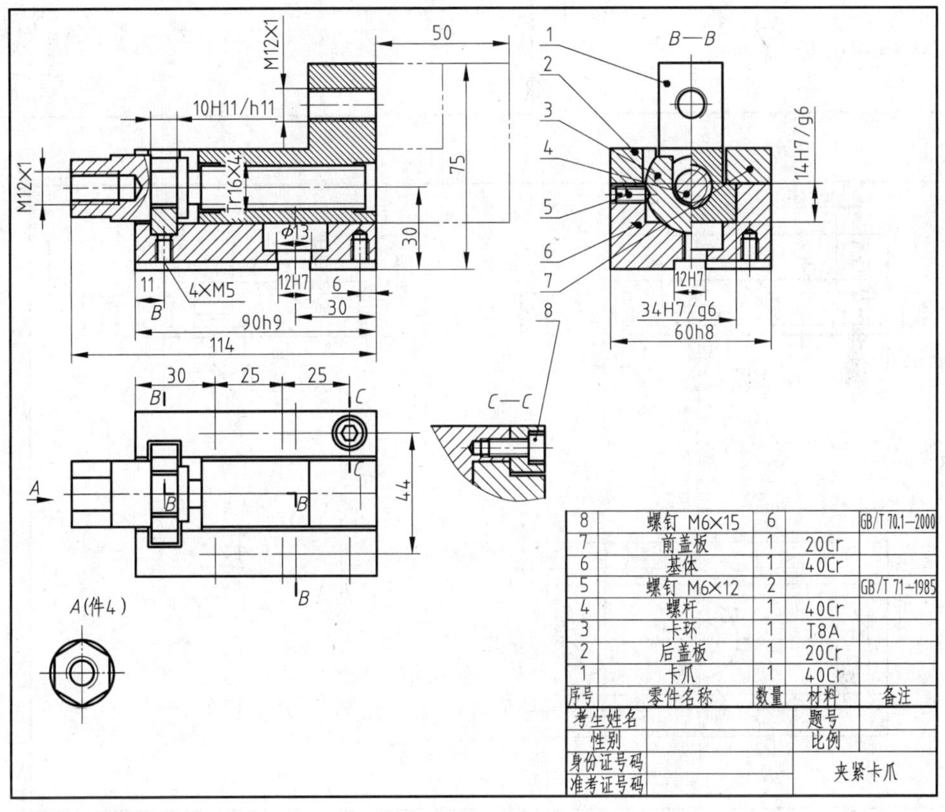

a)

技术要求：
1.锐边去毛刺。
2.未注倒角C1。

b)

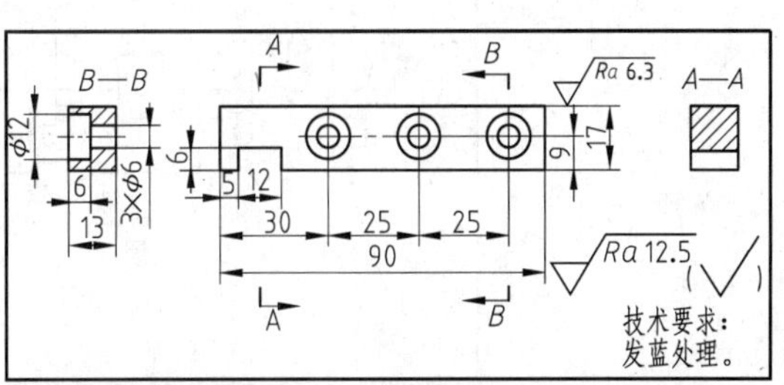

c)

图 3-65　夹紧卡爪装配图和零件图

a）夹紧卡爪装配图　b）卡爪零件图　c）后盖板零件图

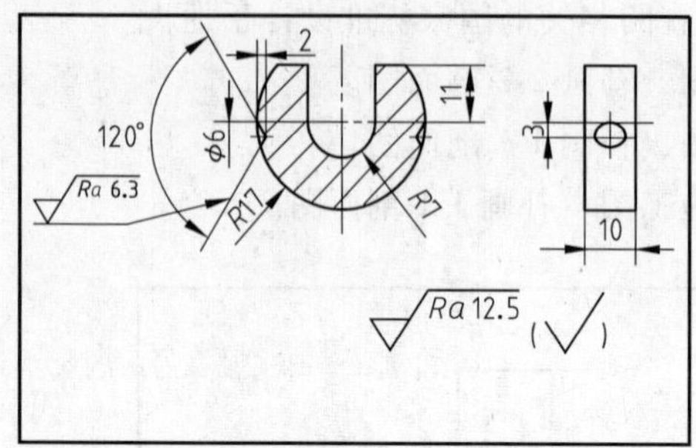

d)

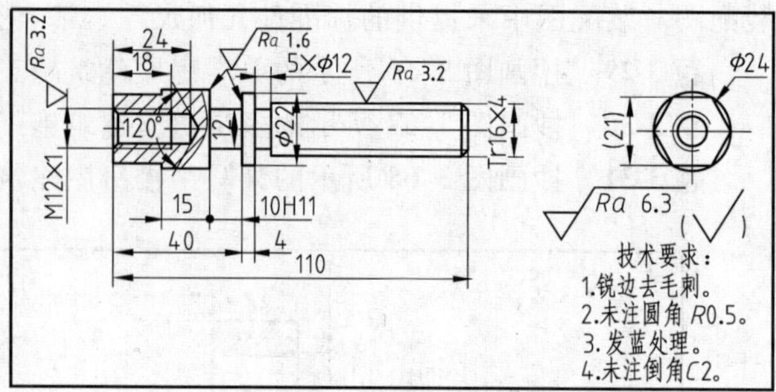

e)

f)

技术要求：
发蓝处理。

g)

图 3-65　夹紧卡爪装配图和零件图（续）

d）卡环零件图　e）螺杆零件图　f）基体零件图　g）前盖板零件图

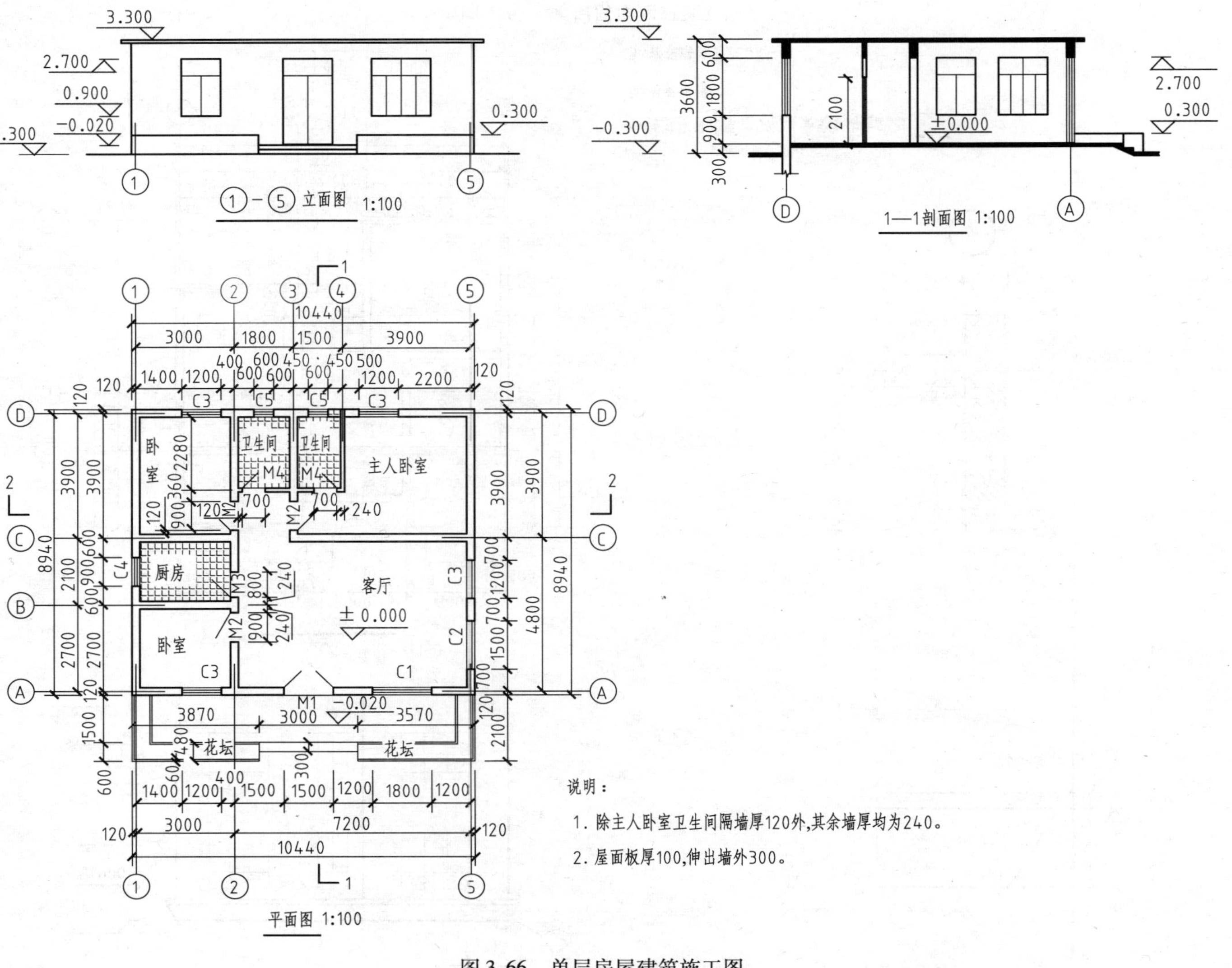

说明：

1. 除主人卧室卫生间隔墙厚120外,其余墙厚均为240。
2. 屋面板厚100,伸出墙外300。

图 3-66　单层房屋建筑施工图

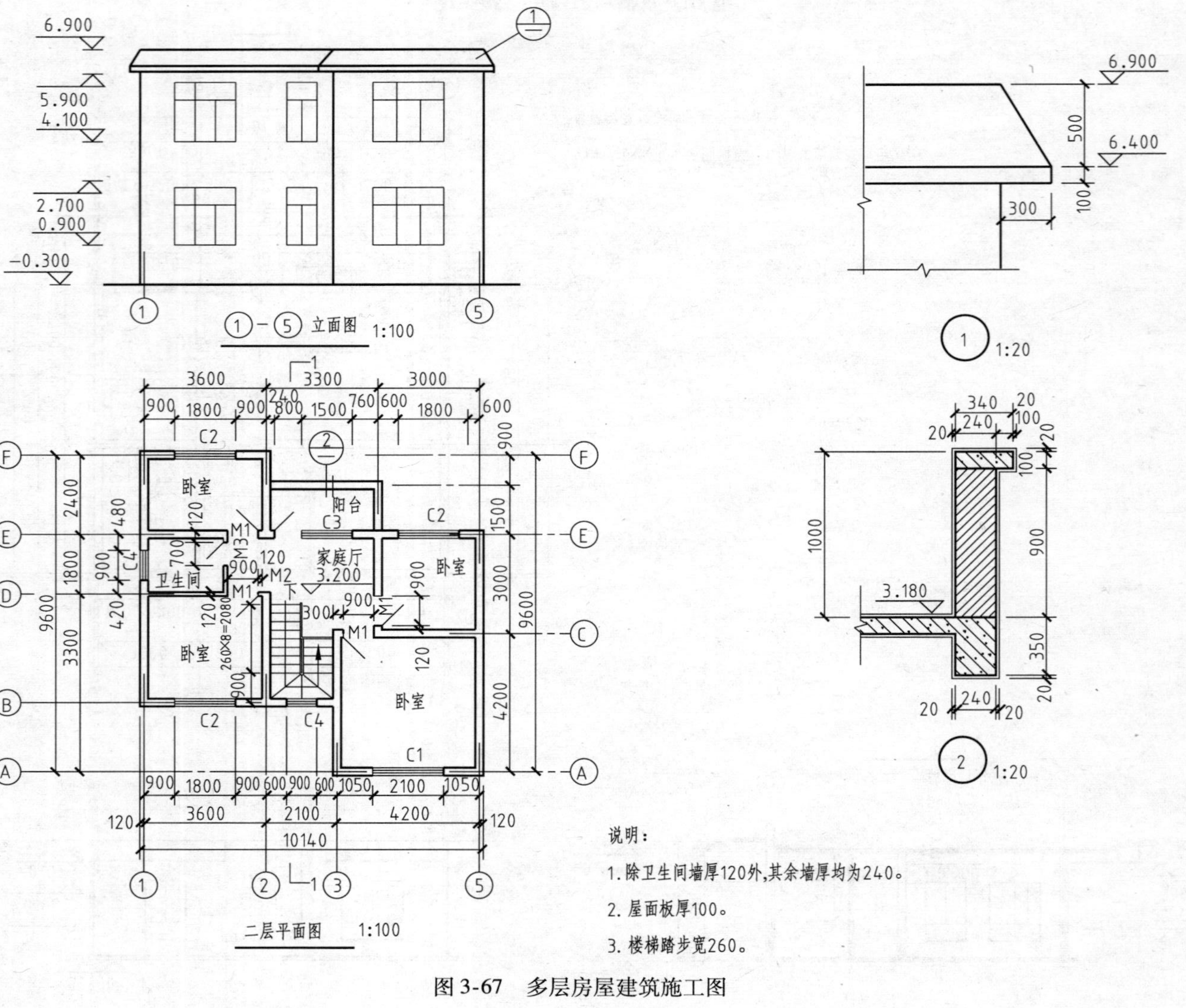

说明：

1. 除卫生间墙厚120外，其余墙厚均为240。
2. 屋面板厚100。
3. 楼梯踏步宽260。

图 3-67 多层房屋建筑施工图

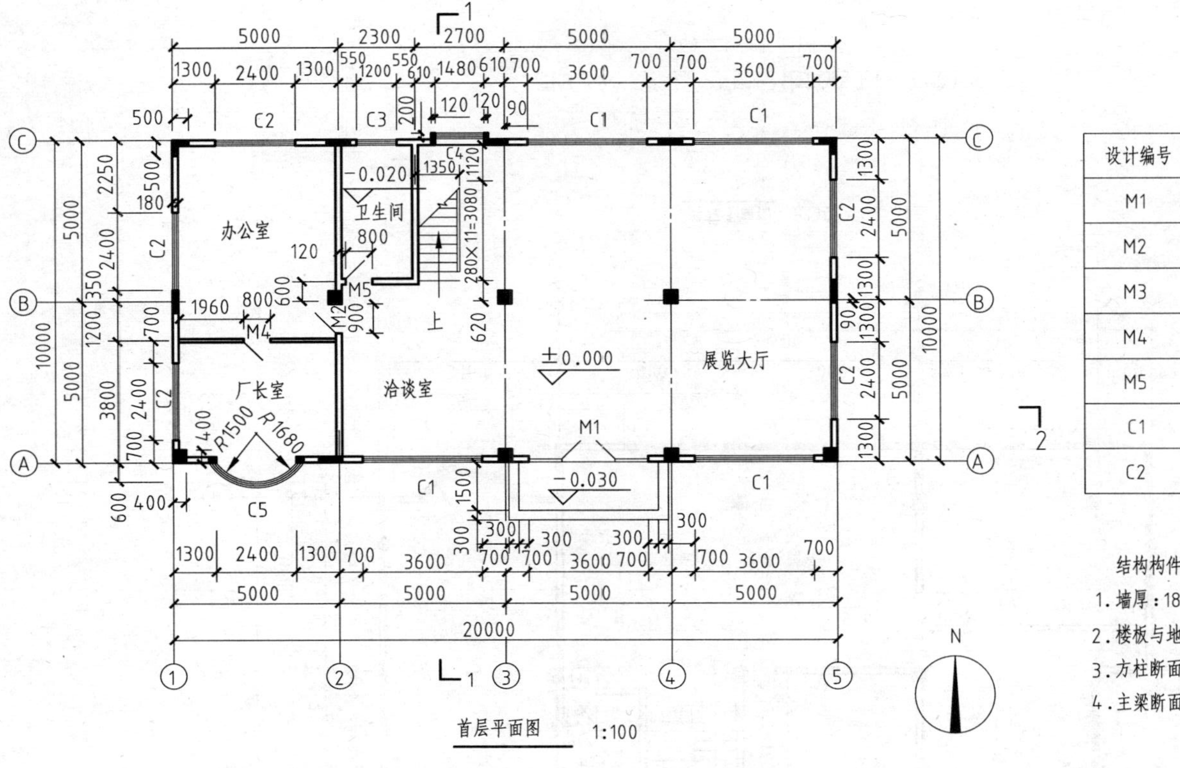

门 窗 表

设计编号	洞口尺寸(宽×高)	设计编号	洞口尺寸(宽×高)
M1	3600×3100	C3	1200×1400
M2	900×2100	C4	1480×9500
M3	800×2100	C5	2400×9500
M4	800×2100	C6	2400×1900
M5	800×2100	C7	4700×1900
C1	3600×2600	C8	3600×1900
C2	2400×2600	C9	2400×1900

结构构件断面尺寸要求：

1. 墙厚：180。
2. 楼板与地板厚：100。
3. 方柱断面：400×400。
4. 主梁断面：180×800，次梁断面：180×500。

a)

图 3-68　某写字楼房屋建筑施工图

a）首层平面图

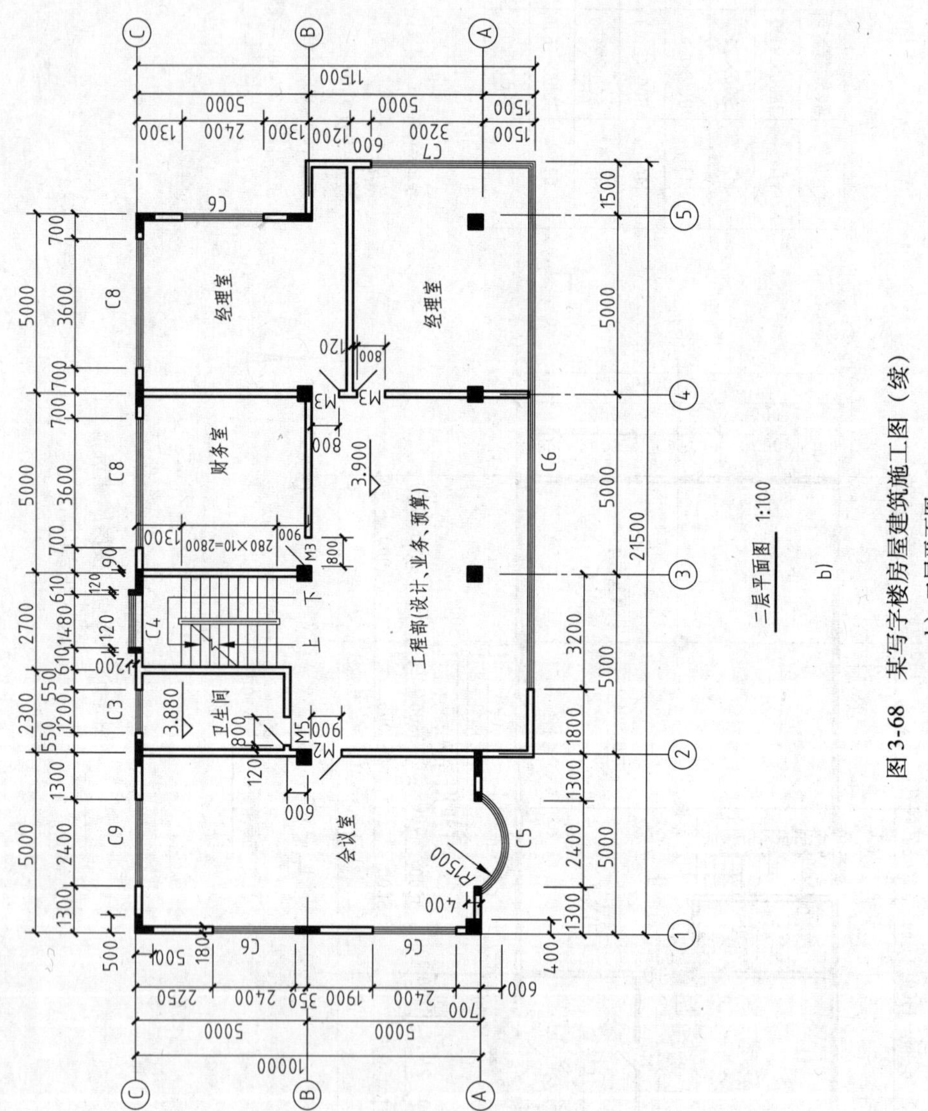

图 3-68 某写字楼房屋建筑施工图（续）

b）二层平面图

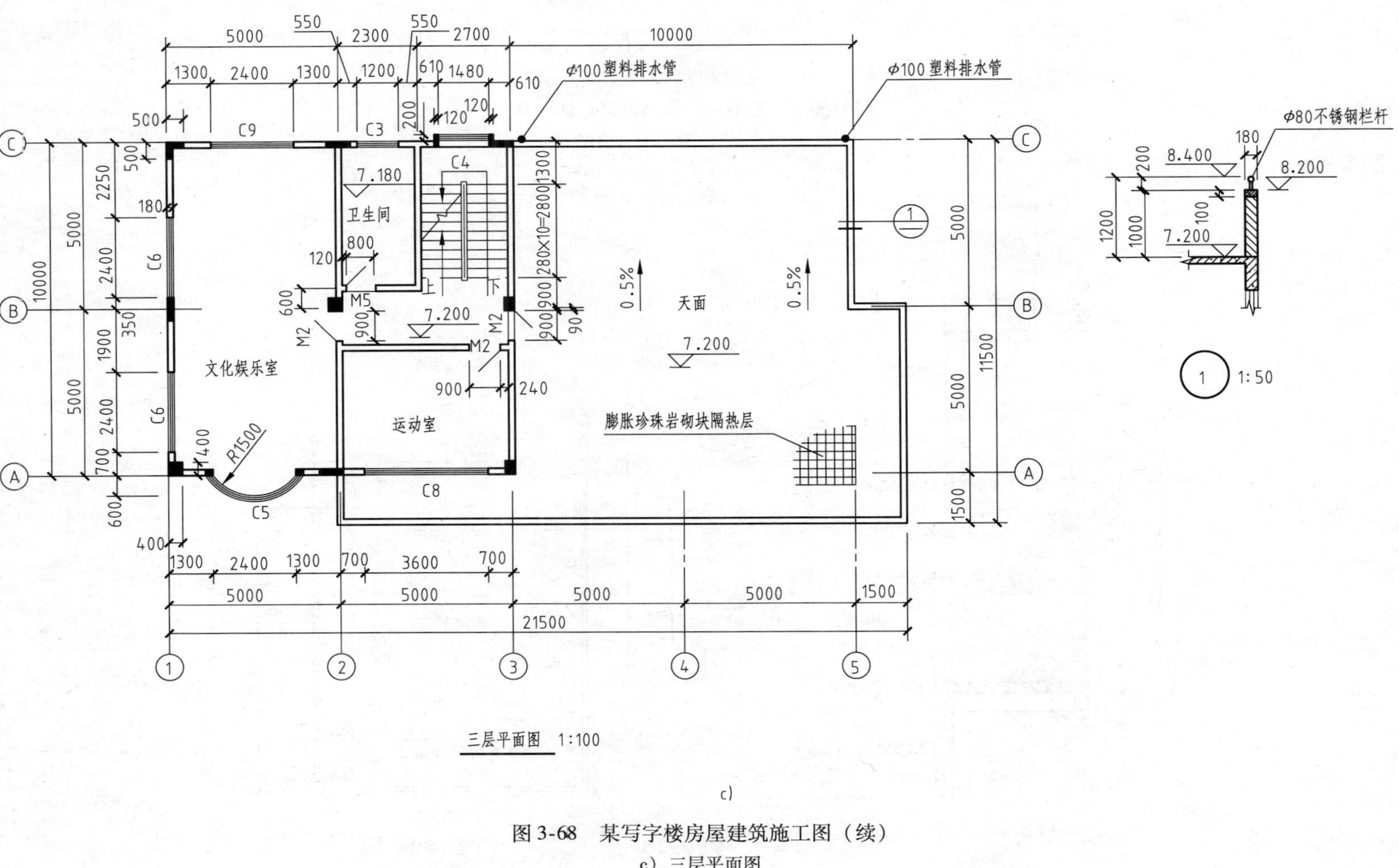

图 3-68　某写字楼房屋建筑施工图（续）

c）三层平面图

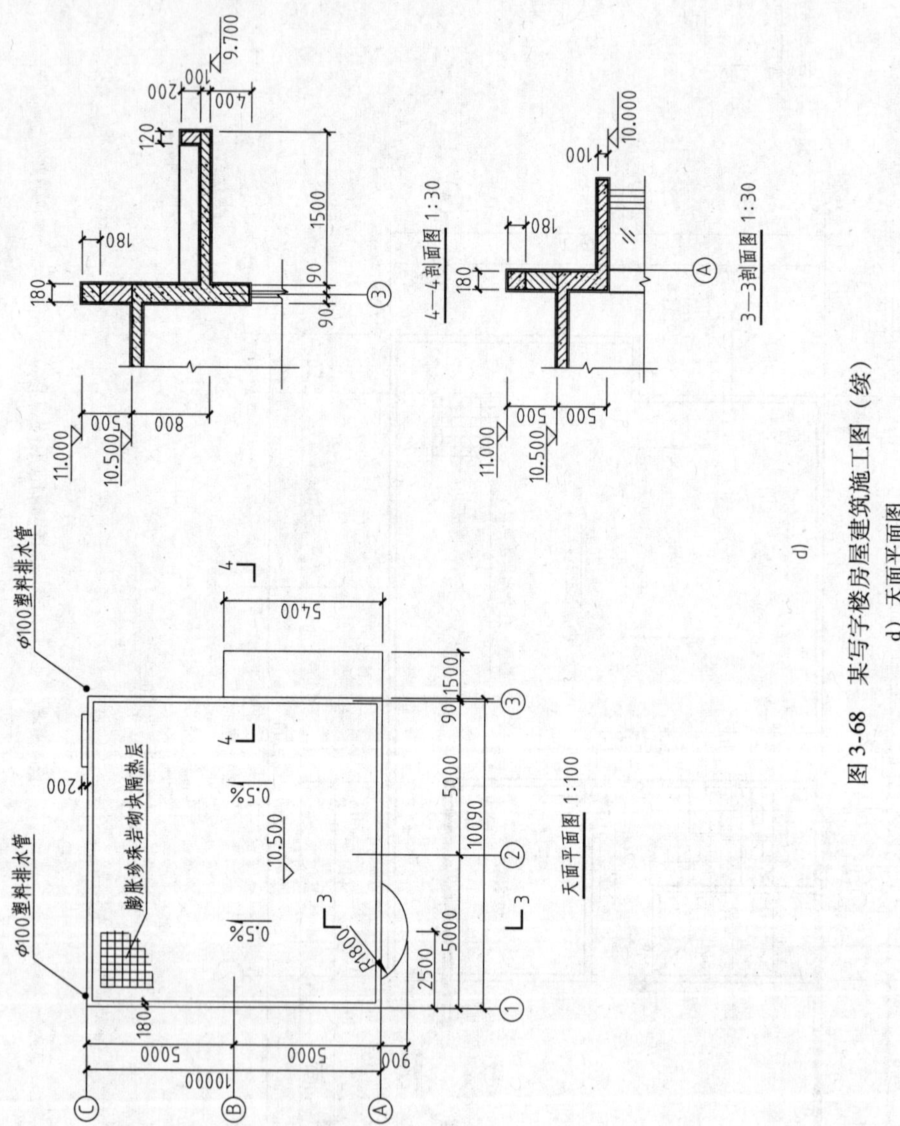

图 3-68　某写字楼房屋建筑施工图（续）

d）天面平面图

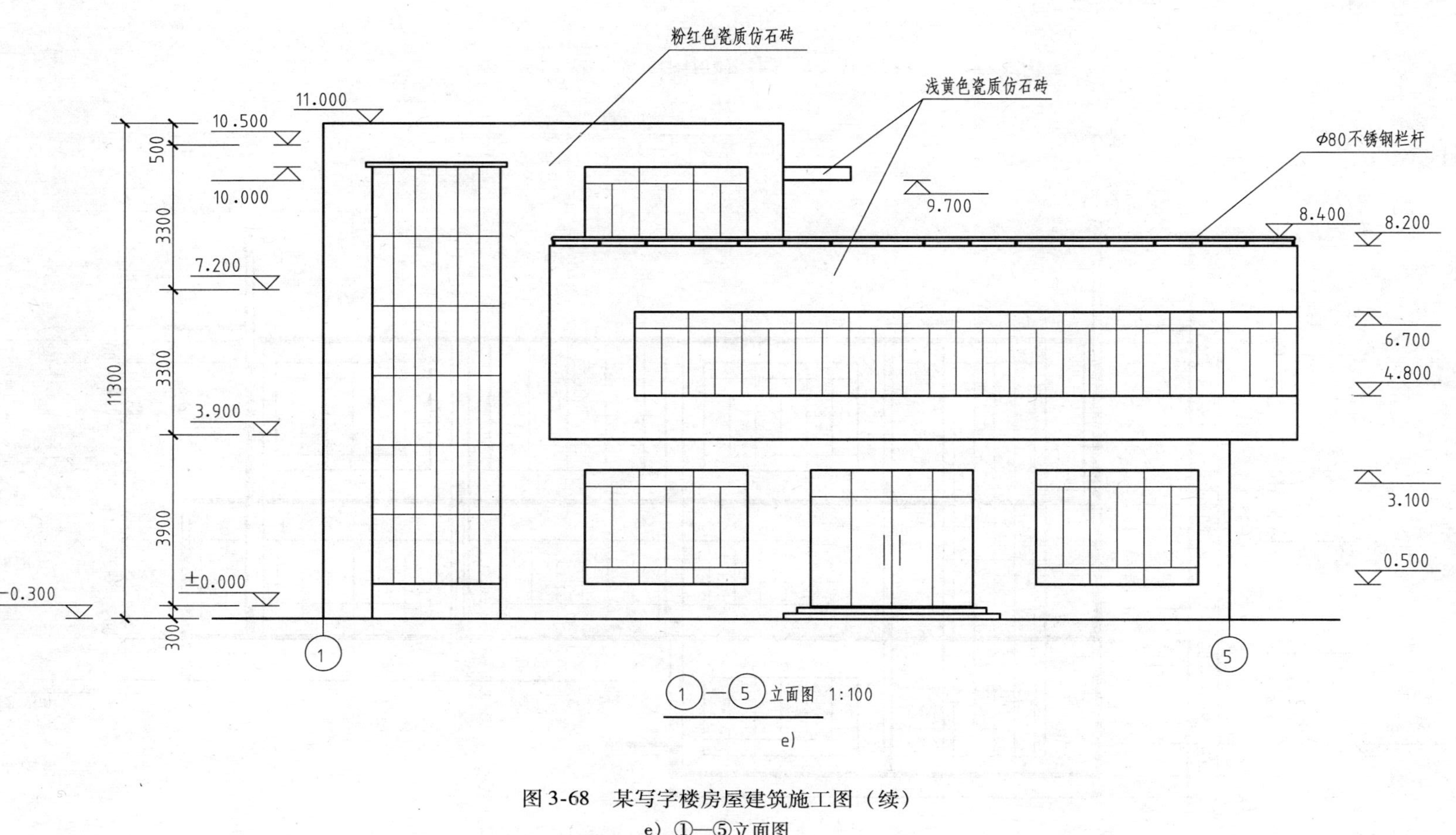

图 3-68　某写字楼房屋建筑施工图（续）

e）①—⑤立面图

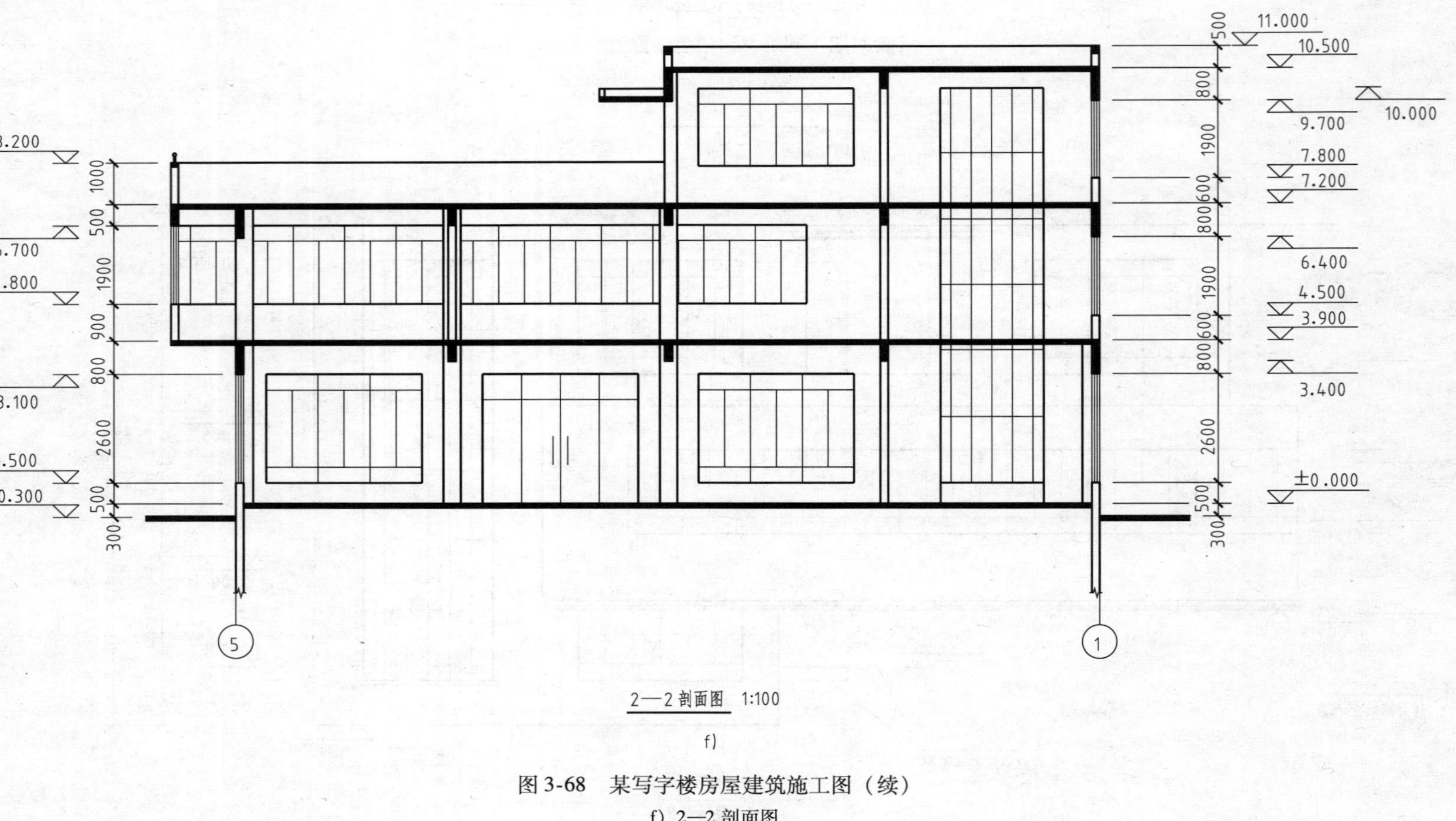

图 3-68　某写字楼房屋建筑施工图（续）

f）2—2 剖面图

第 4 章　AutoCAD 常用命令综合操作自测题

本章提供了有关 AutoCAD 技能证书的考证试题，试题分为机械和建筑两类，读者可以根据自身情况，做选择性练习，没有考证需求的读者也可以用此自测题检验自己对 AutoCAD 应用的熟练程度。

自测题说明：

1. 在 C 盘或 D 盘中建立一个以本人姓名命名的文件夹。
2. 按题目要求作图，作图结果保存到本人姓名文件夹中。
3. 考试时间为 180min（现实考试中有些考题是提供电子文档的，不必自己抄画；而本自测题有些需要抄画，因此自测时间自己掌握）。

4.1　机械类自测模拟试题

4.1.1　综合自测模拟试题（机械类）-1

一、基本设置（8 分）

在 AutoCAD 中新建一个图形文件，命名为 A1. dwg，在其中完成下列工作：

（1）按以下规定设置图层及线型（表 4-1），并设定线型比例为 0.4。

表 4-1　设置图层及线型

图层名称	颜色(颜色号)	线　型
01	白(7)	实线 Continuous（粗实线用）
02	绿(3)	实线 Continuous(细实线用)
04	黄(2)	虚线 ACAD_ISO02W100(细虚线用)
05	红(1)	点画线 ACAD_ISO04W100(细点画线用)
07	粉红(6)	双点画线 ACAD_ISO05W100(细双点画线用)
08	绿(3)	实线 Continuous(尺寸标注、公差标注、指引线、表面结构代号用)
09	绿(3)	实线 Continuous（装配图序列号用）
10	绿(3)	实线 Continuous（剖面符号用）
11	绿(3)	实线 Continuous(细实线文本用)

（2）按 1:1 比例画 A3 图幅（横装），留装订边，画出图框线和图纸边界线，其中图纸边界线画细实线，图框线画粗实线。

（3）按国家标准的有关规定设置文字样式，然后绘制并填写图 4-1 所示的标题栏（不标注尺寸）。

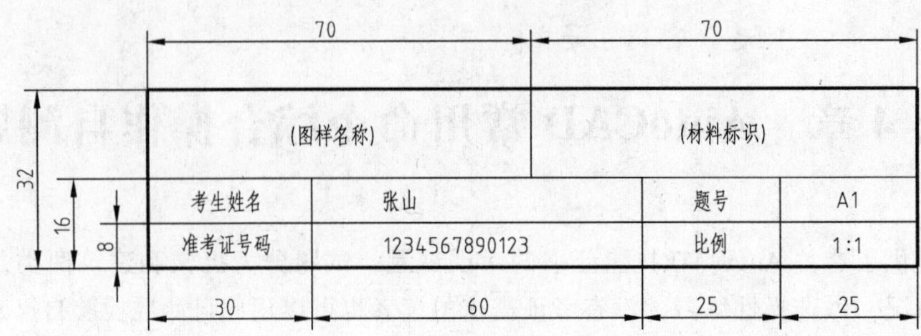

图 4-1 标题栏

(4) 完成以上各项后，仍然以 A1. dwg 为文件名保存作图结果。

二、抄画平面图形（10 分）

(1) 绘图前，先打开图形文件 A1. dwg，在已经绘制完成的 A3 图纸中作图，作图结果以 A12. dwg 为文件名保存。

(2) 用 1:1 比例抄画图 4-2 所示的平面图形，不标注尺寸。

三、抄画两个视图并补画第三个视图（10 分）

(1) 绘图前，先打开图形文件 A1. dwg，在 A3 图纸中作图，作图结果以 A13. dwg 为文件名保存。

(2) 抄画图 4-3 所示的两个视图，然后补画第三个视图，不标注尺寸。

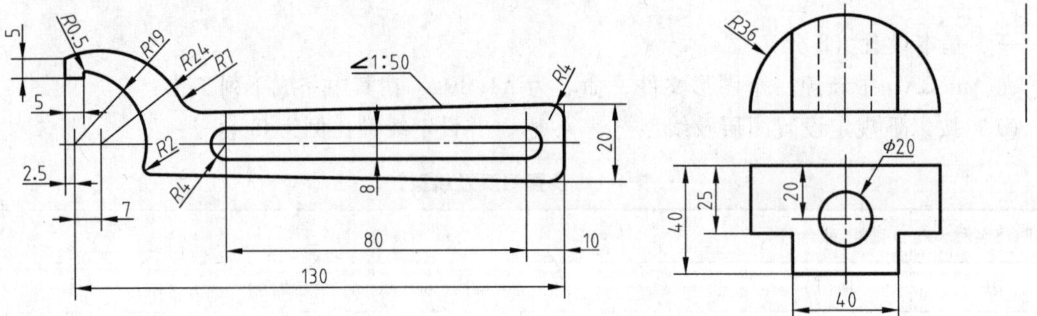

图 4-2 抄画平面图形

图 4-3 抄画立体的两个视图并补画第三个视图

四、改画视图为剖视图（10 分）

(1) 打开图形文件 A1. dwg，在其上作图，作图结果以 A14. dwg 为文件名保存。

(2) 抄画图 4-4 所示的三个视图，并把主视图改画成半剖视图，左视图改画成全剖视图。

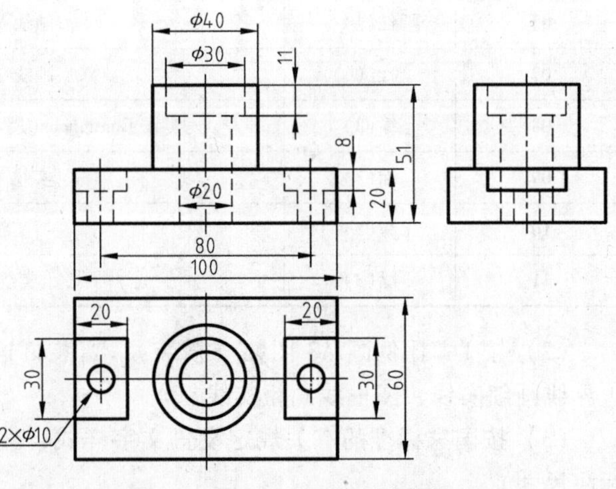

图 4-4 抄画三个视图并作剖视图

五、抄画零件图（45 分）

(1) 抄画图 4-5 所示的零件图。绘图前，先打开图形文件 A1. dwg，在其上作图，作图结果以 A15. dwg 为文件名保存。

（2）按国家标准有关规定，设置机械图尺寸标注样式。

（3）标注 *A—A* 剖视图的尺寸与表面粗糙度代号，表面粗糙度代号要使用带属性的块的方法标注，不用标注右下角的“其余表面粗糙度符号”和“未注圆角...”等字样。

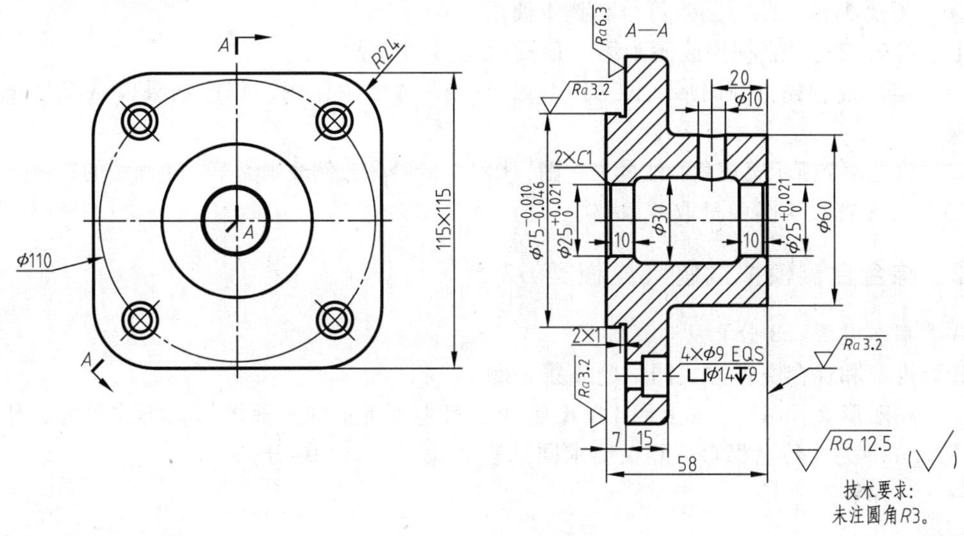

图 4-5　抄画零件图

六、根据装配图拆画零件图（12 分）

（1）打开图形文件 A1. dwg，在其上作图，作图结果以 A16. dwg 为文件名保存。

（2）按图 4-6 所示的 YLD5 型联轴器装配图拆画零件 1（左联轴器）的零件图，零件尺寸从装配图中按合适的比例量取。

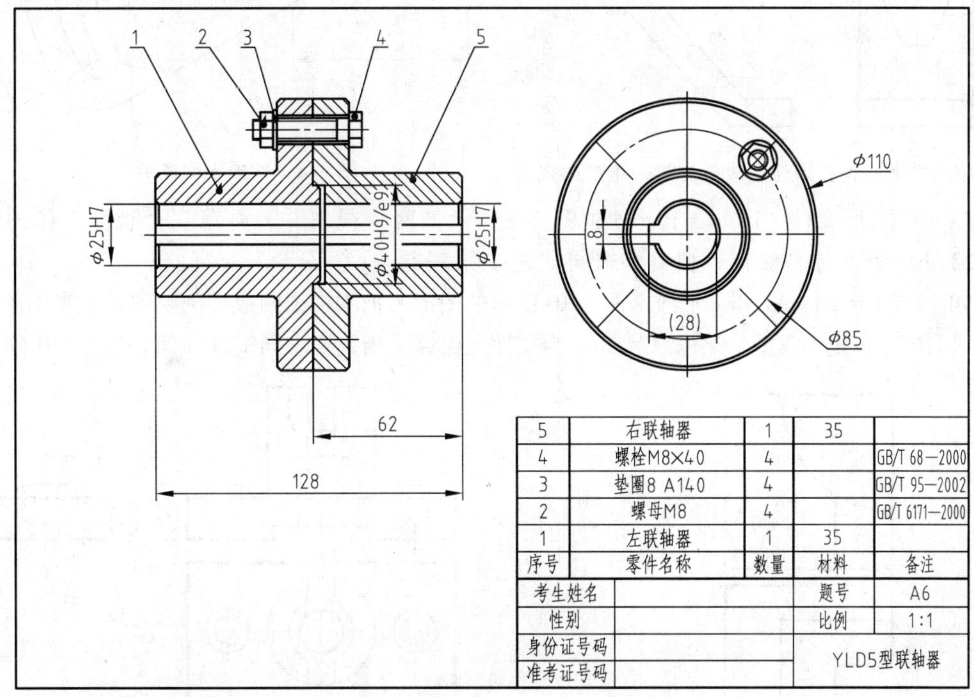

图 4-6　根据装配图拆画零件图

（3）选取合适的视图和表达方法，完成零件图的绘制。

（4）按零件图的要求进行尺寸标注。

（5）按零件图的要求标注表面粗糙度符号。

（6）不要求标注几何公差符号和技术要求。

七、将第三角投影视图改画为第一角投影视图（5 分）

（1）绘图前，先打开图形文件 A1. dwg，在 A3 图纸中作图，作图结果以 A17. dwg 为文件名保存。

（2）将图 4-7 所示第三角画法的三视图，用 1:1 的绘图比例改画为第一角画法的三视图。

（3）尺寸直接从图中量取并取整。

4.1.2 综合自测模拟试题（机械类）-2

一、基本设置（8 分）

设置内容和保存文件方式同试题-1 第一题。

二、在图形文件 A1. dwg 上用 1:1 比例抄画图 4-8 所示的平面图形，不注尺寸，作图结果以 A22. dwg 为文件名保存，相关要求同试题-1 第二题。（10 分）

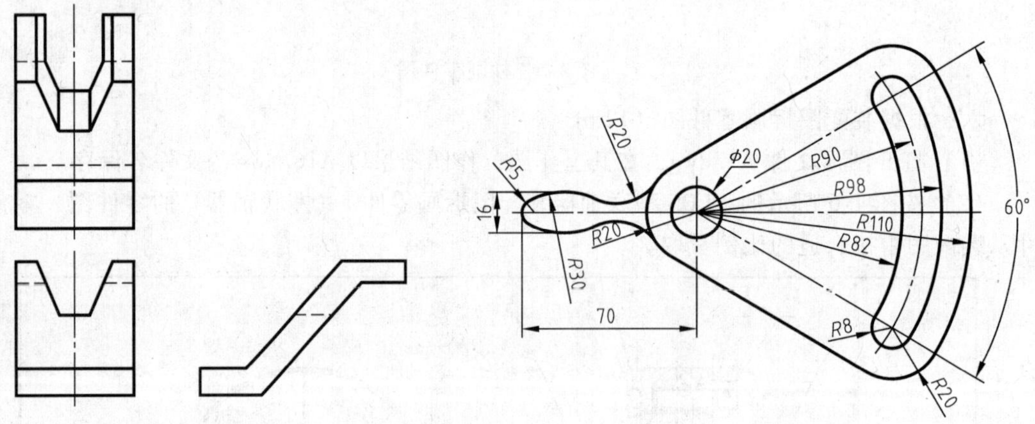

图 4-7　将第三角投影视图改画为第一角投影视图　　　图 4-8　抄画平面图形

三、在图形文件 A1. dwg 上，抄画图 4-9 所示的两个视图并补画第三个视图，作图结果以 A23. dwg 为文件名保存，相关要求同试题-1 第三题。（10 分）

四、在图形文件 A1. dwg 上改画图 4-10 所示的图形，把主视图画成半剖视图，左视图画成全剖视图。尺寸自定，作图结果以 A24. dwg 为文件名保存，相关要求同试题-1 第四题。（10 分）

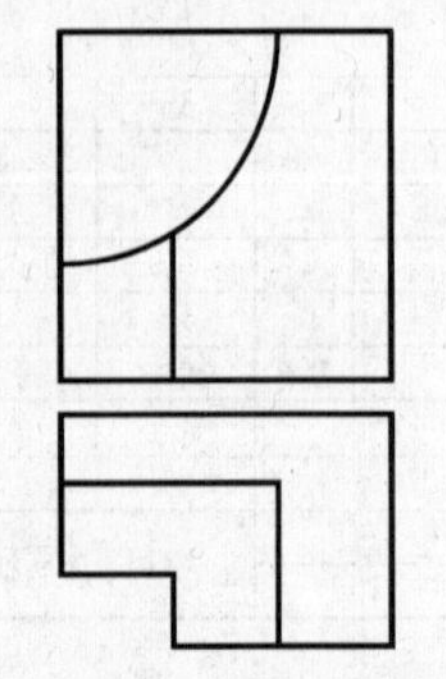

图 4-9　抄画两个视图并补画第三个视图

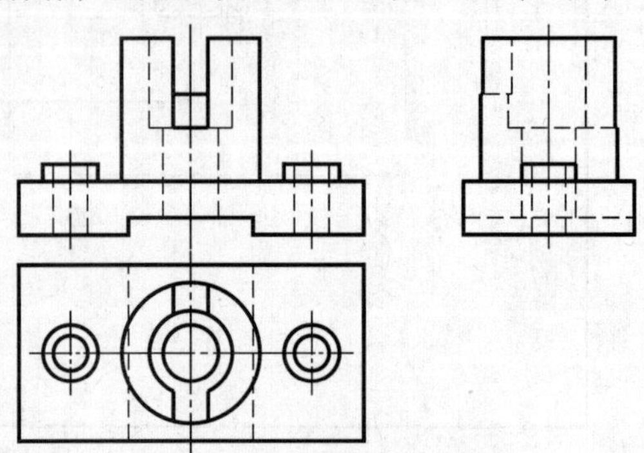

图 4-10　改画立体的视图为剖视图

五、在图形文件 A1. dwg 上抄画图 4-11 所示的零件图，作图结果以 A25. dwg 为文件名保存，相关要求同试题-1 第五题。(45 分)

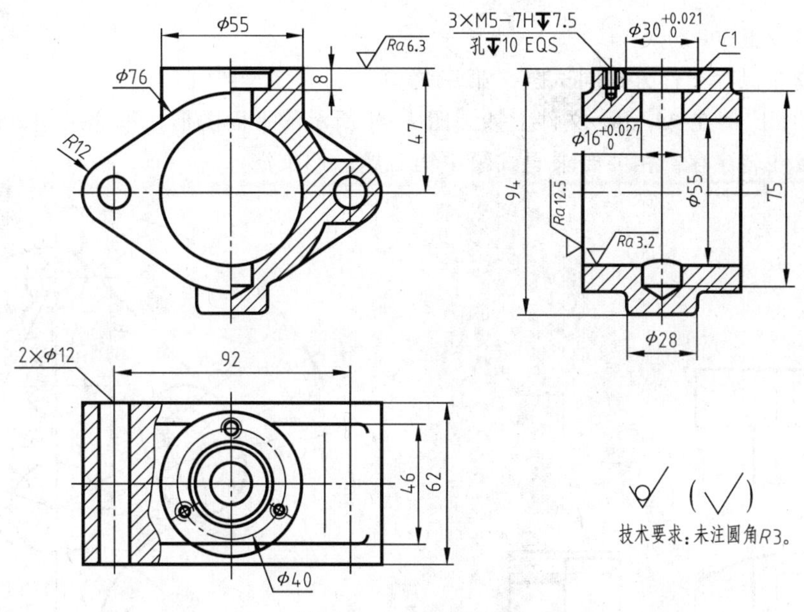

图 4-11　抄画零件图

六、在图形文件 A1. dwg 上，按图 4-12 所示的套筒联轴器装配图拆画零件 1（套筒）的零件图，作图结果以 A26. dwg 为文件名保存，相关要求同试题-1 第六题。(12 分)

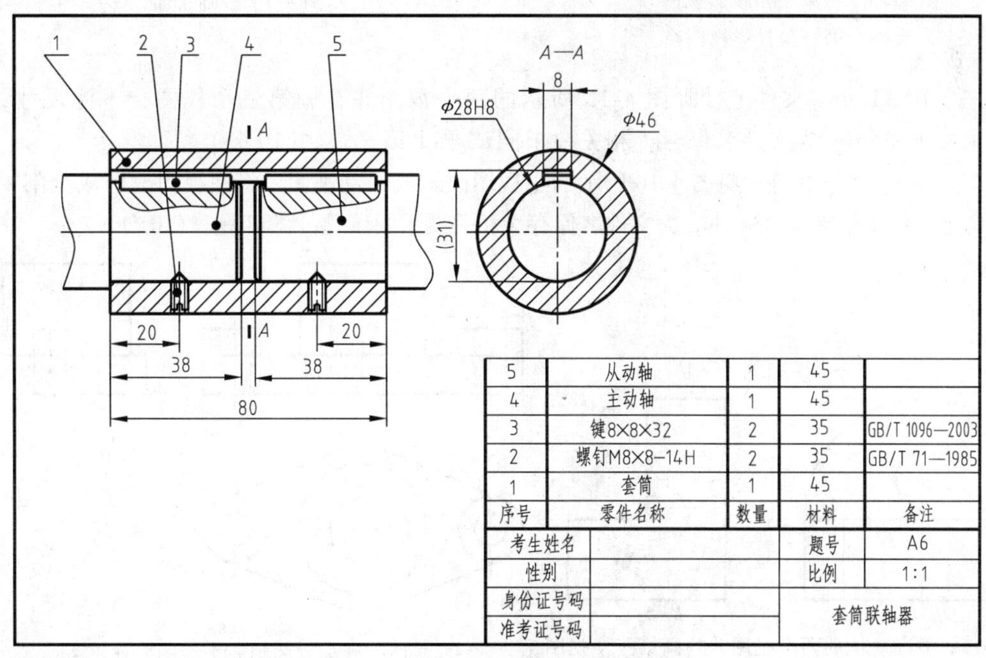

图 4-12　根据装配图拆画零件图

七、将图 4-13 所示的第三角投影视图改画为第一角投影视图，作图结果以 A27. dwg 为

文件名保存，相关要求同试题-1 第七题。(5 分)

4.1.3　综合自测模拟试题（机械类）-3

一、基本设置（8 分）

设置内容和保存文件方式同试题-1 第一题。

二、用 1:1 比例在 A1. dwg 文件上抄画图 4-14 所示的平面图形，不注尺寸，作图结果以 A32. dwg 为文件名保存，相关要求同试题-1 第二题。(10 分)

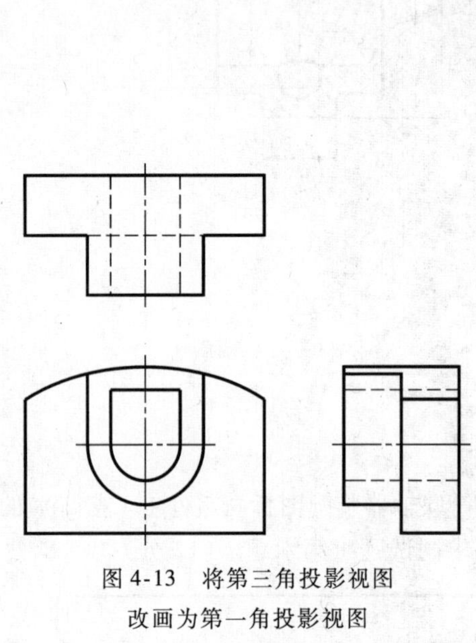

图 4-13　将第三角投影视图改画为第一角投影视图

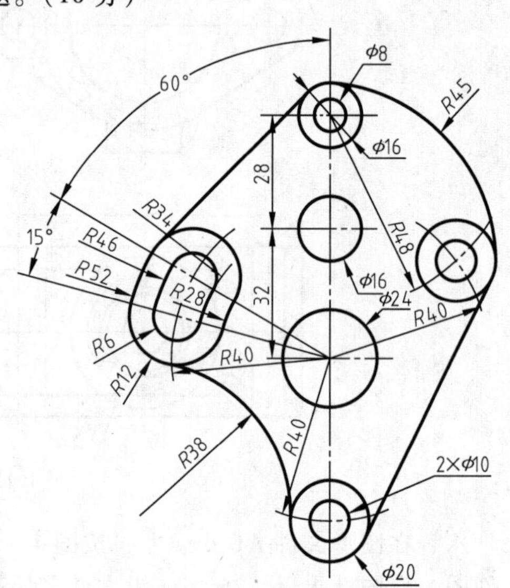

图 4-14 抄画平面图形

三、在 A1. dwg 文件上抄画图 4-15 所示的两个视图并补画第三个视图，不注尺寸，作图结果以 A33. dwg 为文件名保存，相关要求同试题-1 第三题。(10 分)

四、在 A1. dwg 文件上将图 4-16 所示的主视图改画成半剖视图，将左视图改画成全剖视图，尺寸自定，作图结果以 A34. dwg 为文件名保存，相关要求同试题-1 第四题。(10 分)

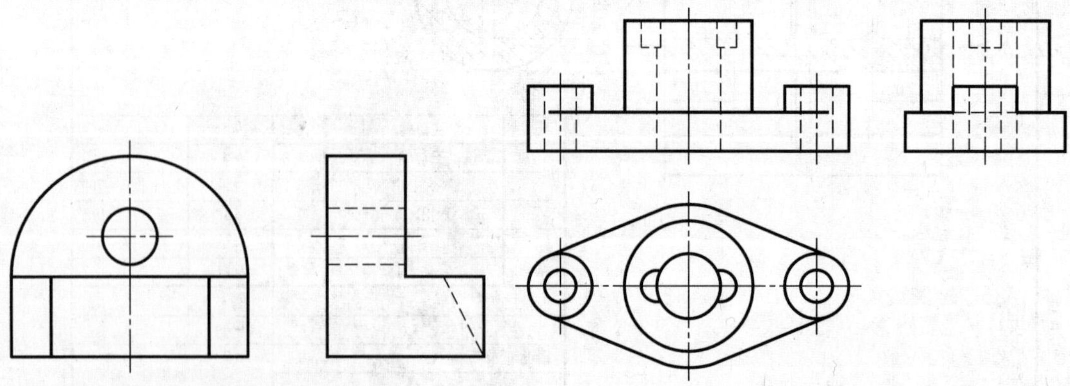

图 4-15　抄画立体的两个视图并补画第三个视图

图 4-16　抄画立体的三个视图并作剖视

五、在 A1. dwg 文件上抄画图 4-17 所示的零件图，作图结果以 A35. dwg 为文件名保存，相关要求同试题-1 第五题。(45 分)

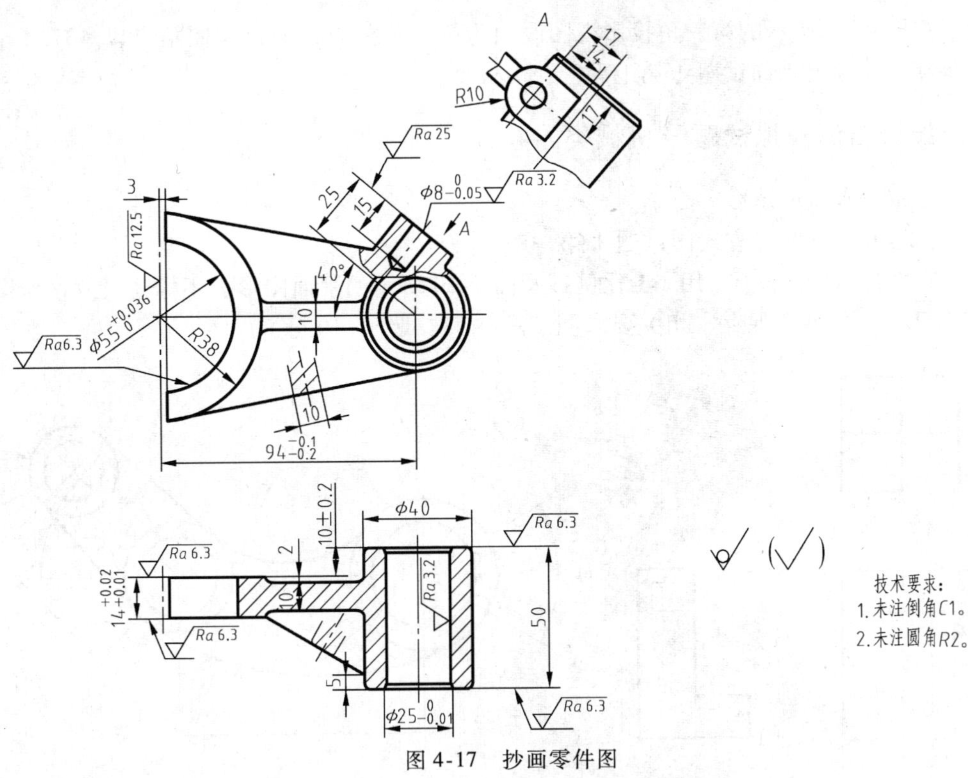

图 4-17　抄画零件图

六、在 A1. dwg 文件上按图 4-18 所示的镜子托架装配图拆画零件 3（托架）的零件图，作图结果以 A36. dwg 为文件名保存，相关要求同试题-1 第六题。（12 分）

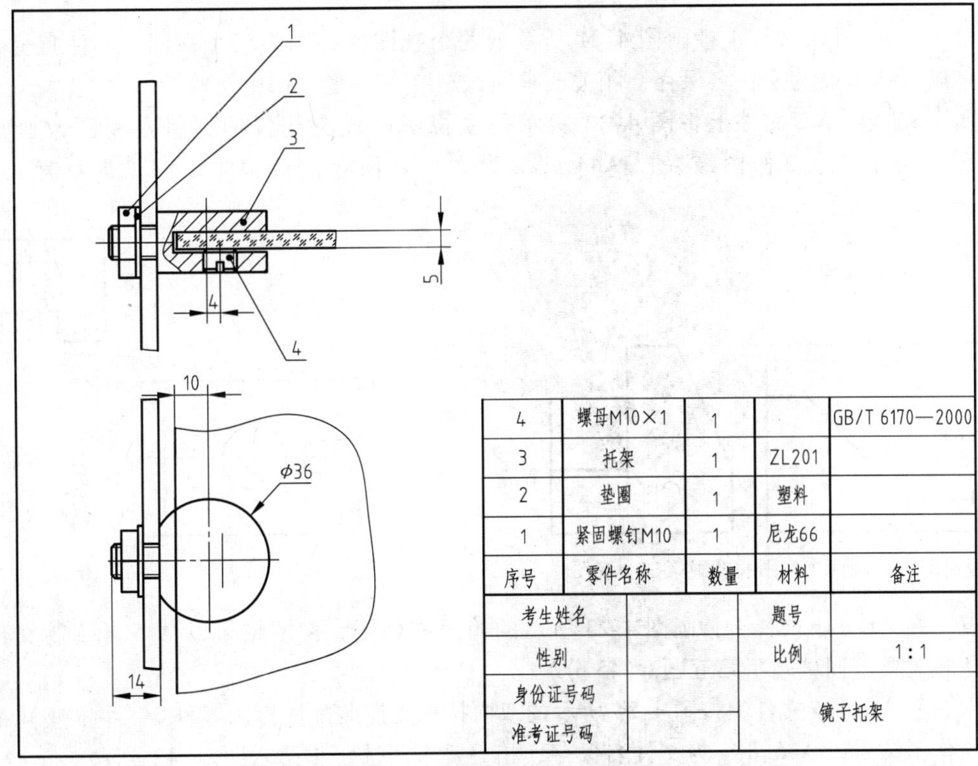

图 4-18　根据装配图拆画零件图

七、将图 4-19 所示的第三角投影视图改画为第一角投影视图，作图结果以 A37. dwg 为文件名保存，相关要求同试题-1 第七题。(5 分)

4.1.4　综合自测模拟试题（机械类）-4

一、基本设置（8 分）

设置内容和保存文件方式同试题-1 第一题。

二、在文件 A1. dwg 上，用 1:1 比例抄画图 4-20 所示的平面图形，不标注尺寸，作图结果以 A42. dwg 为文件名保存，相关要求同试题-1 第二题。(10 分)

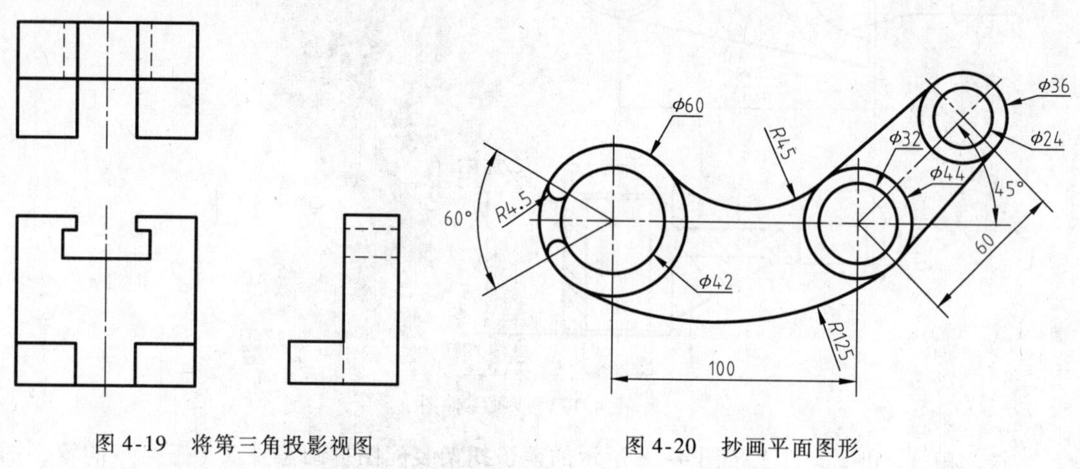

图 4-19　将第三角投影视图改画为第一角投影视图

图 4-20　抄画平面图形

三、在 A1. dwg 文件上抄画图 4-21 所示的两个视图并补画第三个视图，不注尺寸，作图结果以 A43. dwg 为文件名保存，相关要求同试题-1 第三题。(10 分)

四、在 A1. dwg 文件上将图 4-22 所示的主视图画成全剖视图，将左视图改画成半剖视图，尺寸自定，作图结果以 A44. dwg 为文件名保存，相关要求同试题-1 第四题。(10 分)

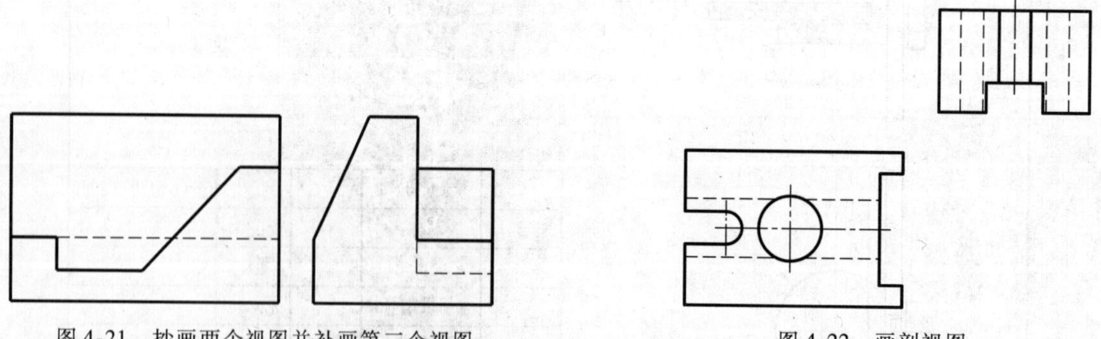

图 4-21　抄画两个视图并补画第三个视图

图 4-22　画剖视图

五、在 A1. dwg 文件上抄画图 4-23 所示的箱盖零件图，作图结果以 A45. dwg 为文件名保存，相关要求同试题-1 第五题。(45 分)

六、在 A1. dwg 文件上按图 4-24 所示的双向扶杆支座装配图拆画零件 2（中支座）的零件图，作图结果以 A46. dwg 为文件名保存，相关要求同试题-1 第六题。(12 分)

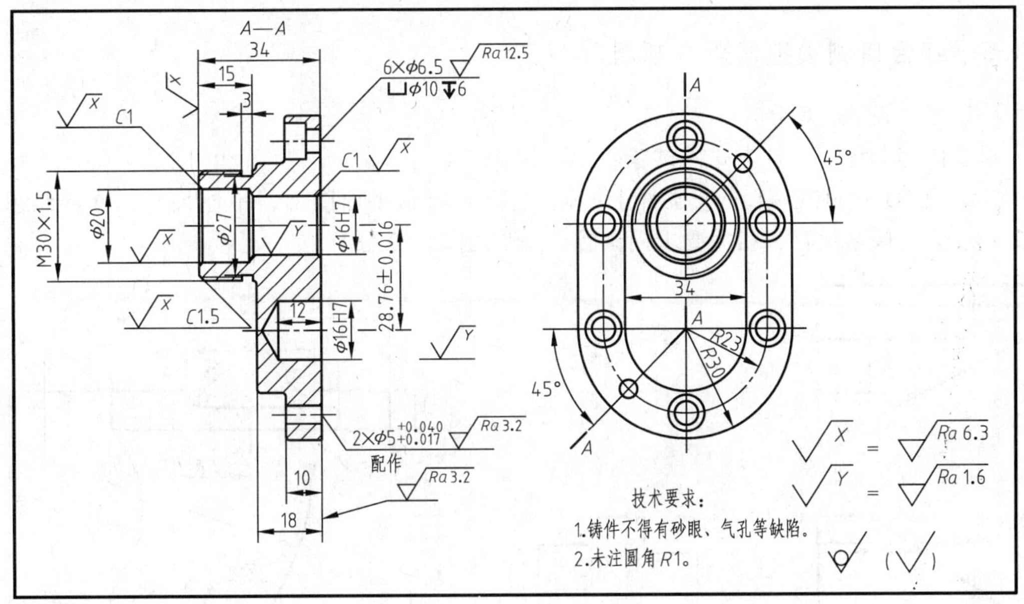

图 4-23　抄画箱盖零件图

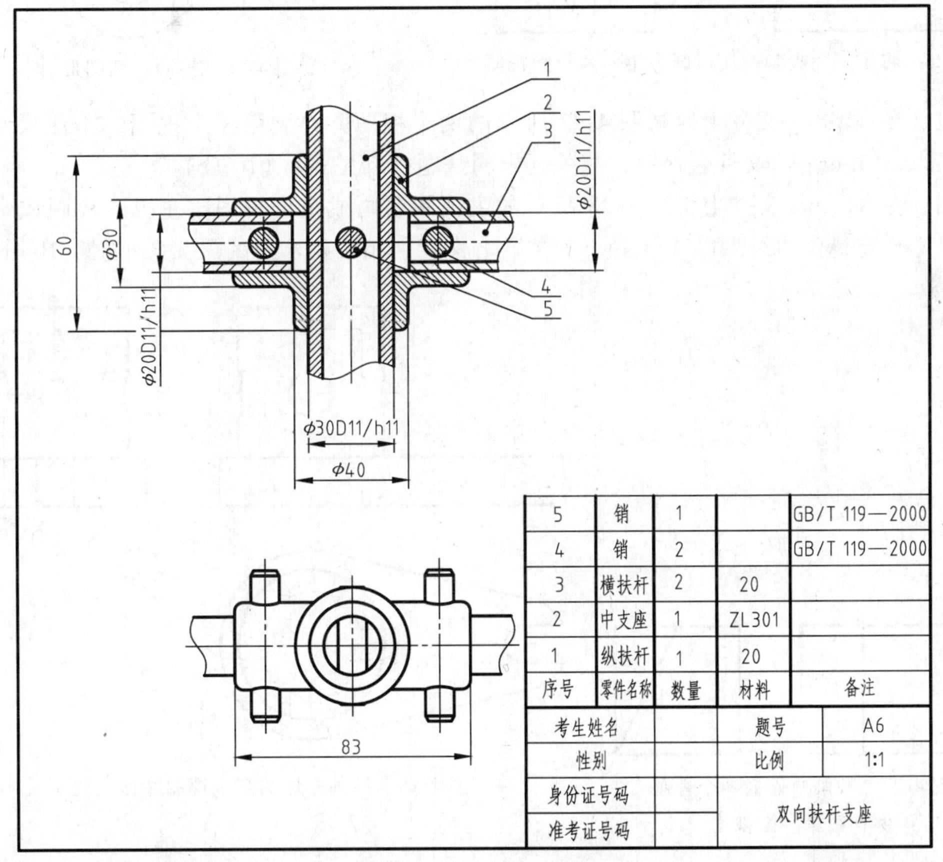

5	销	1		GB/T 119—2000
4	销	2		GB/T 119—2000
3	横扶杆	2	20	
2	中支座	1	ZL301	
1	纵扶杆	1	20	
序号	零件名称	数量	材料	备注

考生姓名		题号	A6
性别		比例	1:1
身份证号码		双向扶杆支座	
准考证号码			

图 4-24　根据装配图拆画零件图

七、将图 4-25 所示的第三角投影视图改画为第一角投影视图，作图结果以 A47. dwg 为文件名保存，相关要求同试题-1 第七题。(5 分)

4.1.5 综合自测模拟试题（机械类）-5

一、基本设置（8 分）

设置内容和保存文件方式同试题-1 第一题。

二、用 1:1 比例在 A1. dwg 文件上抄画图 4-26 所示平面图形，不注尺寸，作图结果以 A52. dwg 为文件名保存，相关要求同试题-1 第二题。(10 分)

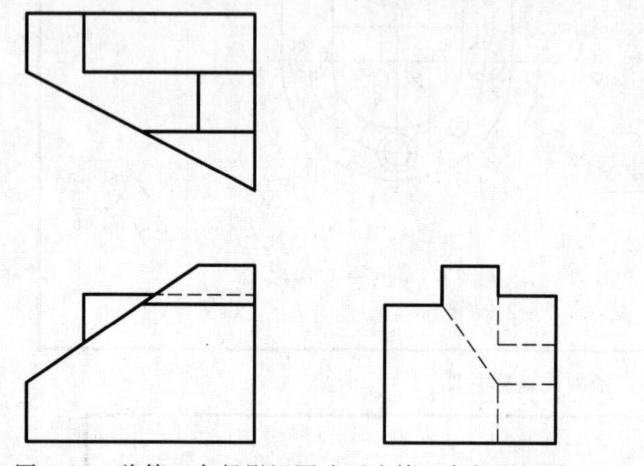

图 4-25　将第三角投影视图改画为第一角投影视图

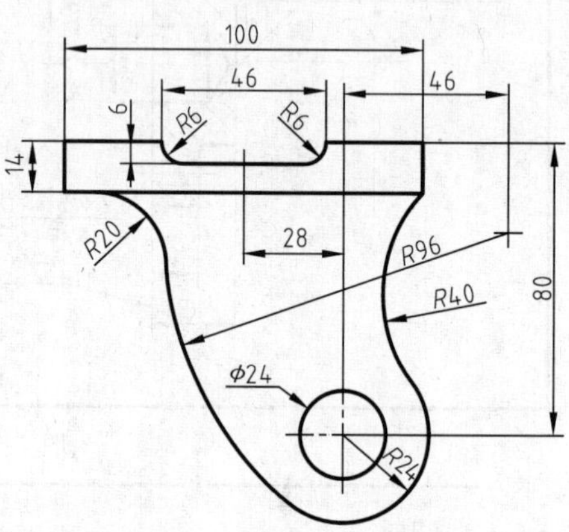

图 4-26　抄画平面图形

三、在 A1. dwg 文件上抄画图 4-27 所示的两个视图并补画第三个视图，不注尺寸，作图结果以 A53. dwg 为文件名保存，相关要求同试题-1 第三题。(10 分)

四、在 A1. dwg 文件上将图 4-28 所示的主视图改画成全剖视图，左视图改画成半剖视图，尺寸自定，作图结果以 A54. dwg 为文件名保存，相关要求同试题-1 第四题（10 分）

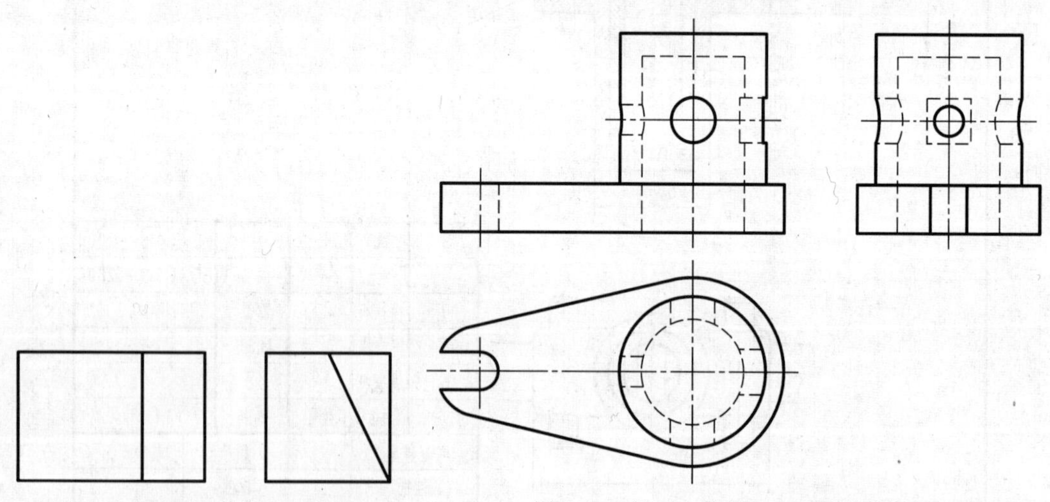

图 4-27　抄画立体的两个视图并补画第三个视图

图 4-28　抄画立体的三个视图并作剖视

五、在 A1. dwg 文件上抄画图 4-29 所示的零件图，作图结果以 A55. dwg 为文件名保存，相关要求同试题-1 第五题。(45 分)

六、在 A1. dwg 文件上按图 4-30 所示的滑轮座装配图拆画零件 1（座体）的零件图，作

图结果以 A56. dwg 为文件名保存，相关要求同试题-1 第六题。(12 分)

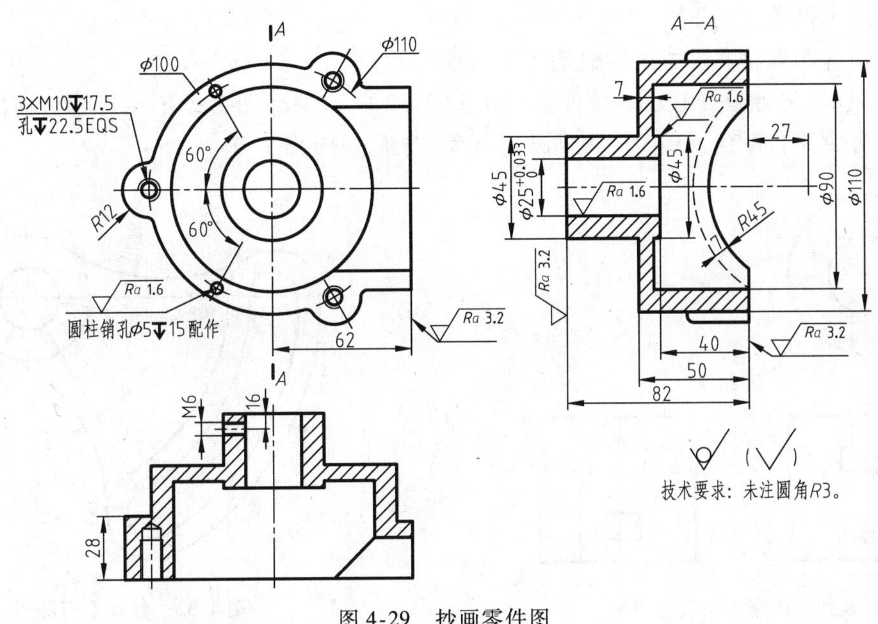

图 4-29　抄画零件图

5	螺钉M8×30	1		GB/T 70.1—2008
4	滑轮	1	HT150	
3	卡环	3	65Mn	
2	轴	1	45	
1	座体	1	HT150	
序号	零件名称	数量	材料	

考生姓名		题号	
性别		比例	1:1
身份证号码		滑轮座	
准考证号码			

图 4-30　根据装配图拆画零件图

七、将图 4-31 所示的第三角投影视图改画为第一角投影视图，作图结果以 A57. dwg 为

文件名保存。相关要求同试题-1 第七题。(5 分)

4.1.6 综合自测模拟试题（机械类)-6

一、基本设置（8 分)

设置内容和保存文件方式同试题-1 第一题。

二、用 1:1 比例在 A1. dwg 文件上抄画图 4-32 所示平面图形，不注尺寸，作图结果以 A62. dwg 为文件名保存，相关要求同试题-1 第二题。(10 分)

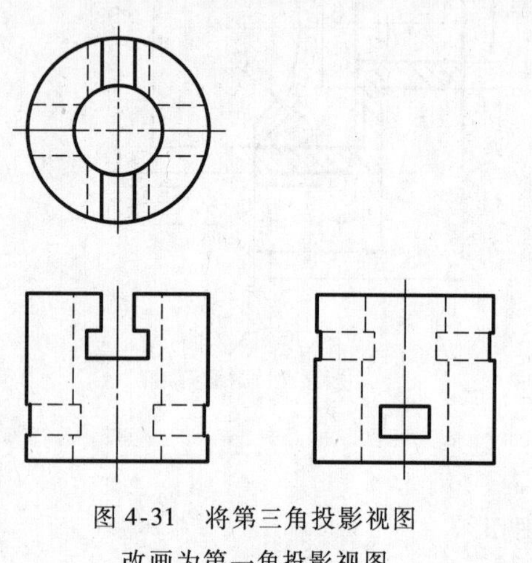

图 4-31 将第三角投影视图改画为第一角投影视图

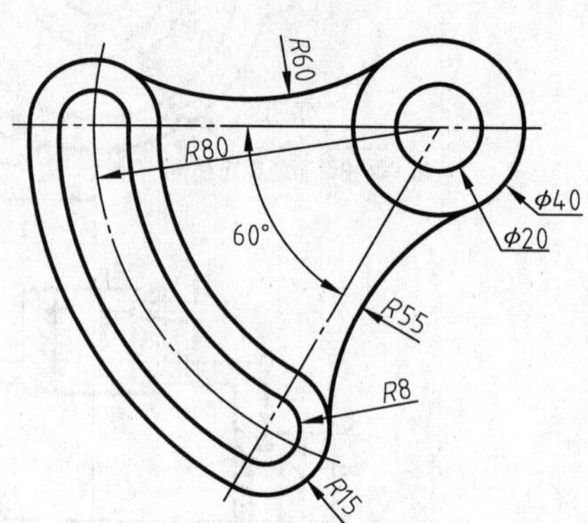

图 4-32 抄画平面图形

三、在 A1. dwg 文件上抄画图 4-33 所示的两个视图并补画第三个视图，不注尺寸，作图结果以 A63. dwg 为文件名保存，相关要求同试题-1 第三题。(10 分)

四、在 A1. dwg 文件上将图 4-34 所示的主视图改画成半剖视图，左视图改画成全剖视图，尺寸自定，作图结果以 A64. dwg 为文件名保存，相关要求同试题-1 第四题。(10 分)

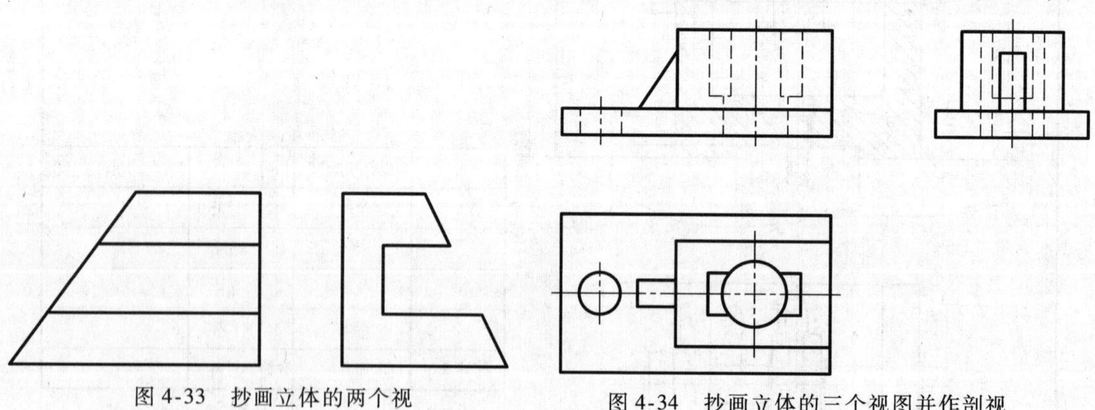

图 4-33 抄画立体的两个视图并补画第三个视图

图 4-34 抄画立体的三个视图并作剖视

五、在 A1. dwg 文件上抄画图 4-35 所示的零件图，作图结果以 A65. dwg 为文件名保存，相关要求同试题-1 第五题。(45 分)

六、在 A1. dwg 文件上按图 4-36 所示的滚动轴承组件装配图拆画零件 1（端盖）的零件图，作图结果以 A66. dwg 为文件名保存，相关要求同试题-1 第六题。(12 分)

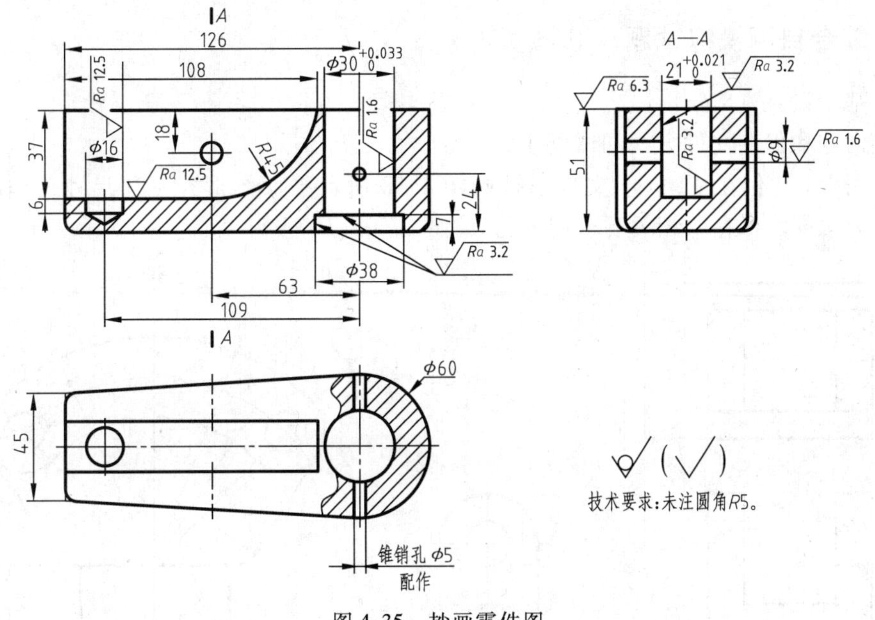

图 4-35　抄画零件图

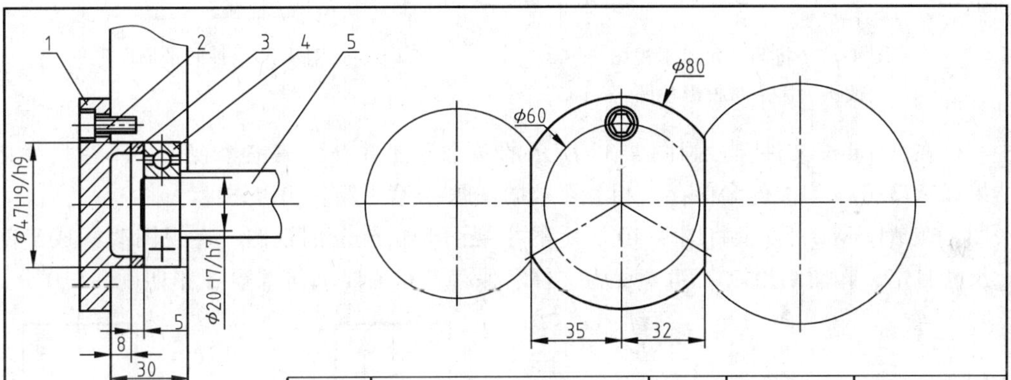

5	轴	1	45	
4	滚动轴承6204	1		GB/T 276—2013
3	调整环	1	HT150	
2	螺钉M6×20	3		GB/T 70.1—2008
1	端盖	1	HT150	
序号	零件名称	数量	材料	备注

考生姓名		题号	
性别		比例	1:1
身份证号码		滚动轴承组件	
准考证号码			

图 4-36　根据装配图拆画零件图

七、将图 4-37 所示的第三角投影视图改画为第一角投影视图，作图结果以 A67. dwg 为文件名保存，相关要求同试题-1 第七题。（5 分）

4.1.7 综合自测模拟试题（机械类）-7

一、基本设置（8 分）

设置内容和保存文件方式同试题-1 第一题。

二、用 1:1 比例在 A1. dwg 文件上抄画图 4-38 所示平面图形，不注尺寸，作图结果以 A72. dwg 为文件名保存，相关要求同试题-1 第二题。(10 分)

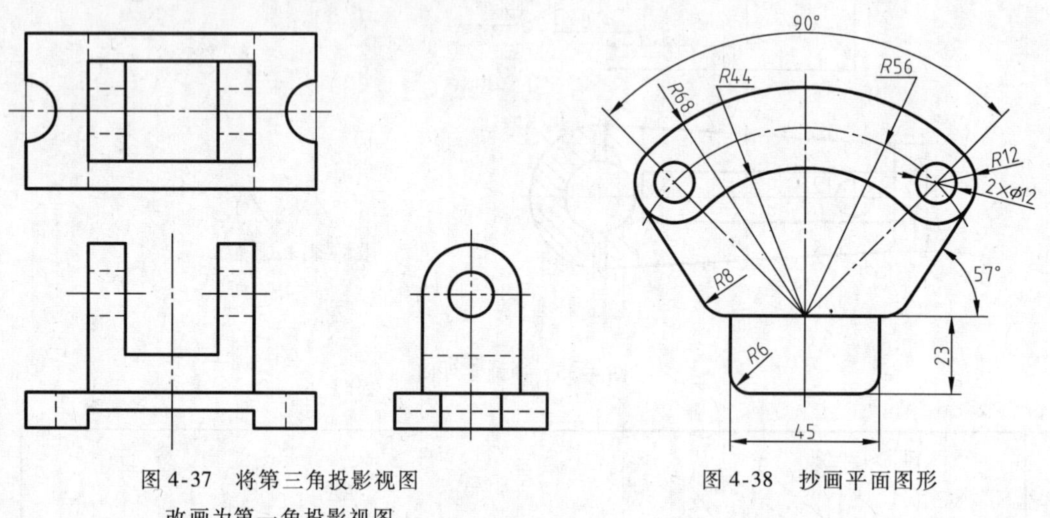

图 4-37　将第三角投影视图改画为第一角投影视图

图 4-38　抄画平面图形

三、在 A1. dwg 文件上抄画图 4-39 所示的两个视图并补画第三个视图，不注尺寸，作图结果以 A73. dwg 为文件名保存，相关要求同试题-1 第三题。(10 分)

四、在 A1. dwg 文件上将图 4-40 所示的主视图改画成全剖视图，左视图改画成半剖视图，尺寸自定，作图结果以 A74. dwg 为文件名保存，相关要求同试题-1 第四题。(10 分)

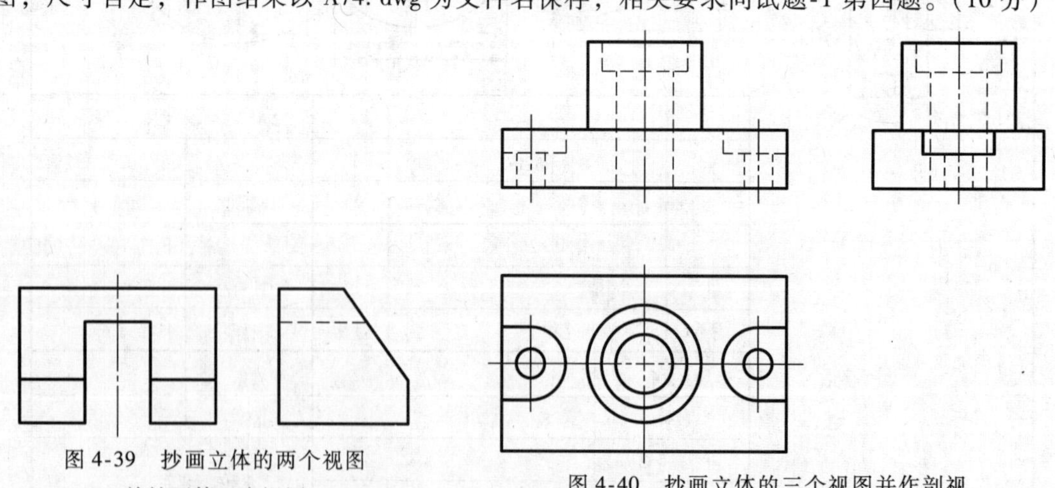

图 4-39　抄画立体的两个视图并补画第三个视图

图 4-40　抄画立体的三个视图并作剖视

五、在 A1. dwg 文件上抄画图 4-41 所示的泵体零件图，作图结果以 A75. dwg 为文件名保存，相关要求同试题-1 第五题。(45 分)

六、在 A1. dwg 文件上，按图 4-42 所示的齿轮传动组件装配图拆画零件 1（心轴）的零件图，作图结果以 A76. dwg 为文件名保存，相关要求同试题-1 第六题。(12 分)

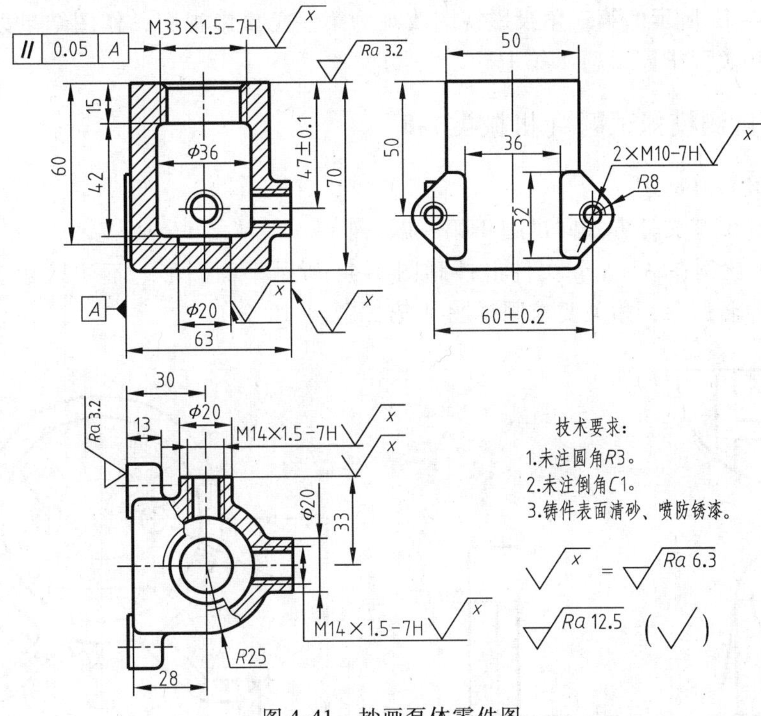

图 4-41　抄画泵体零件图

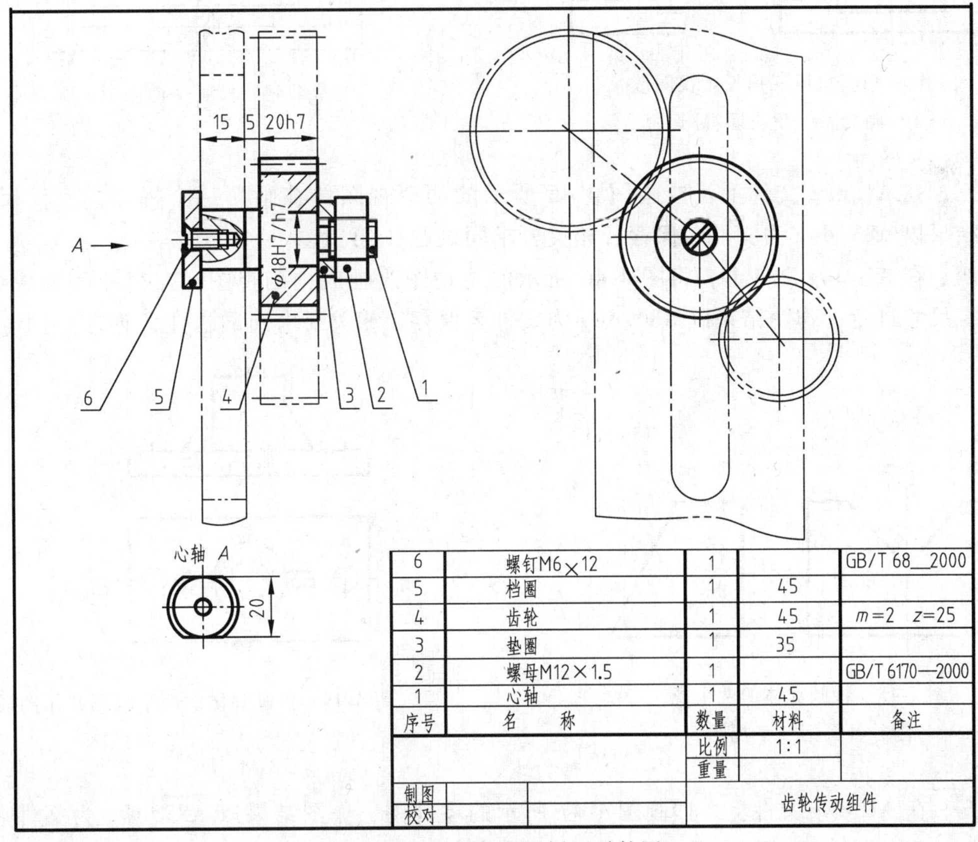

图 4-42　根据装配图拆画零件图

七、将图 4-43 所示的第三角投影视图改画为第一角投影视图，作图结果以 A77. dwg 为文件名保存，相关要求同试题-1 第七题。(5 分)

4.1.8　综合自测模拟试题（机械类）-8

一、基本设置（8 分）

设置内容和保存文件方式同试题-1 第一题。

二、用 1:1 比例在 A1. dwg 文件上抄画图 4-44 所示平面图形，不注尺寸，作图结果以 A82. dwg 为文件名保存，相关要求同试题-1 第二题。(10 分)

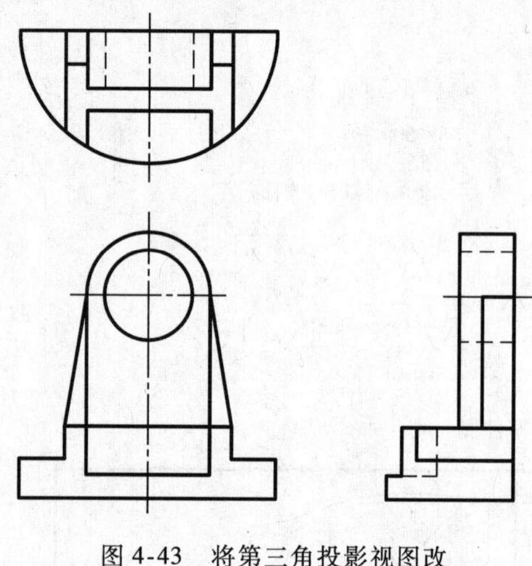

图 4-43　将第三角投影视图改画为第一角投影视图

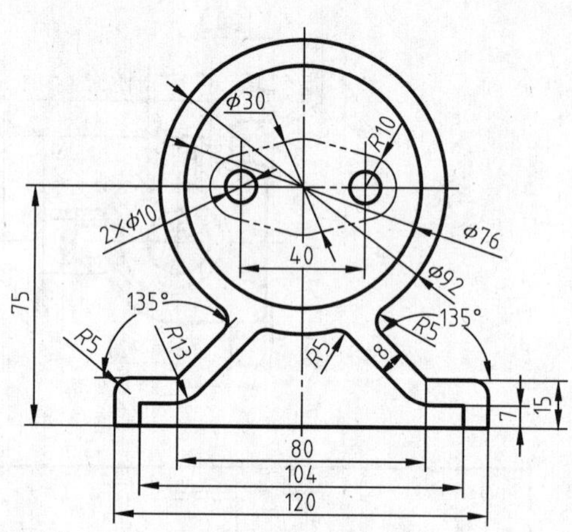

图 4-44　抄画平面图形

三、在 A1. dwg 文件上，抄画图 4-45 所示的两个视图并补画第三个视图，不注尺寸，作图结果以 A83. dwg 为文件名保存，相关要求同试题-1 第三题。(10 分)

四、在 A1. dwg 文件上，将图 4-46 所示的主视图改画成全剖视图，左视图改画成半剖视图，尺寸自定，作图结果以 A84. dwg 为文件名保存，相关要求同试题-1 第四题。(10 分)

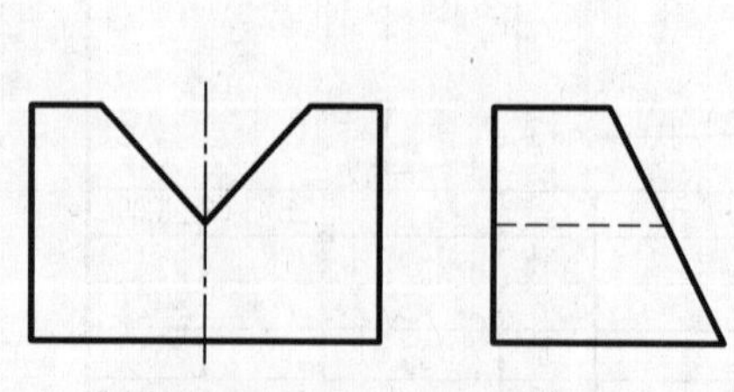

图 4-45　抄画立体的两个视图并补画第三个视图

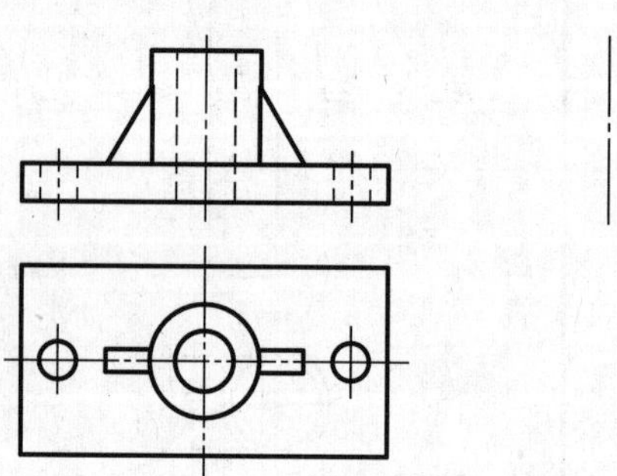

图 4-46　抄画立体的两个视图并作剖视图

五、在 A1. dwg 文件上，抄画图 4-47 所示的零件图，作图结果以 A85. dwg 为文件名保存，相关要求同试题-1 第五题。(45 分)

六、在 A1. dwg 文件上，按图 4-48 所示的微型千斤顶装配图拆画零件 3（座体）的零件图，作图结果以 A86. dwg 为文件名保存，相关要求同试题-1 第六题。（12 分）

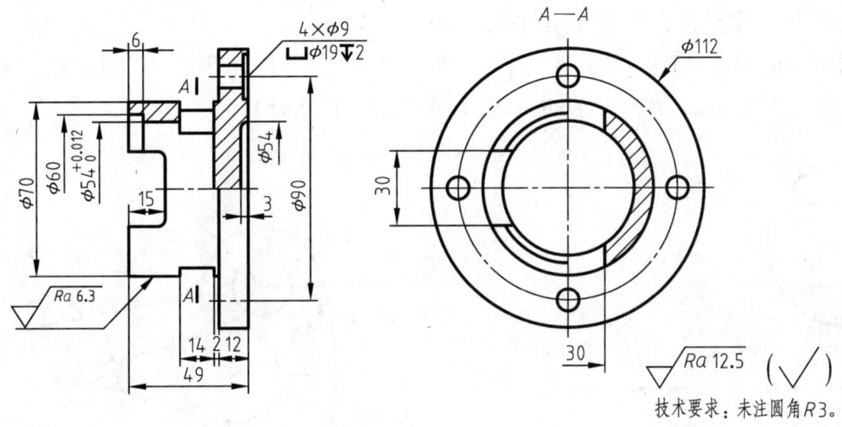

图 4-47　抄画零件图

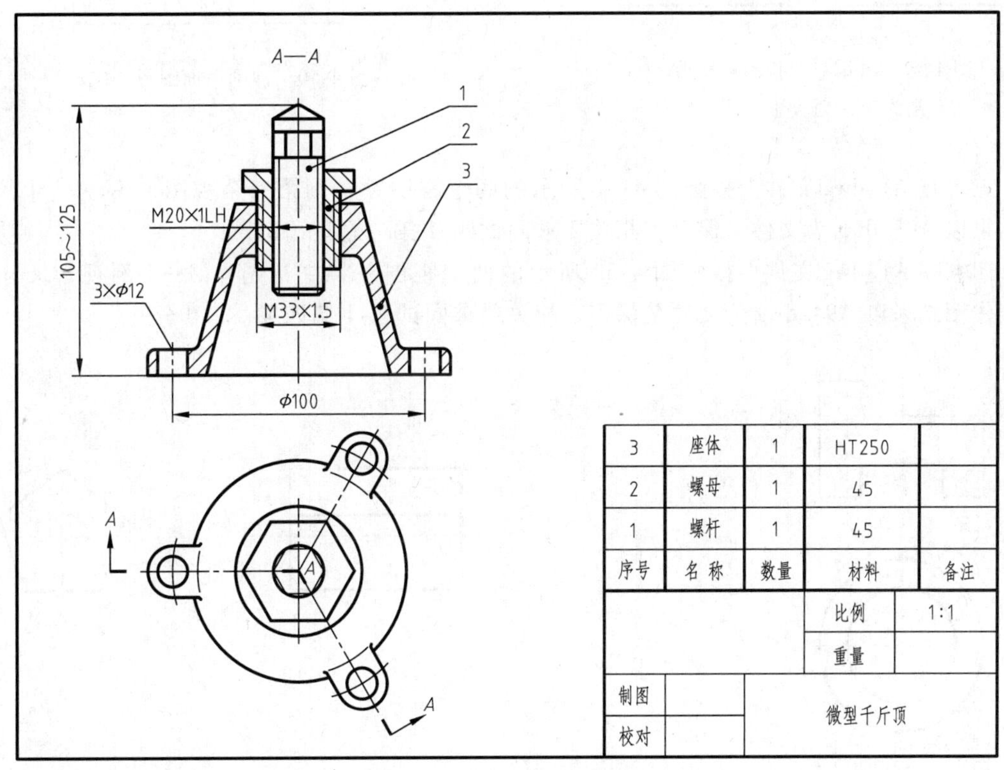

3	座体	1	HT250	
2	螺母	1	45	
1	螺杆	1	45	
序号	名 称	数量	材料	备注

	比例	1:1
	重量	
制图		微型千斤顶
校对		

图 4-48　根据装配图拆画零件图

七、将图 4-49 所示的第三角投影视图改画为第一角投影视图，作图结果以 A87. dwg 为文件名保存，相关要求同试题-1 第七题。（5 分）

4.1.9　综合自测模拟试题（机械类）-9

一、基本设置（8 分）

设置内容和保存文件方式同试题-1 第一题。

二、用 1:1 比例在 A1. dwg 文件上抄画图 4-50 所示平面图形，不注尺寸，作图结果以 A92. dwg 为文件名保存，相关要求同试题-1 第二题。(10 分)

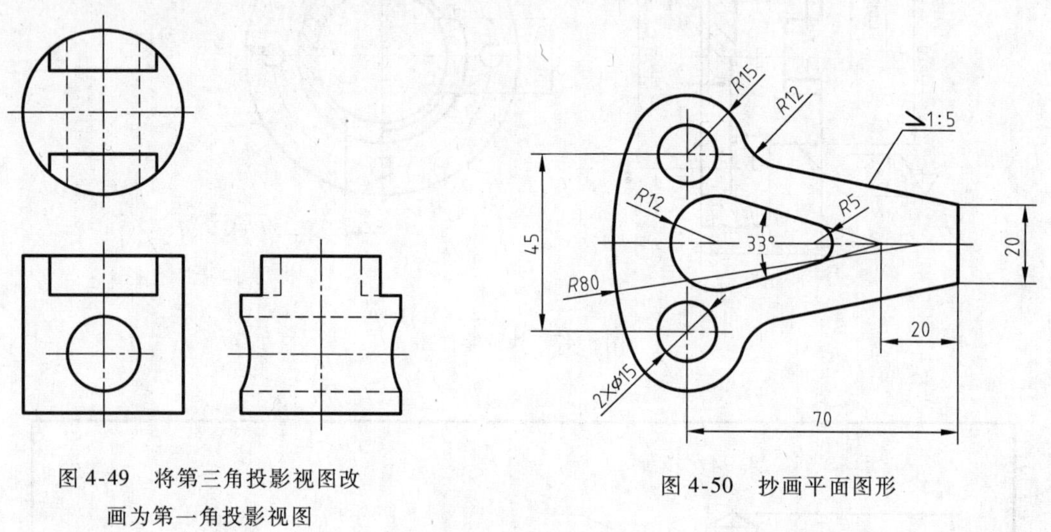

图 4-49　将第三角投影视图改画为第一角投影视图

图 4-50　抄画平面图形

三、在 A1. dwg 文件上抄画图 4-51 所示的两个视图并补画第三个视图，不注尺寸，作图结果以 A93. dwg 为文件名保存，相关要求同试题-1 第三题。(10 分)

四、在 A1. dwg 文件上抄画图 4-52 所示的两个视图并将主视图作 *A—A* 剖视，尺寸自定，作图结果以 A94. dwg 为文件名保存，相关要求同试题-1 第四题。(10 分)

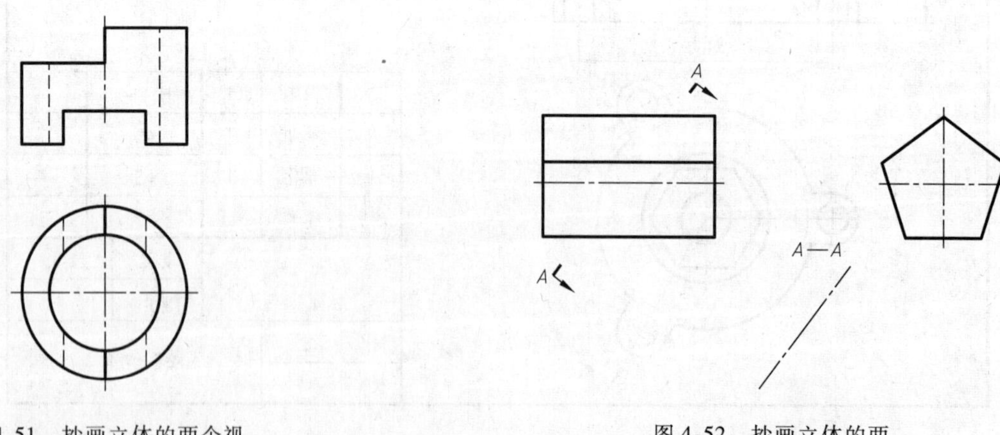

图 4-51　抄画立体的两个视图并补画第三个视图

图 4-52　抄画立体的两个视图并作剖视

五、在 A1. dwg 文件上抄画图 4-53 所示的架体零件图，作图结果以 A95. dwg 为文件名保存，相关要求同试题-1 第五题。(45 分)

六、在 A1. dwg 文件上按图 4-54 所示的轴承座装配图拆画零件 1（轴承座）的零件图，作图结果以 A96. dwg 为文件名保存，相关要求同试题-1 第六题。（12 分）

七、将图 4-55 所示的第三角投影视图改画为第一角投影视图，作图结果以 A97. dwg 为文件名保存，相关要求同试题-1 第七题。（5 分）

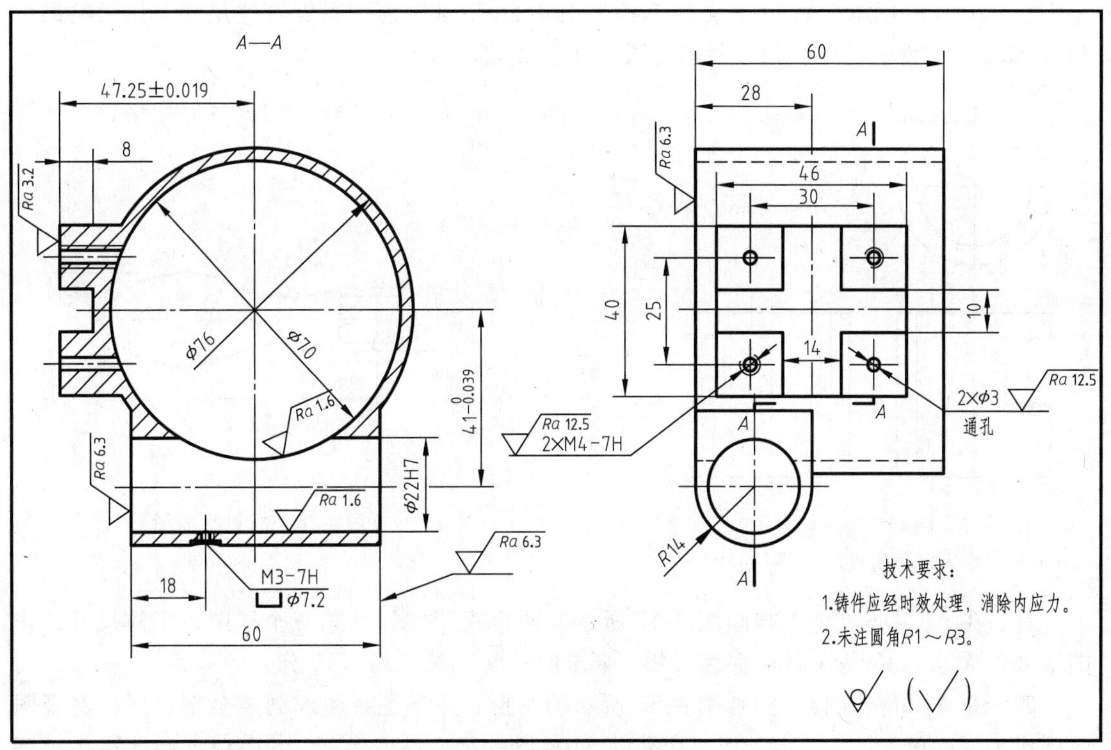

图 4-53　抄画架体零件图

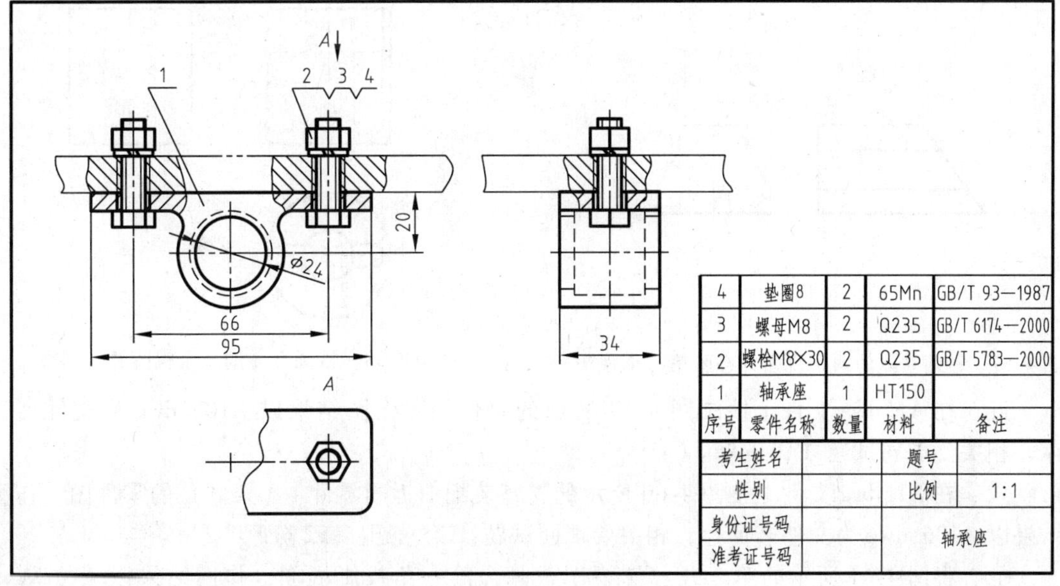

序号	零件名称	数量	材料	备注
4	垫圈8	2	65Mn	GB/T 93—1987
3	螺母M8	2	Q235	GB/T 6174—2000
2	螺栓M8×30	2	Q235	GB/T 5783—2000
1	轴承座	1	HT150	

考生姓名		题号	
性别		比例	1:1
身份证号码		轴承座	
准考证号码			

图 4-54　根据装配图拆画零件图

4.1.10 综合自测模拟试题（机械类）-10

一、基本设置（8 分）

设置内容和保存文件方式同试题-1 第一题。

二、用 1:1 比例在 A1. dwg 文件上抄画图 4-56 所示平面图形，不注尺寸，作图结果以 A102. dwg 为文件名保存，相关要求同试题-1 第二题。(10 分)

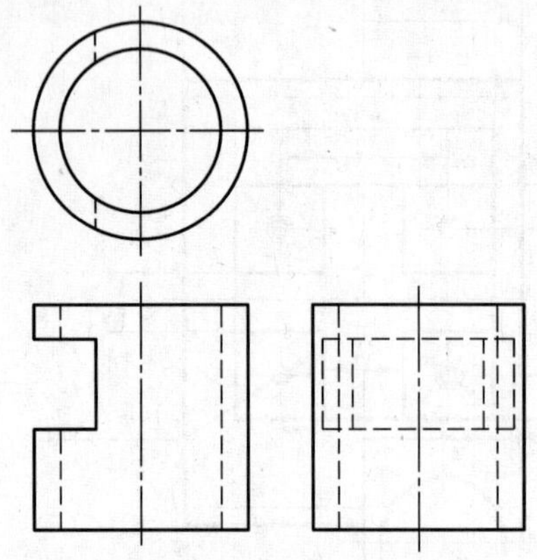

图 4-55 将第三角投影视图改画为第一角投影视图

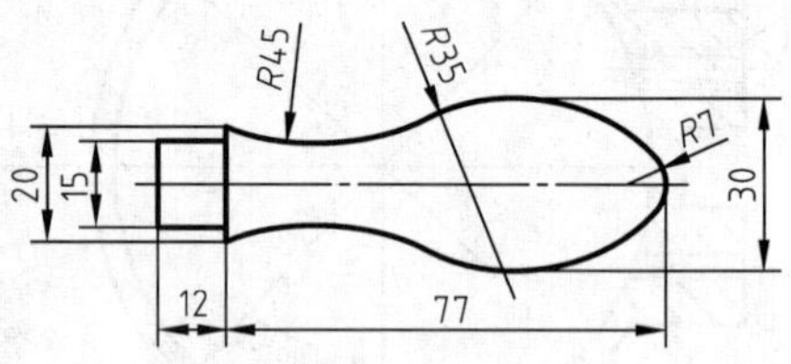

图 4-56 抄画平面图形

三、在 A1. dwg 文件上抄画图 4-57 所示的两个视图并补画第三个视图，不注尺寸，作图结果以 A103. dwg 为文件名保存，相关要求同试题-1 第三题（10 分）

四、在 A1. dwg 文件上抄画图 4-58 所示的图形，并把主视图改画成全剖视图，左视图改画成半剖视图，尺寸自定，作图结果以 A104. dwg 为文件名保存，相关要求同试题-1 第四题。(10 分)

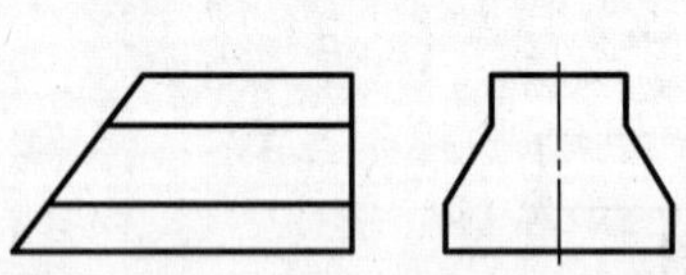

图 4-57 抄画立体的两个视图并补画第三个视图

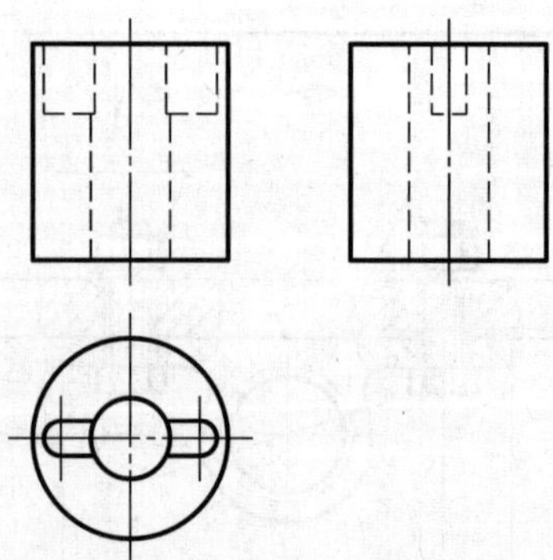

图 4-58 抄画立体的三个视图并作剖视

五、在 A1. dwg 文件上抄画图 4-59 所示的零件图，作图结果以 A105. dwg 为文件名保存，相关要求同试题-1 第五题。(45 分)

六、在 A1. dwg 文件上按图 4-60 所示的支座装配图拆画零件 1（架体）的零件图，作图结果以 A106. dwg 为文件名保存，相关要求同试题-1 第六题。(12 分)

七、将图 4-61 所示的第三角投影视图改画为第一角投影视图，作图结果以 A107. dwg 为文件名保存，相关要求同试题-1 第七题。(5 分)

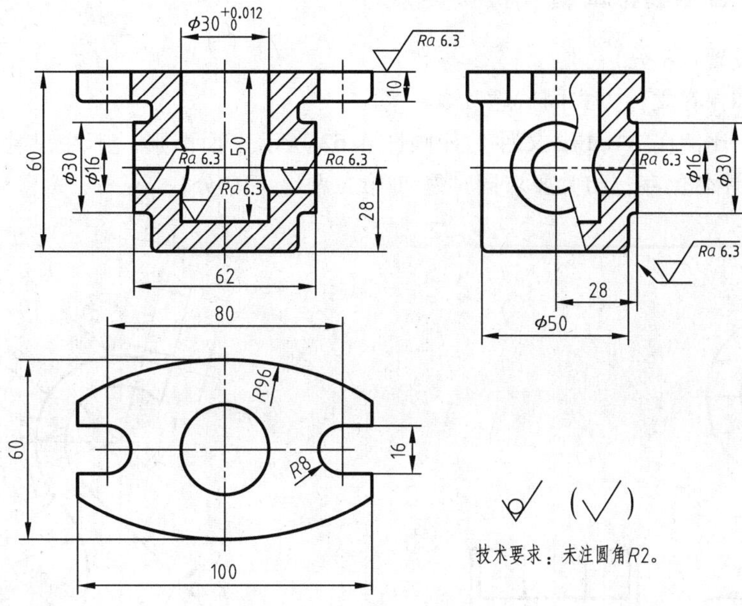

图 4-59　抄画零件图

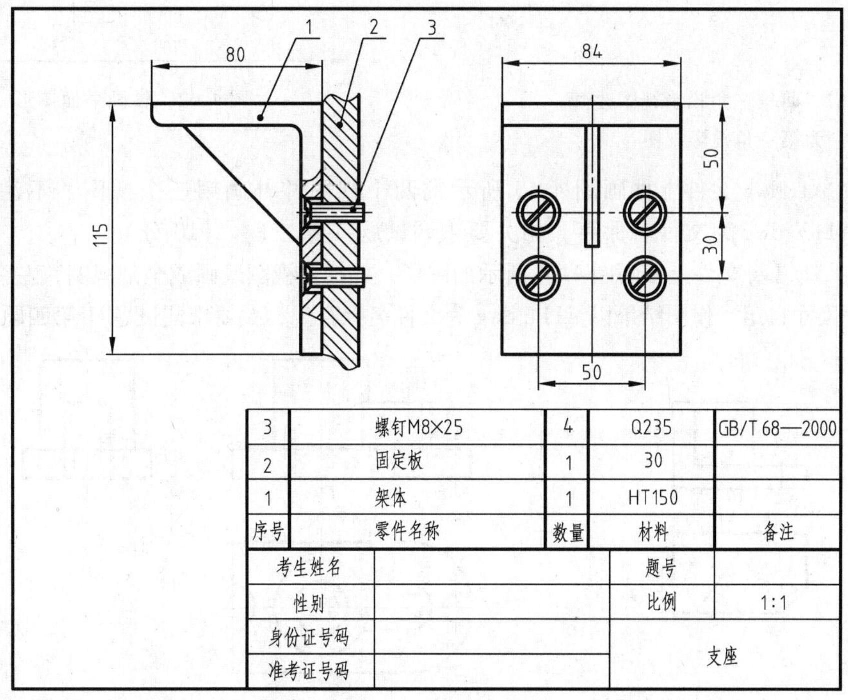

3	螺钉M8×25	4	Q235	GB/T 68—2000
2	固定板	1	30	
1	架体	1	HT150	
序号	零件名称	数量	材料	备注

考生姓名		题号	
性别		比例	1:1
身份证号码		支座	
准考证号码			

图 4-60　根据装配图拆画零件图

4.1.11　综合自测模拟试题（机械类）-11

一、基本设置（8 分）

设置内容和保存文件方式同试题-1 第一题

二、用 1:1 比例在 A1. dwg 文件上抄画图 4-62 所示平面图形，不注尺寸，作图结果以 A112. dwg 为文件名保存，相关要求同试题-1 第二题 。(10 分)

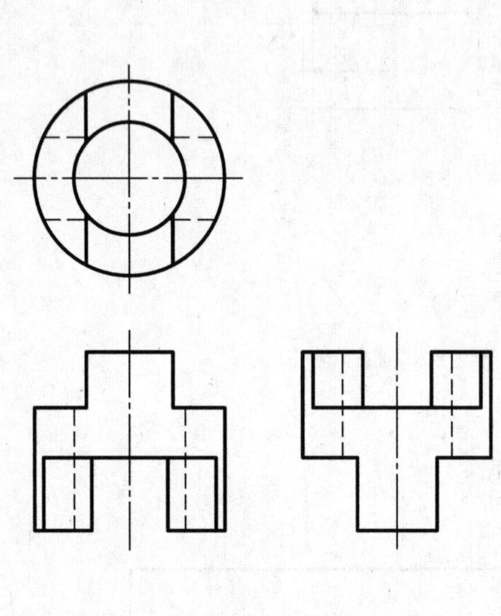

图 4-61　将第三角投影视图改画为第一角投影视图

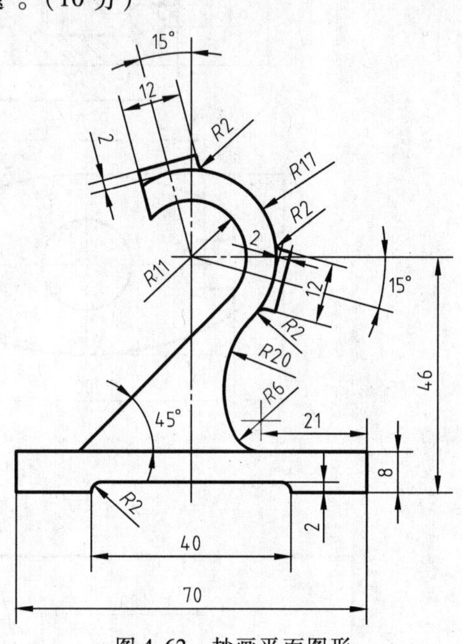

图 4-62　抄画平面图形

三、在 A1. dwg 文件上抄画图 4-63 所示的两个视图并补画第三个视图，不注尺寸，作图结果以 A113. dwg 为文件名保存，相关要求同试题-1 第三题。(10 分)

四、在 A1. dwg 文件上抄画图 4-64 所示的图形，并把主视图改画成全剖视图，左视图改画成半剖视图，尺寸自定，作图结果以 A114. dwg 为文件名保存。相关要求同试题-1 第四题。(10 分)

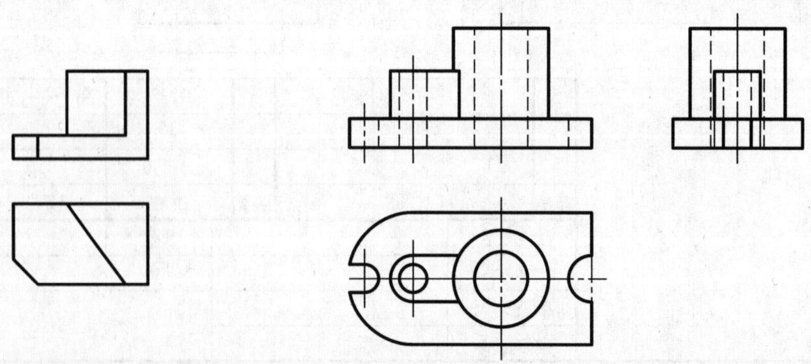

图 4-63　抄画立体的两个视图并补画第三个视图

图 4-64　抄画立体的三个视图并作剖视

五、在 A1. dwg 文件上抄画图 4-65 所示的零件图，作图结果以 A115. dwg 为文件名保存，相关要求同试题-1 第五题。(45 分)

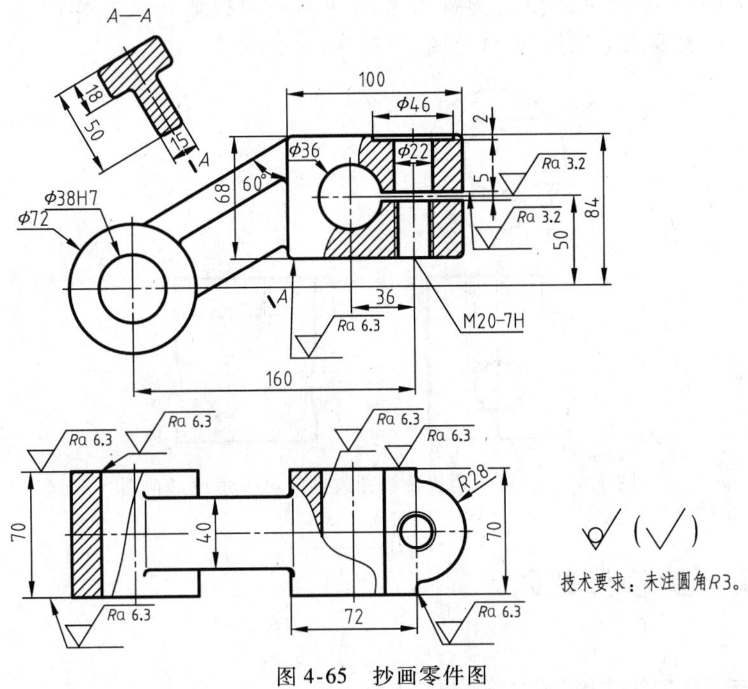

图 4-65 抄画零件图

六、在 A1. dwg 文件上按图 4-66 所示的钻模装配图拆画零件 1（模体）的零件图，作图结果以 A116. dwg 为文件名保存，相关要求同试题-1 第六题。(12 分)

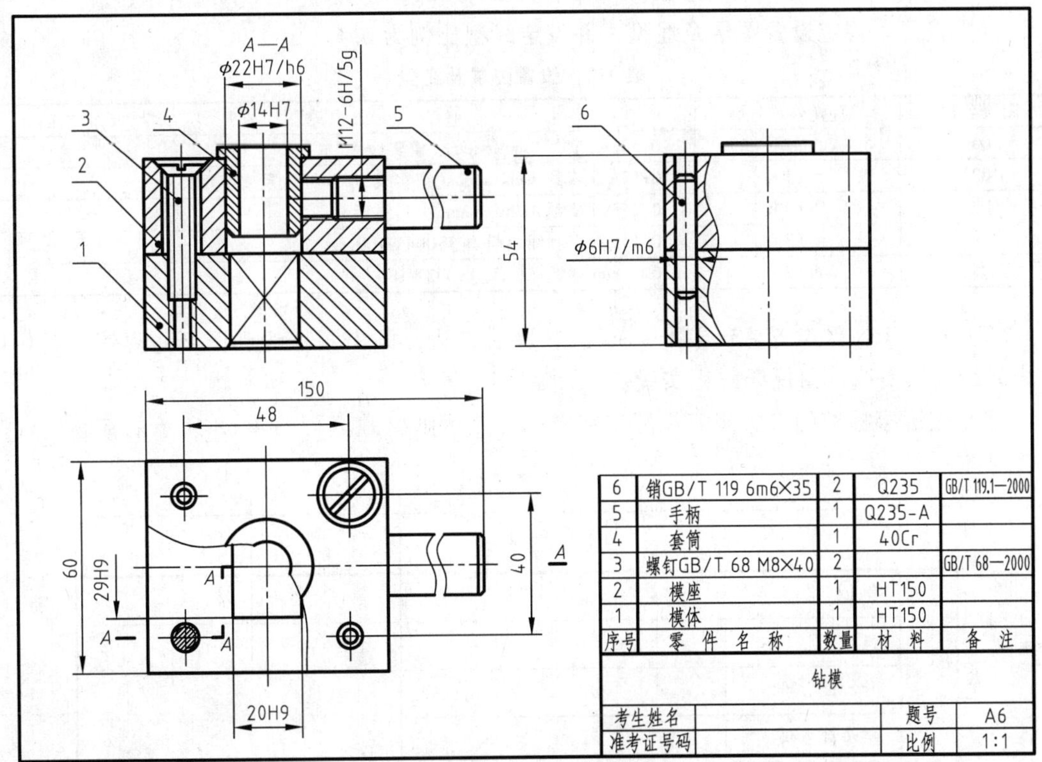

图 4-66 根据装配图拆画零件图

七、将图 4-67 所示的第三角投影视图改画为第一角投影视图，作图结果以 A117. dwg 为文件名保存，相关要求同试题-1 第七题。(5 分)

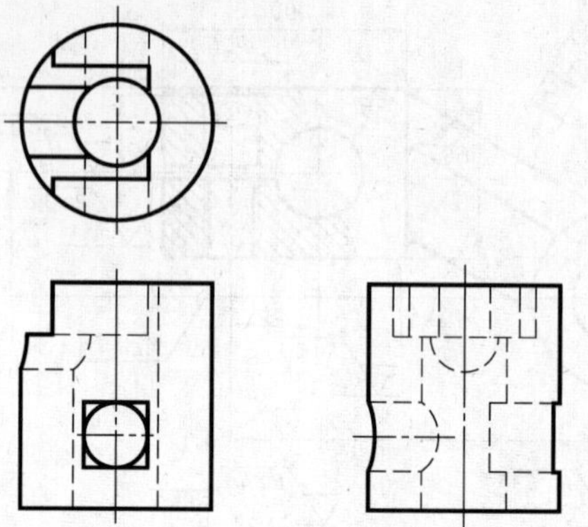

图 4-67　将第三角投影视图改画为第一角投影视图

4.2　建筑类自测模拟试题

4.2.1　综合自测模拟试题（建筑类）-1

一、基本设置（20 分）

在 AutoCAD 中新建一个图形文件，命名为 A1j. dwg，在其中完成下列工作：

（1）按以下规定设置图层及线型，并设定线型比例为 0.4。

表 4-2　设置图层及线型

图层名称	颜色(颜色号)	线　型
01	白(7)	0.50mm 实线 Continuous（粗实线用）
02	红(1)	0.13mm 实线 Continuous(细实线、尺寸标注及文字用)
03	青(4)	0.25mm 实线 Continuous(中实线用)
04	绿(3)	0.13mm 点画线 ACAD_ISO04W100
05	黄(2)	0.13mm 虚线 ACAD_ISO02W100

（2）按 1:1 比例设置 A3 图幅（横装），留装订边，画出图框线和图纸边界线，其中图纸边界线画细实线，图框线画粗实线。

（3）按国家标准的有关规定设置文字样式，然后画出并填写图 4-68 所示的标题栏（不标注尺寸）。

30　55　25　30

4×8(=32)

考生姓名		题号	A1
性别		比例	1:1
身份证号码			
准考证号码			

图 4-68　标题栏

（4）完成以上各项后，仍然以 A1j. dwg 为文件名保存作图结果。

二、抄画图 4-69 所示的房屋建筑图（60 分）

题目要求如下：

（1）打开“A1j. dwg”图形文件，将 A3 幅面图纸放大 100 倍。

（2）平面图、立面图和剖面图按 1:1 的尺寸比例绘制，详图按 5:1 的尺寸比例绘制。

（3）建筑平面图中的门要求使用中实线绘制，且与水平线成 45°。

（4）填充图例在细实线层上绘制。

（5）完成以上工作后，以 A112. dwg 为文件名保存。

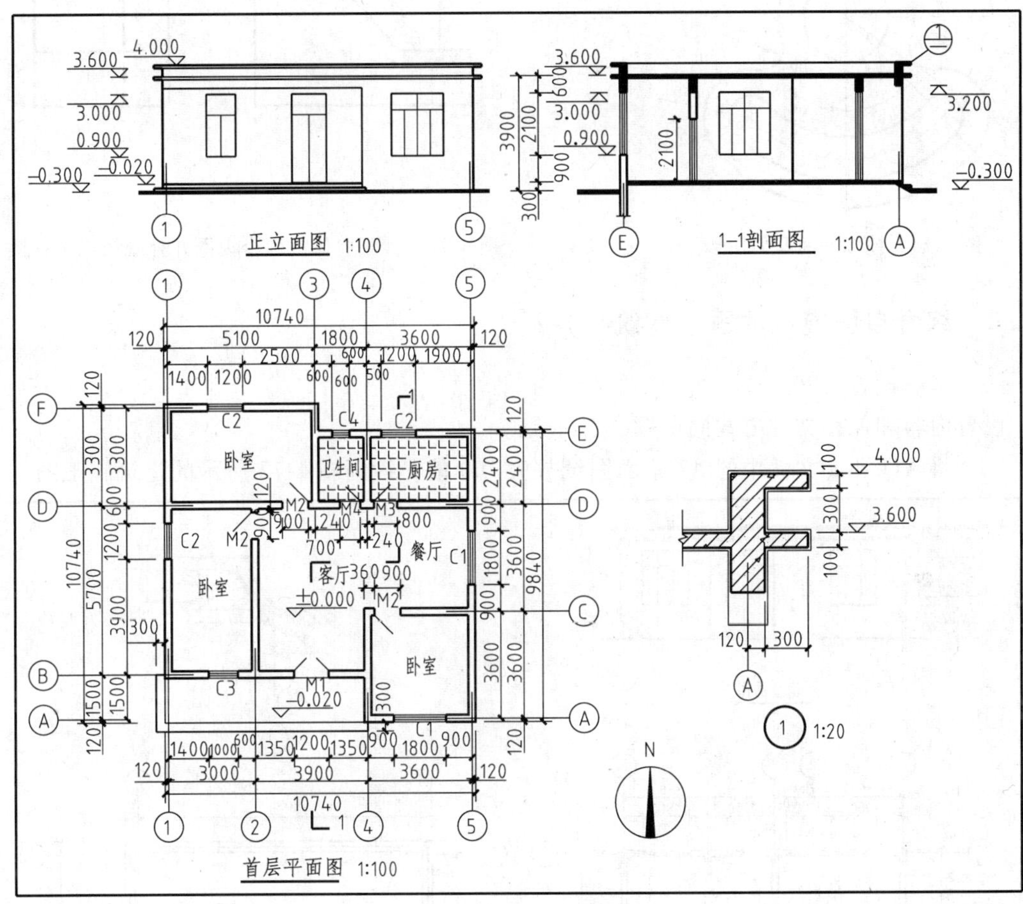

图 4-69 抄画建筑施工图

三、几何作图（10 分）

题目要求如下：

（1）打开“A1j. dwg”图形文件。

（2）按图示尺寸绘制图 4-70 所示的平面几何图形。

（3）平面几何图形必须绘制在 A3 图框内的适当位置，不要求标注尺寸。

（4）完成以上工作后，以 A113. dwg 为文件名保存。

四、投影图（10 分）

题目要求如下：

（1）打开“A1j. dwg”图形文件。

（2）在 A3 图框内抄画图 4-71 所示立体的两个视图，尺寸自定。

（3）在适当的位置画出立体的第三个视图，不要求标注尺寸。

（4）完成以上工作后，以 A114. dwg”为文件名存保。

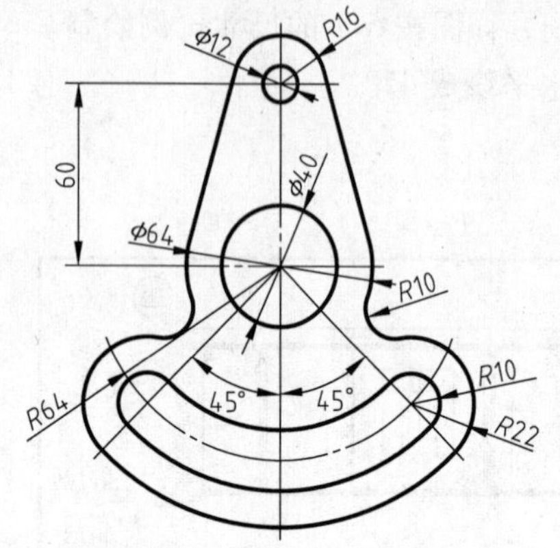

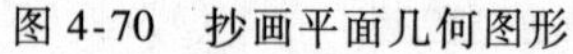
图 4-70　抄画平面几何图形

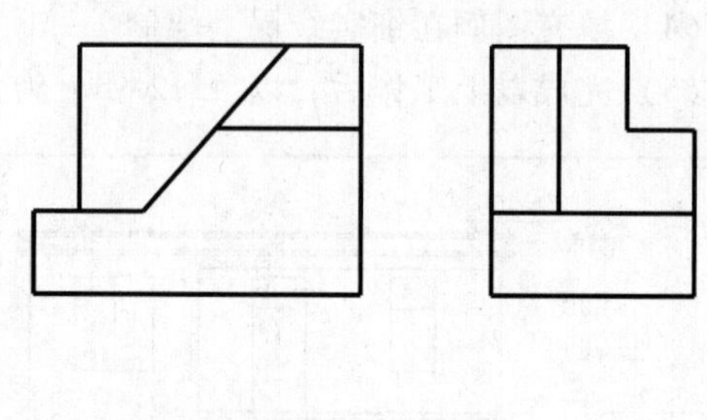
图 4-71　抄画立体的两个视图并补画第三个视图

4. 2. 2　综合自测模拟试题（建筑类）-2

一、基本设置（20 分）

设置内容和保存文件方式同试题-1 第一题。

二、将 A1j. dwg 文件中的 A3 幅面图纸放大 100 倍，抄画图 4-72 所示的建筑施工图。其

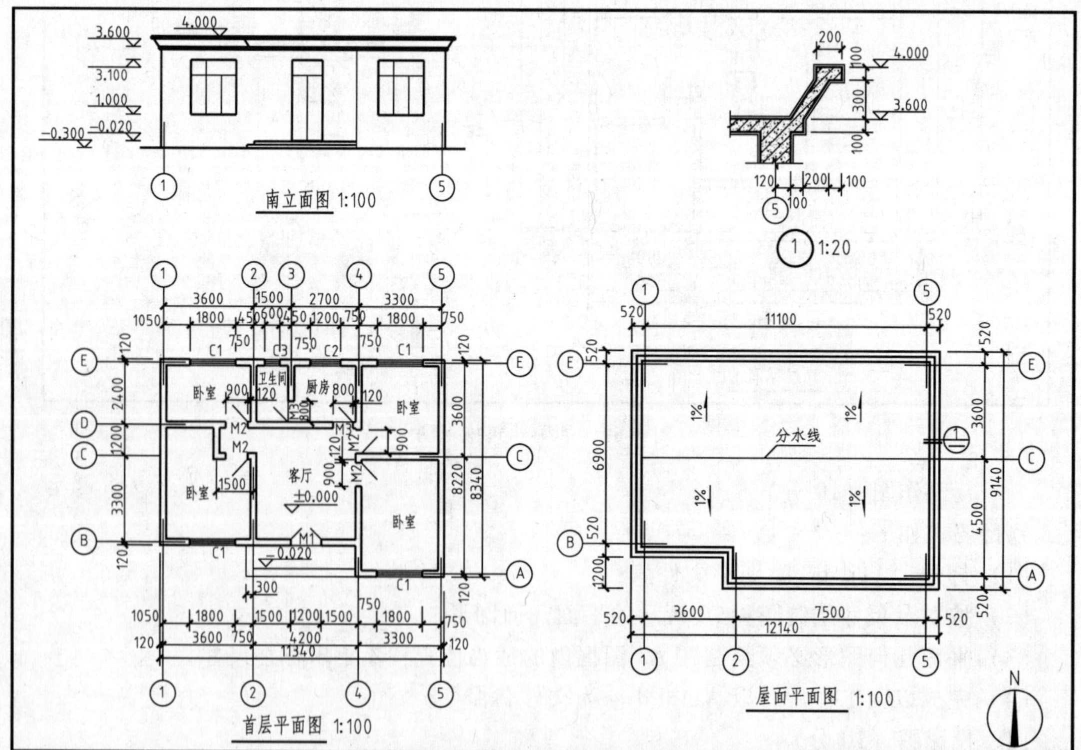

图 4-72　抄画建筑施工图

中平面图、立面图和剖面图按 1∶1 的尺寸比例绘制，详图按 5∶1 的尺寸比例绘制，其他相关要求同试题-1 第二题，并以 A122. dwg 为文件名保存。(60 分)

三、在文件 A1j. dwg 的图框内抄画图 4-73 所示的图形，不注尺寸，以 A123. dwg 为文件名保存。(10 分)

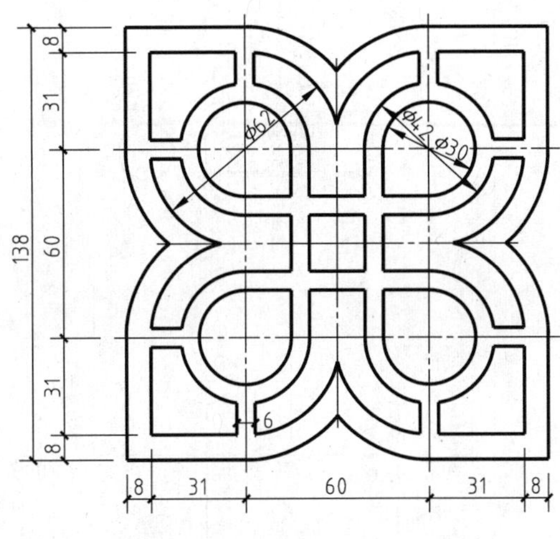

图 4-73　抄画平面几何图形

四、在文件 A1j. dwg 的图框内抄画图 4-74 所示图形并补画第三个视图，尺寸自定，以 A124. dwg 为文件名保存。(10 分)

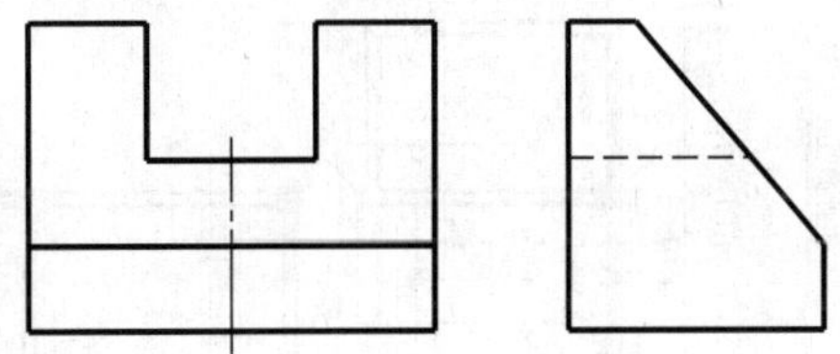

图 4-74　抄画立体的两个视图并补画第三个视图

4.2.3　综合自测模拟试题（建筑类）-3

一、基本设置（20 分）

设置内容和保存文件方式同试题-1 第一题。

二、将 A1j. dwg 文件中的 A3 幅面图纸放大 100 倍，抄画图 4-75 所示的建筑施工图。其中平面图、立面图按 1∶1 的尺寸比例绘制，详图按 5∶1 的尺寸比例绘制，其他相关要求同试题-1 第二题，并以 A132. dwg 为文件名保存。(60 分)

三、在文件 A1j. dwg 的图框内抄画图 4-76 所示的图形，不注尺寸，以 A133. dwg 为文件名保存。(10 分)

四、在文件 A1j. dwg 的图框内抄画图 4-77 所示的图形并补画第三个视图，尺寸自定，以 A134. dwg 为文件名保存。(10 分)

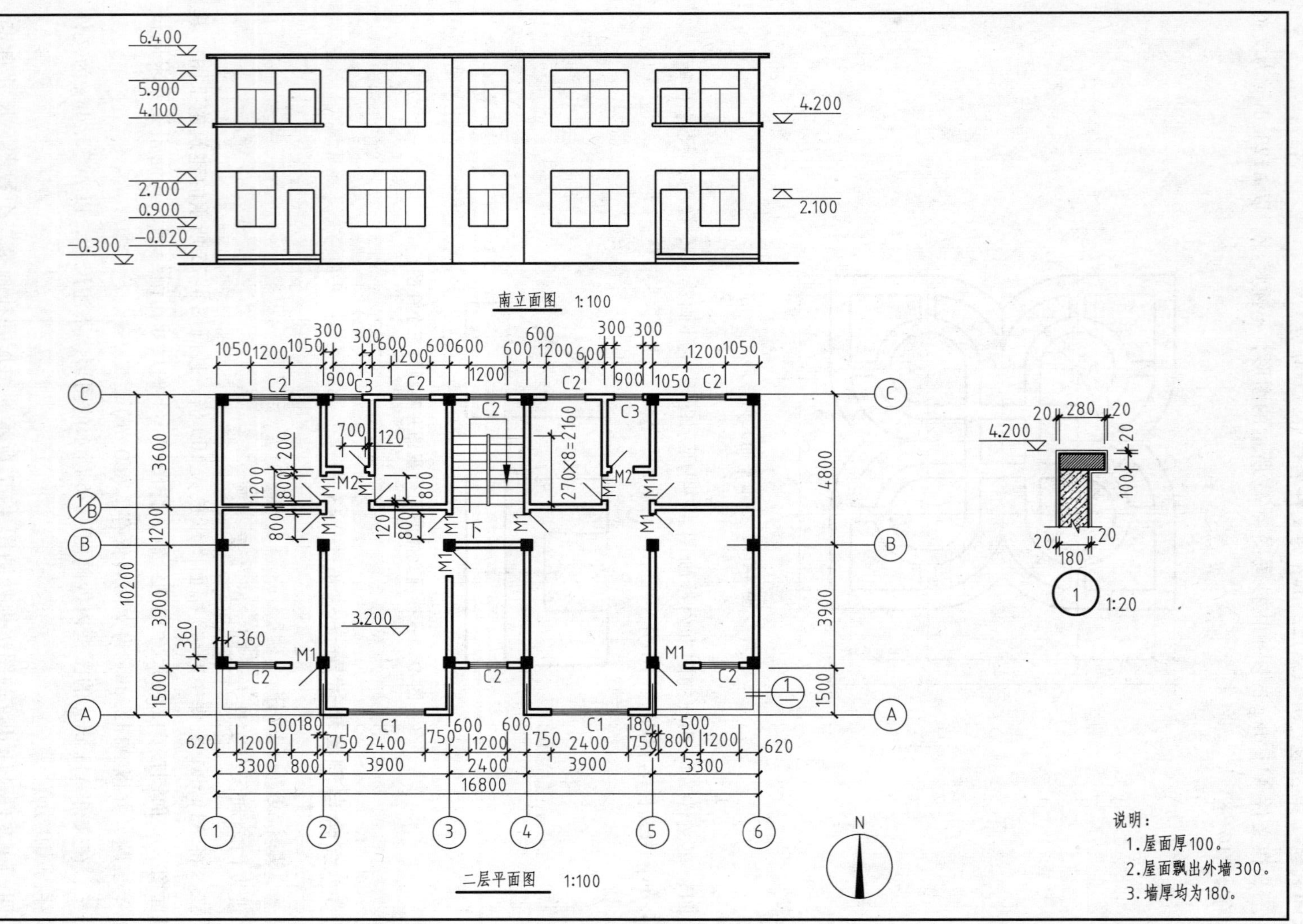

图 4-75 抄画建筑施工图

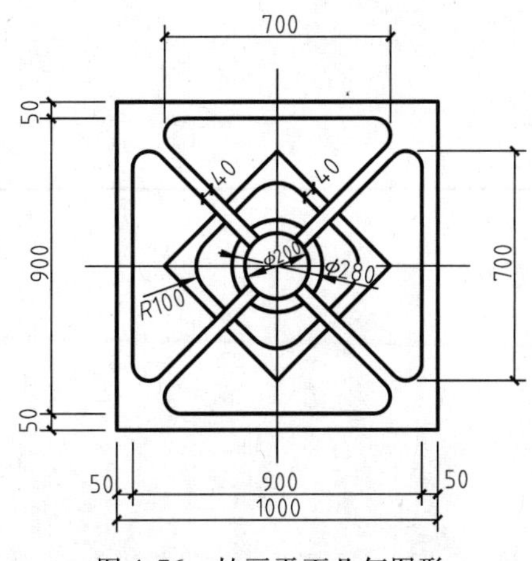

图 4-76　抄画平面几何图形

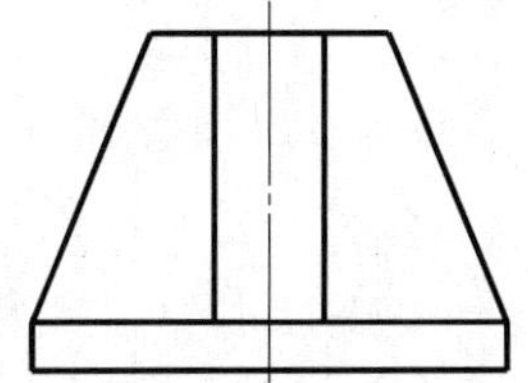
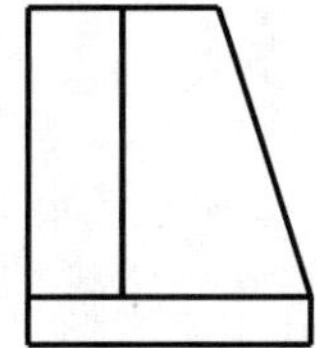

图 4-77　抄画立体的两个视图并补画第三个视图

4.2.4　综合自测模拟试题（建筑类）-4

一、基本设置（20 分）

设置内容和保存文件方式同试题-1 第一题。

二、将 A1j. dwg 文件中的 A3 幅面图纸放大 100 倍，抄画图 4-78 所示的建筑施工图。其中平面图、立面图按 1:1 的尺寸比例绘制，其他相关要求同试题-1 第二题，并以 A142. dwg 为文件名保存。(60 分)

三、在文件 A1j. dwg 的图框内抄画图 4-79 所示的图形，不注尺寸，以 A143. dwg 为文件名保存。(10 分)

四、在文件 A1j. dwg 的图框内抄画图 4-80 所示的图形并补画第三个视图，尺寸自定，以 A144. dwg 为文件名保存。(10 分)

4.2.5　综合自测模拟试题（建筑类）-5

一、基本设置（20 分）

设置内容和保存文件方式同试题-1 第一题。

二、将 A1j. dwg 文件中的 A3 幅面图纸放大 100 倍，抄画图 4-81 所示的建筑施工图。其中平面图、立面图按 1:1 的尺寸比例绘制，详图按 5:1 的尺寸比例绘制，其他相关要求同试题-1 第二题，并以 A152. dwg 为文件名保存。(60 分)

三、在文件 A1j. dwg 的图框内抄画图 4-82 所示的图形，不注尺寸，以 A153. dwg 为文件名保存。(10 分)

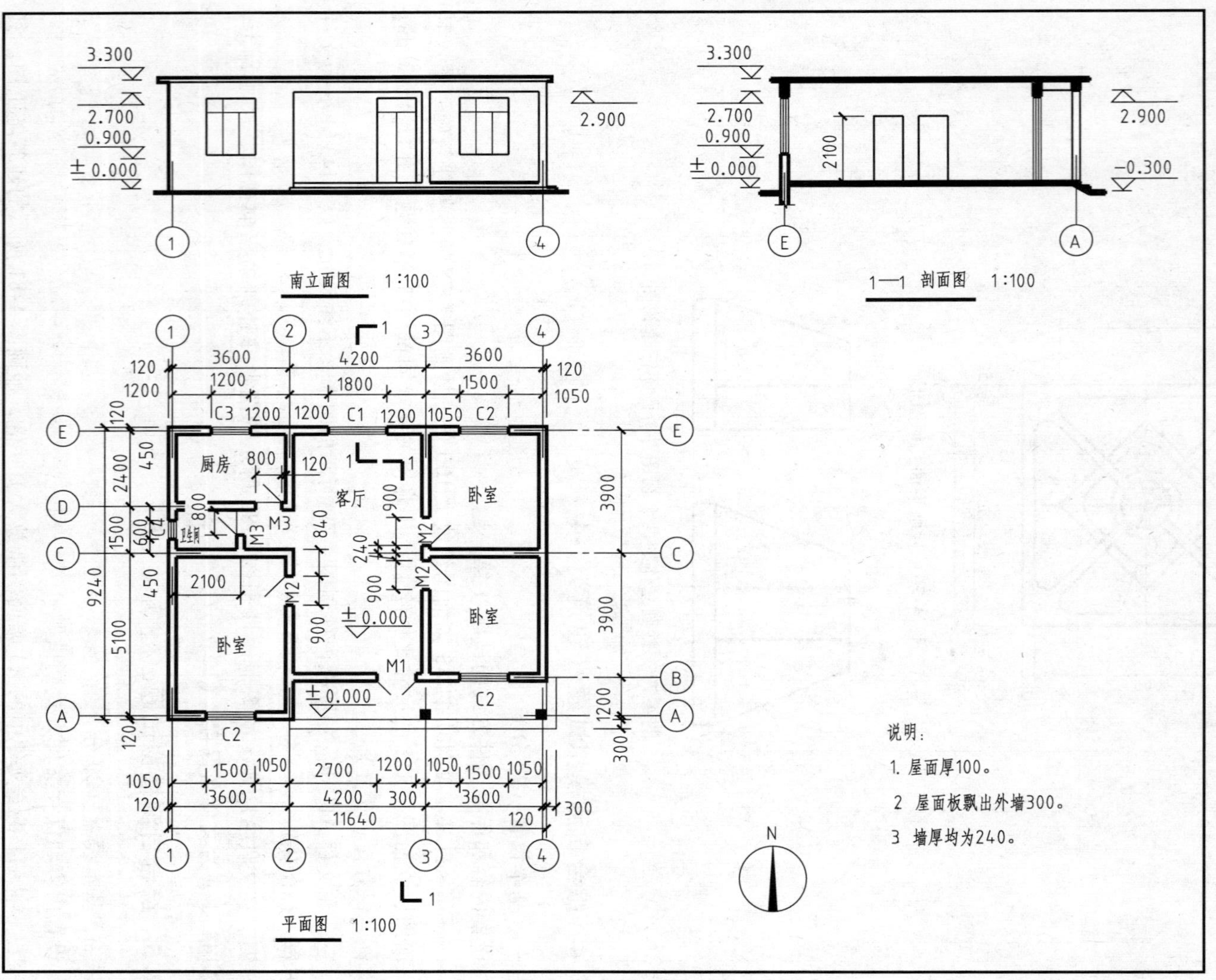

图 4-78 抄画建筑施工图

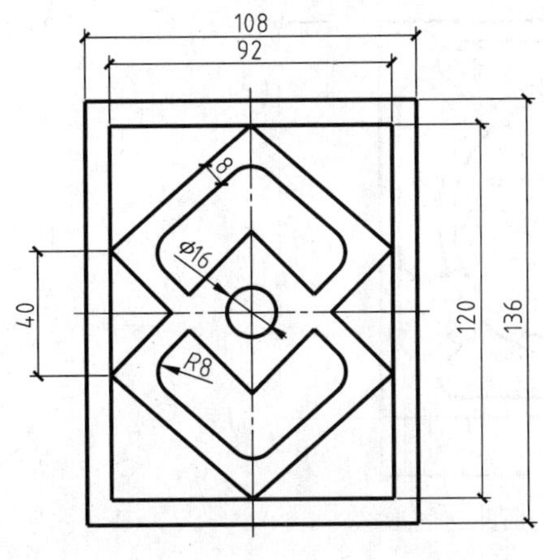

图 4-79　抄画平面几何图形

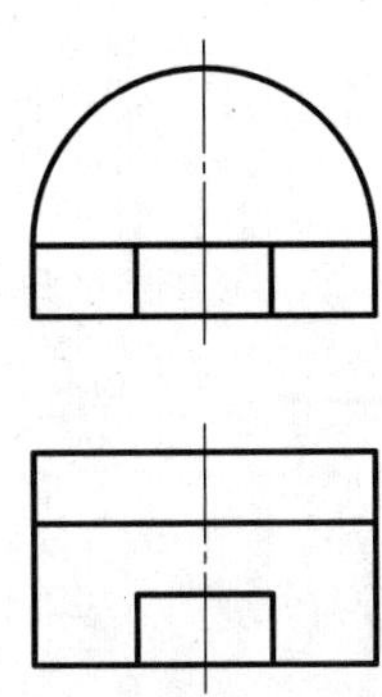

图 4-80　抄画立体的两个视图并补画第三个视图

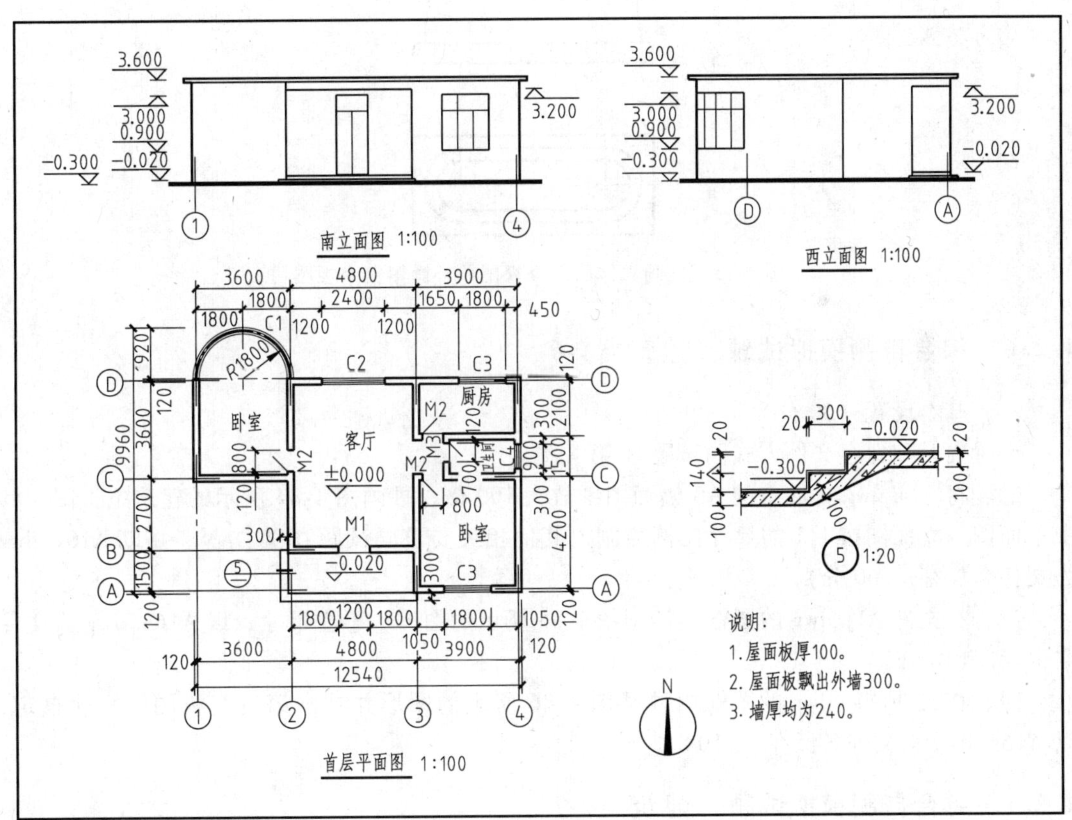

图 4-81　抄画建筑施工图

四、在文件 A1j. dwg 的图框内抄画图 4-83 所示的图形并补画第三个视图，尺寸自定，以 A154. dwg 为文件名保存。（10 分）

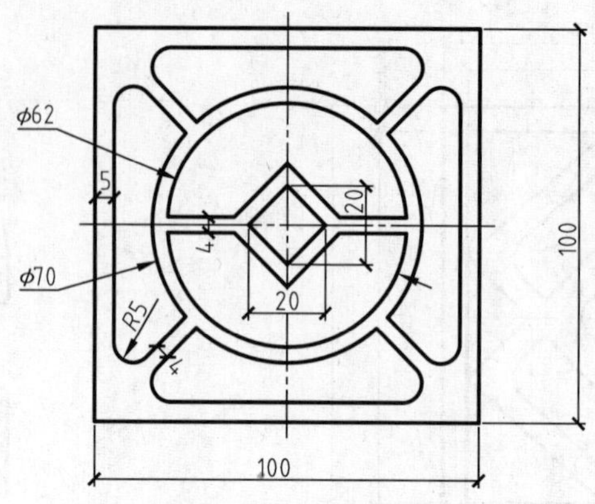

图 4-82 抄画平面几何图形

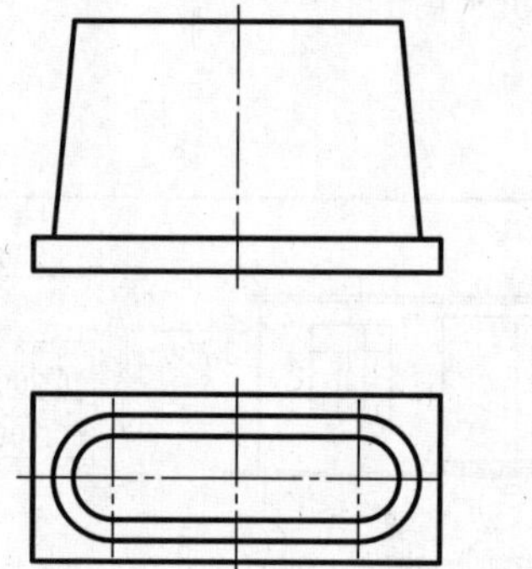

图 4-83 抄画立体的两个视图并补画第三个视图

4.2.6 综合自测模拟试题（建筑类）-6

一、基本设置（20 分）

设置内容和保存文件方式同试题-1 第一题。

二、将 A1j. dwg 文件中的 A3 幅面图纸放大 100 倍，抄画图 4-84 所示的建筑施工图。其中平面图、立面图按 1:1 的尺寸比例绘制，其他相关要求同试题-1 第二题，并以 A162. dwg 为文件名保存。(60 分)

三、在文件 A1j. dwg 的图框内抄画图 4-85 所示的图形，不注尺寸，以 A163. dwg 为文件名保存。(10 分)

四、在文件 A1j. dwg 的图框内抄画图 4-86 所示的图形并补画第三个视图，尺寸自定，以 A164. dwg 为文件名保存。(10)

4.2.7 综合自测模拟试题（建筑类）-7

一、基本设置（20 分）

设置内容和保存文件方式同试题-1 第一题。

二、将 A1j. dwg 文件中的 A3 幅面图纸放大 100 倍，抄画图 4-87 所示的二层 ~ 六层平面图、立面图和剖面图。其中平面图、立面图和剖面图按 1:1 的尺寸比例绘制，其他相关要求同试题-1 第二题，并以 A172. dwg 为文件名保存。(80 分)

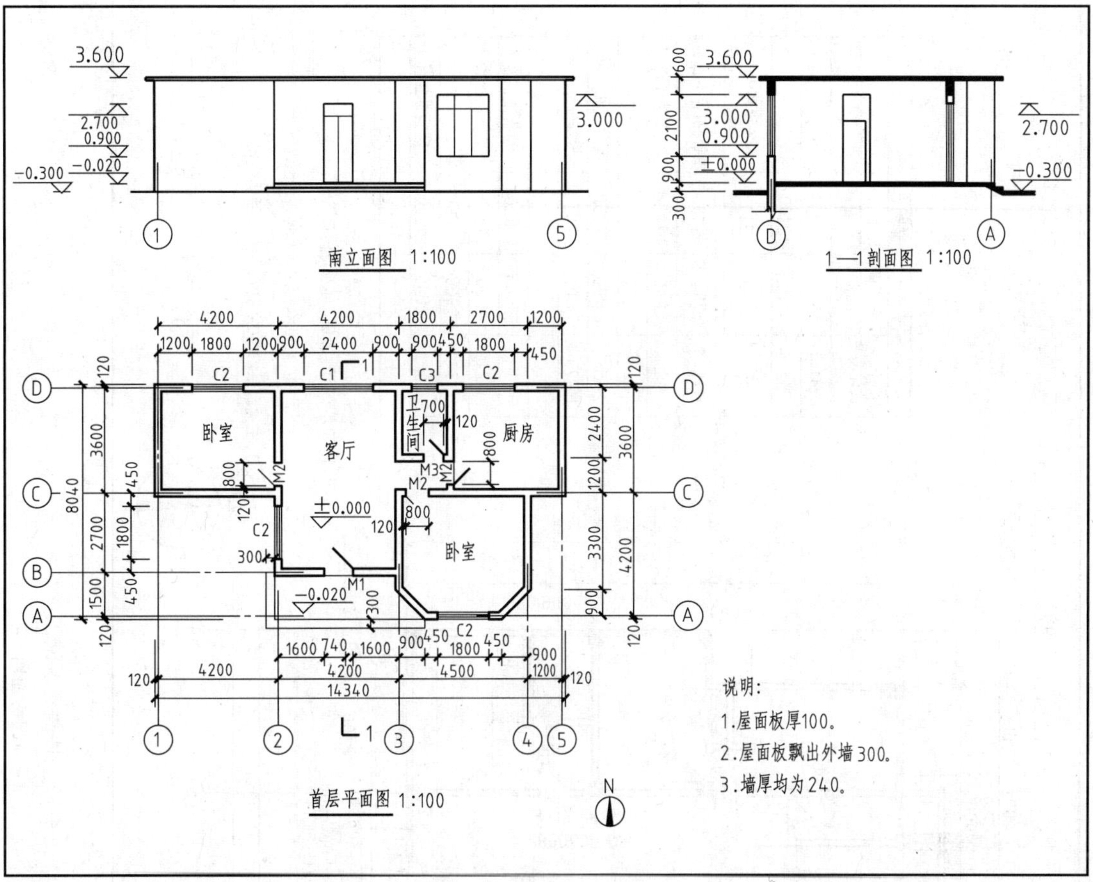

3.600
2.700
0.900
−0.020
−0.300
3.000
南立面图 1:100
3.000
0.900
±0.000
1—1剖面图 1:100
卧室
客厅
卫生间
厨房
卧室
±0.000
−0.020
C1
C2
C3
M1
M2
M3
4200
4200
1800
2700
1200
14340
8040
首层平面图 1:100
N
说明:
1.屋面板厚100。
2.屋面板飘出外墙300。
3.墙厚均为240。

图 4-84　抄画建筑施工图

R20
ϕ16
R50
R8
R20
R20
R8
R20
40
40
20
100
40
32
40
112

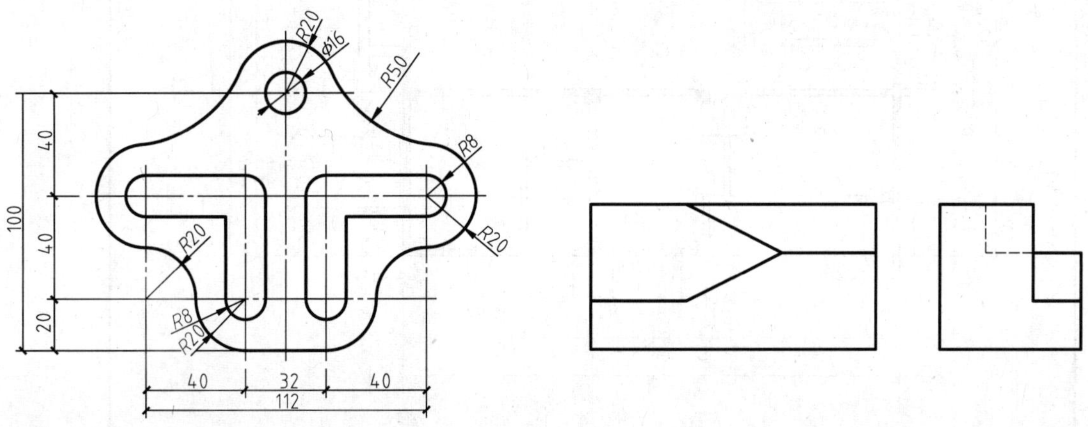

图 4-85　抄画平面几何图形

图 4-86　抄画立体的两个视图并补画第三个视图

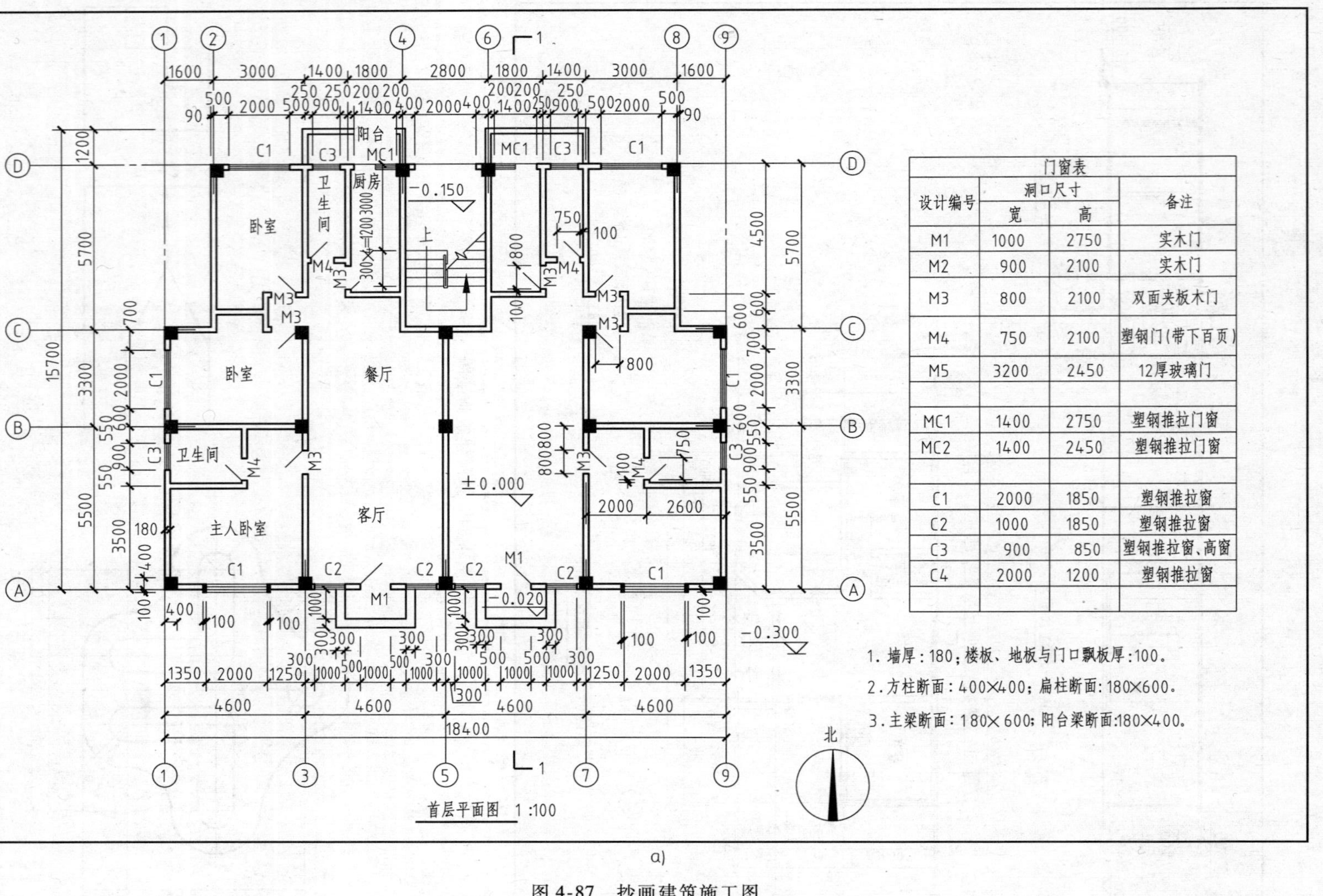

设计编号	洞口尺寸		备注
	宽	高	
M1	1000	2750	实木门
M2	900	2100	实木门
M3	800	2100	双面夹板木门
M4	750	2100	塑钢门(带下百页)
M5	3200	2450	12厚玻璃门
MC1	1400	2750	塑钢推拉门窗
MC2	1400	2450	塑钢推拉门窗
C1	2000	1850	塑钢推拉窗
C2	1000	1850	塑钢推拉窗
C3	900	850	塑钢推拉窗、高窗
C4	2000	1200	塑钢推拉窗

a)

图 4-87　抄画建筑施工图

a）首层平面图

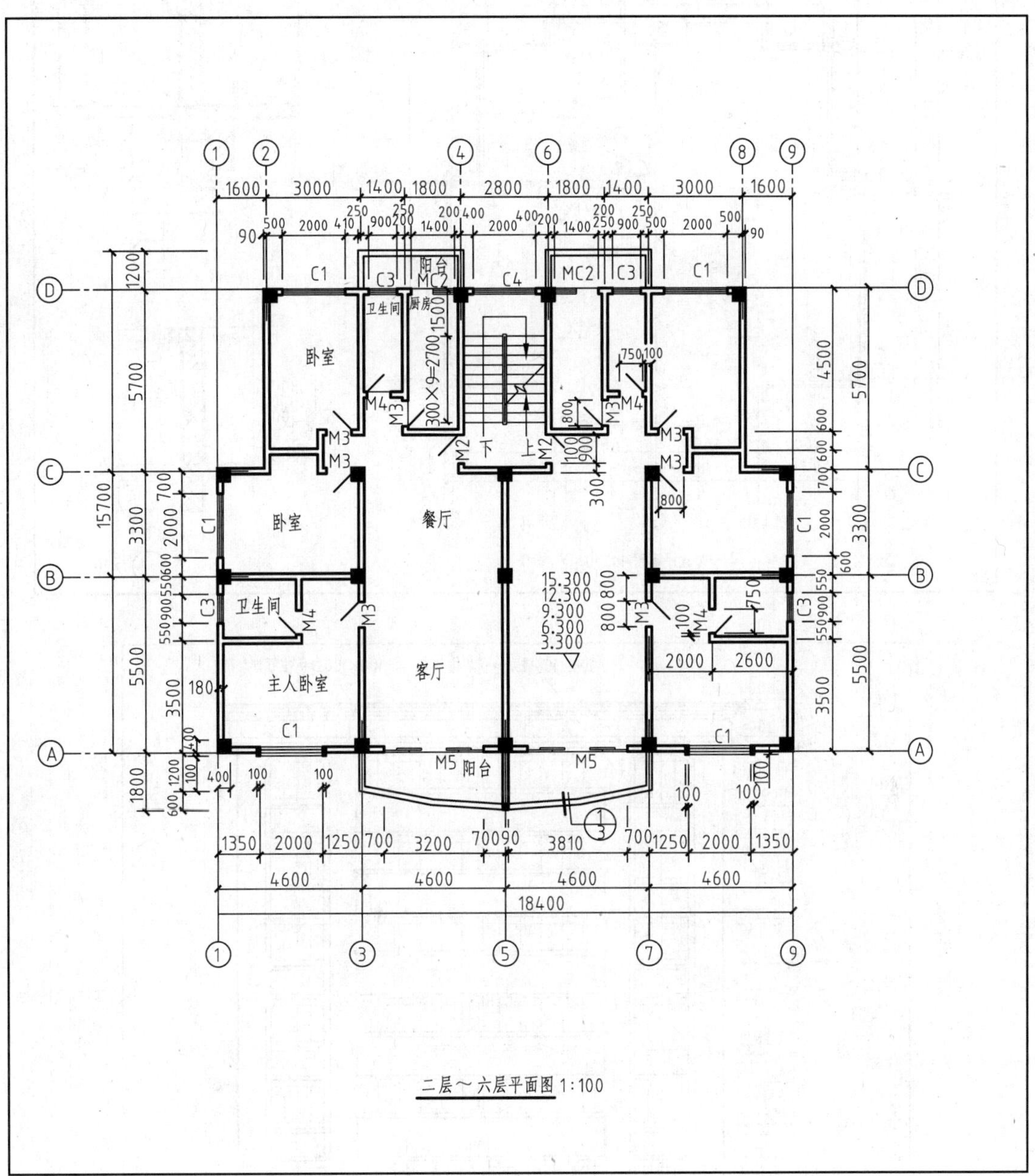

b)

图 4-87　抄画建筑施工图（续）

b）二层～六层平面图

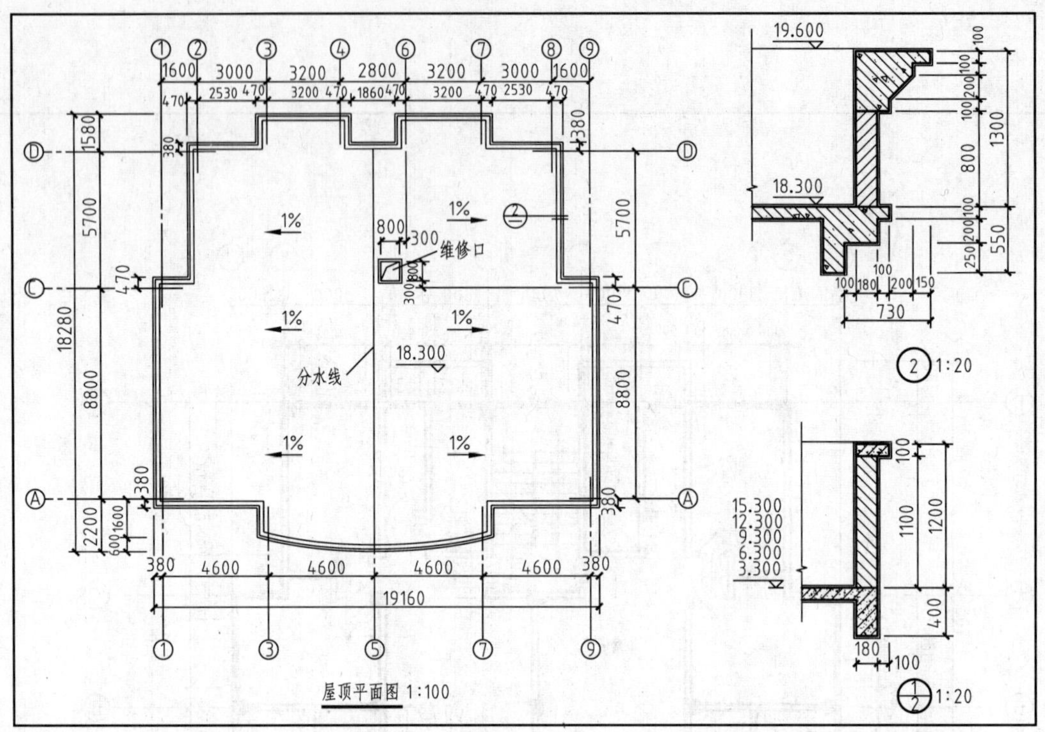

c)

100×100暖灰色仿石方块砖

100×100白色仿石方块砖

19.600
18.300
17.750
15.900
14.750
12.900
11.750
9.900
8.750
6.900
5.750
3.900
2.750
0.900
−0.020
−0.300

①～⑨立面图 1:100

d)

图 4-87 抄画建筑施工图（续）

c）屋顶平面图 d）①~⑨立面图

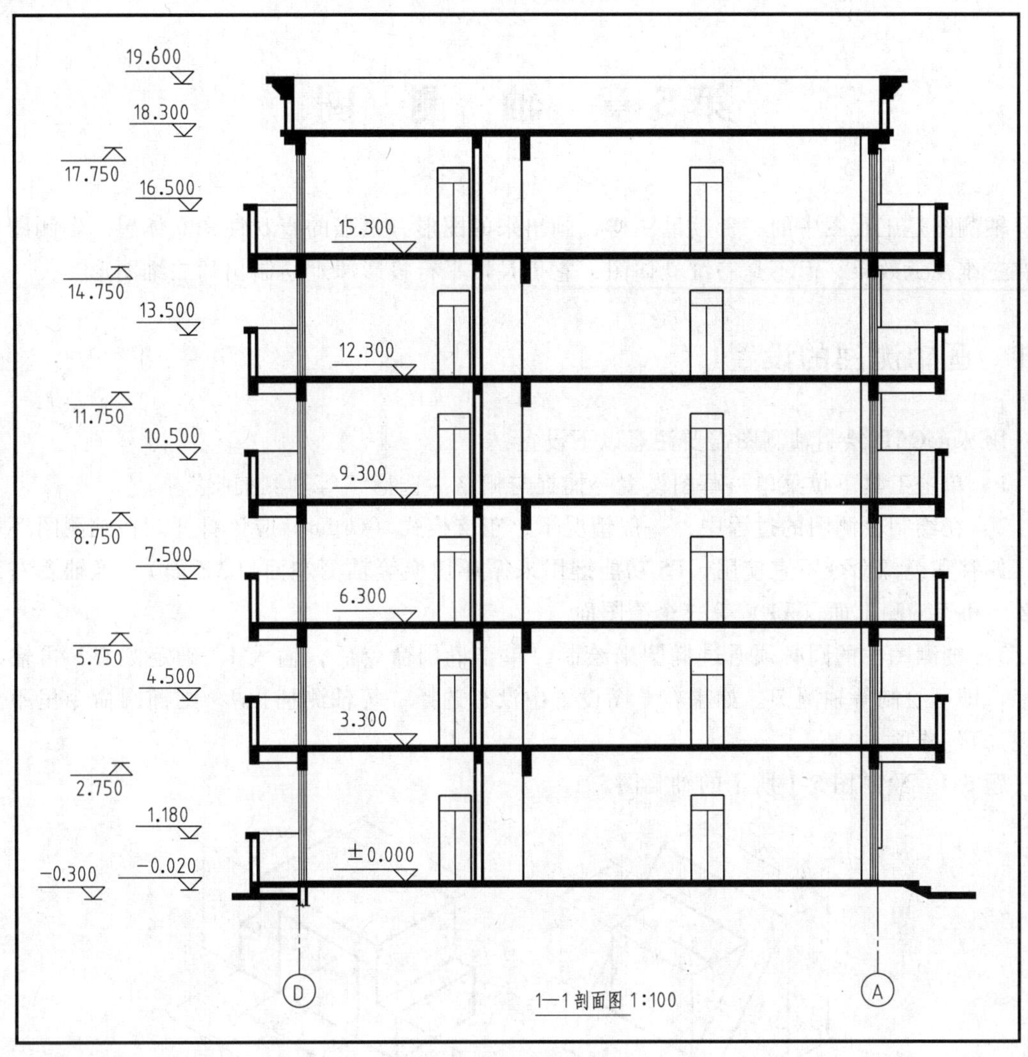

e)

图 4-87　抄画建筑施工图（续）

e）1—1 剖面图

第 5 章　轴　测　图

轴测图是工程图中的一种辅助图样，画出来的图形有很强的直观性和立体感。轴测图虽然有三维视觉效果，但不是三维立体图，它仍是按平行投影原理绘制出的二维图形。

5.1　画轴测图的设置

用 AutoCAD 绘制轴测图需要注意以下设置：

1）单击工具下拉菜单→草图设置→捕捉与栅格→选择“等轴测捕捉”。

2）在绘制轴测图的过程中，一般情况下，正交模式（Ortho）应该打开。在轴测图环境中，偏移和镜像命令不宜使用。F5 功能键用来循环切换等轴测左面（*XZ* 面）、等轴测右面（*YZ*）和等轴测上面（*XY*）等三个绘图面。

3）轴测图中的圆必须通过椭圆来绘制，单击椭圆命令后，输入 I，确定圆心，再输入半径，即可绘制等轴测圆。如果在草图设置中没有选择“等轴测捕捉”，则椭圆命令里不会出现“I”选项。

题 5-1　绘制图 5-1 所示的轴测图。

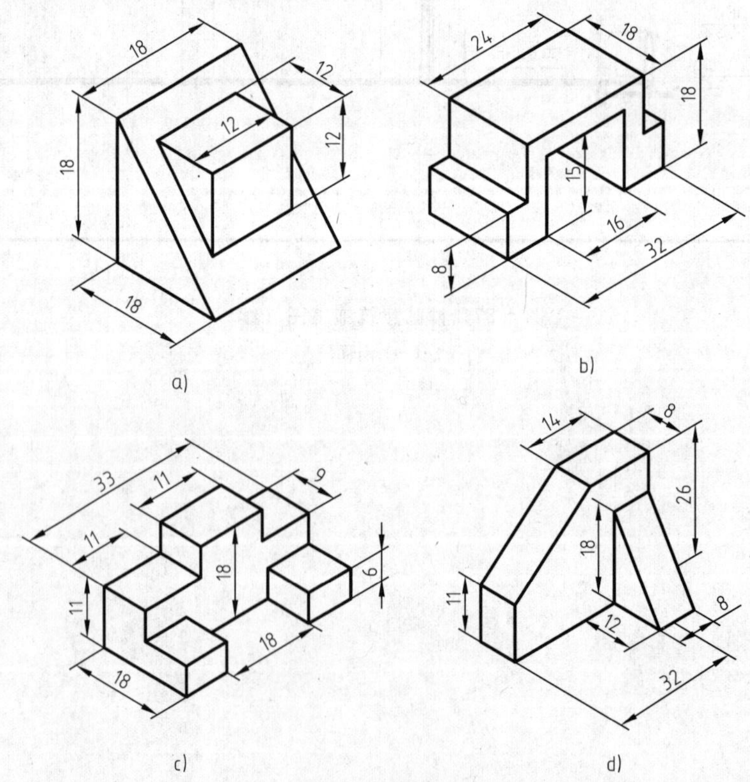

图 5-1　绘制轴测图

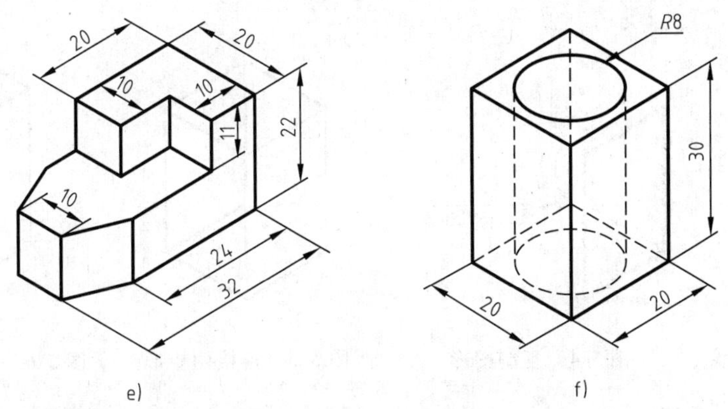

图 5-1　绘制轴测图（续）

提示：图 5-1f 的作图步骤如下：

1）设置绘图环境：工具→草图设置→捕捉与栅格→选择“等轴测捕捉”，如图 5-2 所示。

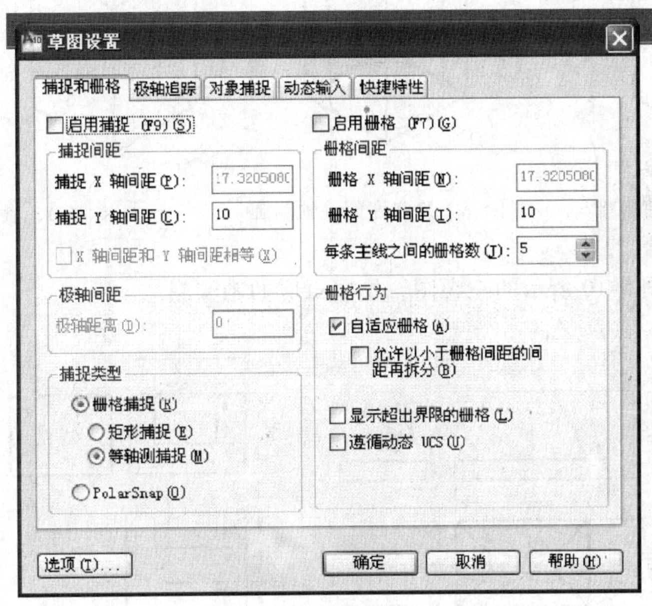

图 5-2　设置等轴测捕捉绘图环境

2）打开正交方式，绘制图 5-3 所示的图形。

3）为便于复制图 5-3 所示的图形，将作图面切换到 *XY* 面，打开极轴方式并设置成增量为 30°捕捉，单击复制命令，位移 20mm，结果如图 5-4 所示。

4）连接顶点，绘制好立方体，如图 5-5 所示。

5）在立方体上表面绘制一条连接中点的辅助线。单击椭圆命令，出现“指定椭圆轴的端点或［圆弧(A)/中心点(C)/等轴测圆(I)］:”的提示，输入 I，回车，以辅助线的中点为圆心，半径 *R*8mm 绘制圆，若圆的状态如图 5-6 所示，可按 F5 键，此时椭圆出现在图 5-7 所示的立方体的顶面上，回车，顶面椭圆绘制完毕。

6）同样在底面绘制一个等轴测的椭圆，连接椭圆的象限点，如图 5-8 所示。

7）擦掉不可见的线段，以增强立体感，如图 5-9 所示。

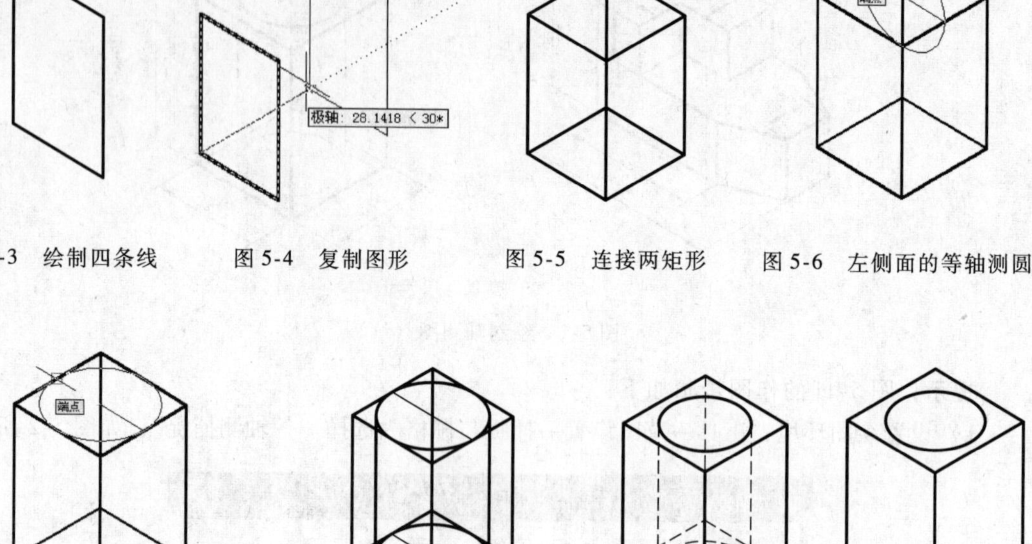

图 5-3　绘制四条线　　图 5-4　复制图形　　图 5-5　连接两矩形　　图 5-6　左侧面的等轴测圆

图 5-7　顶面的等轴测圆　　图 5-8　绘制底面等轴测圆　　图 5-9　修改不可见线

题 5-2　看懂图 5-10 所示的三视图，绘制对应的轴测图。

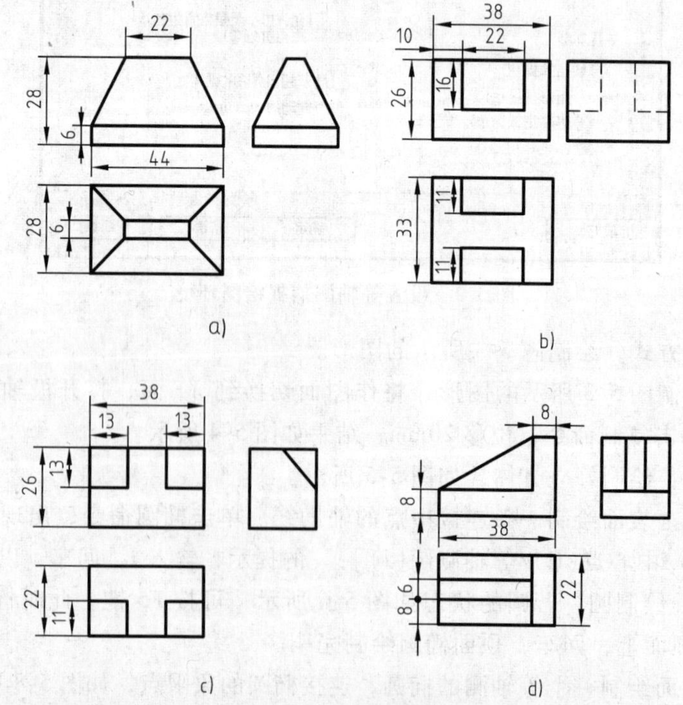

图 5-10　根据 a ~ f 视图绘制轴测图

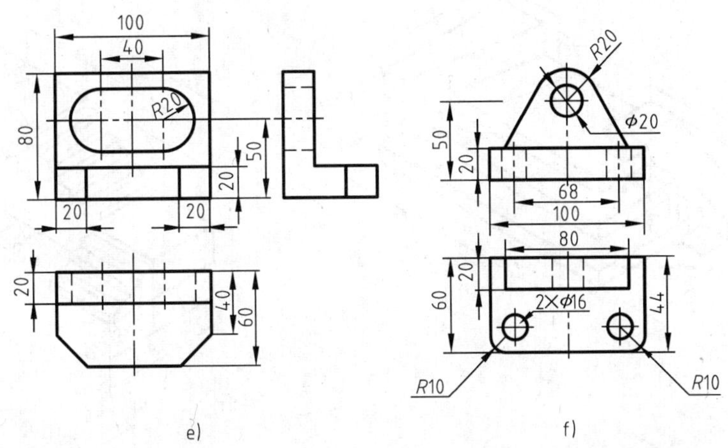

图 5-10　根据 a ~ f 视图绘制轴测图（续）

题 5-3　绘制图 5-11 所示的轴测图，不用标注尺寸。

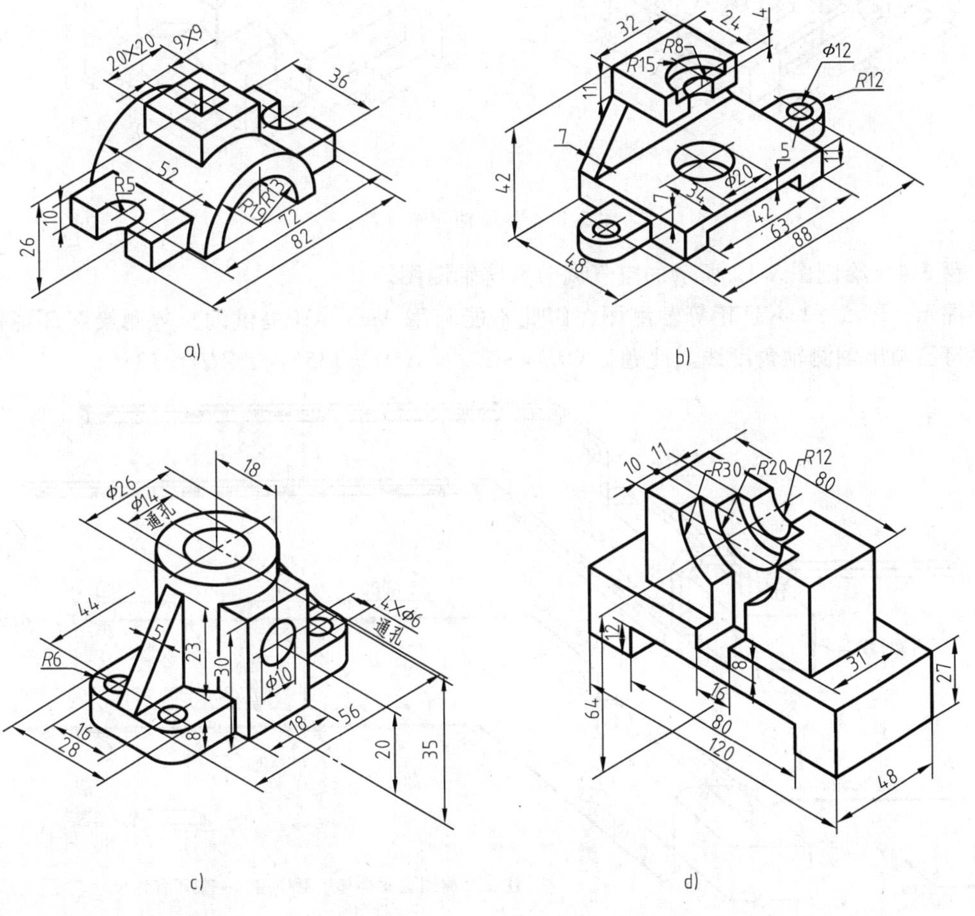

a)　　b)

c)　　d)

图 5-11　抄画轴测图

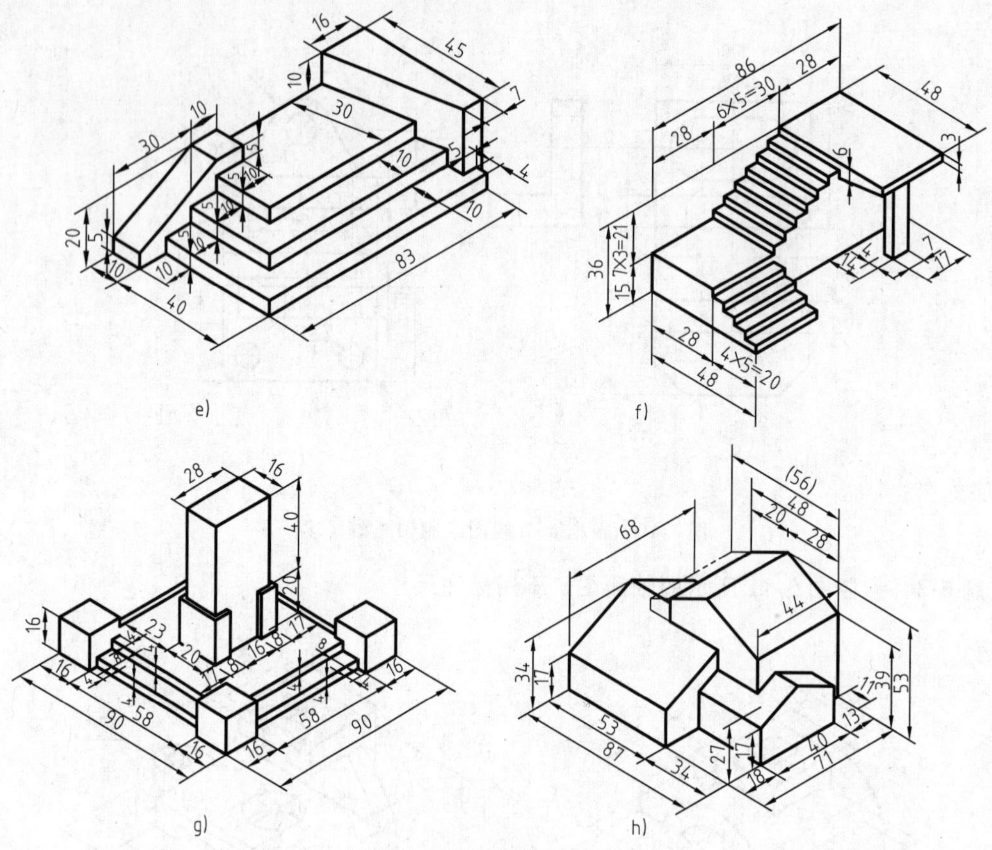

图 5-11　抄画轴测图（续）

题 5-4　绘制图 5-12 所示的空气调节系统轴测图。

提示： 图 5-12 不是正等轴测图，因此不能利用 AutoCAD 提供的正等测绘图环境作图，需要自己画出轴测轴角度线。此题 $\angle XOZ = 90°$，$\angle XOY = 135°$，$\angle ZOY = 135°$。

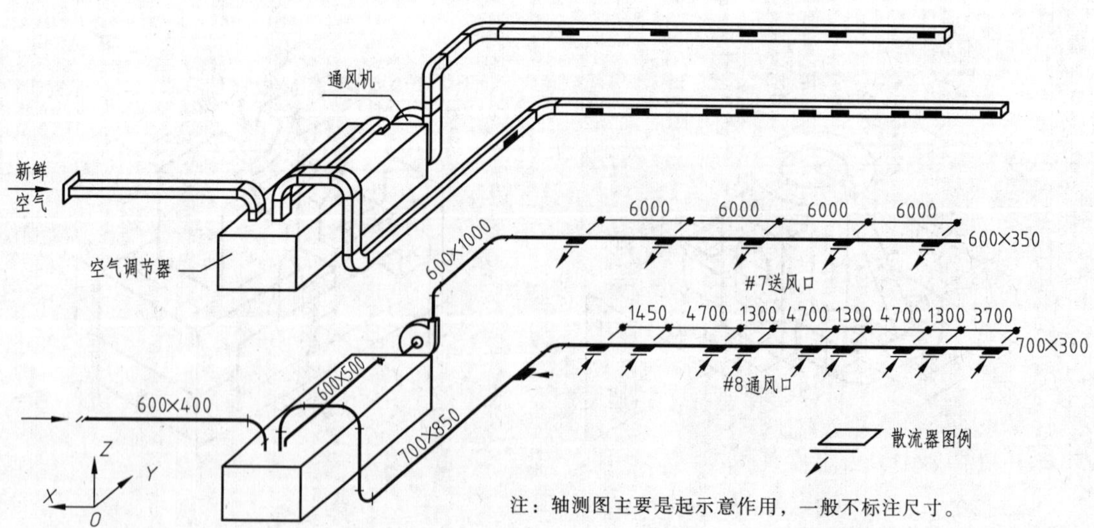

图 5-12　空气调节系统轴测图

5.2　轴测图的尺寸标注

轴测图通常不标注尺寸，主要起示意作用，但也不排除需要用尺寸来设计二维图或了解物体的大小结构。轴测图标注尺寸，首先需要选择尺寸工具栏中的“对齐”标注按钮，或在命令行键入_dimaligned 并回车，标注尺寸结果如图 5-13 所示，再选择尺寸工具栏中的“编辑标注”按钮，或在命令行键入_dimedit，编辑步骤如下：

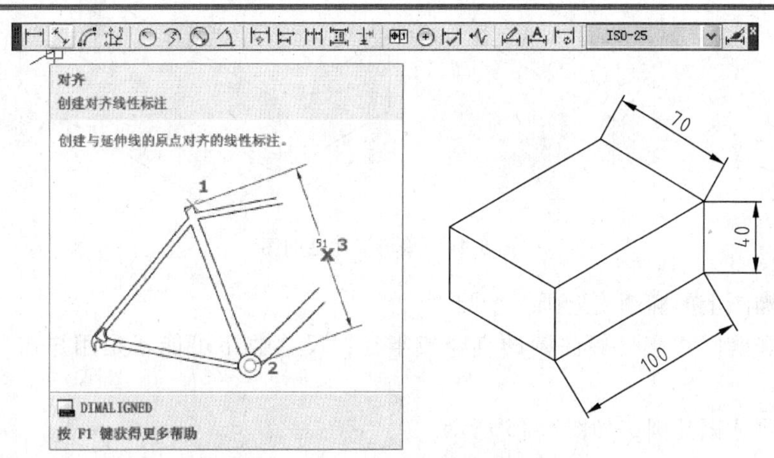

图 5-13　“对齐”方式标注轴测图尺寸

1）在命令行键入_dimedit 并回车，或单击“编辑标注”按钮。

2）命令行：输入标注编辑类型[默认(H)/新建(N)/旋转(R)/倾斜(O)]<默认>：选择 O 回车。

3）选择对象：拾取宽度尺寸 70。

4）输入倾斜角度：30。

5）再次单击“编辑标注”按钮。

6）输入标注编辑类型[默认(H)/新建(N)/旋转(R)/倾斜(O)]<默认>：选择 O 回车。

7）选择对象：拾取长度尺寸 100。

8）输入倾斜角度：-30。

9）再次单击“编辑标注”按钮。

10）输入标注编辑类型[默认(H)/新建(N)/旋转(R)/倾斜(O)]<默认>：选择 O 回车。

11）选择对象：拾取高度尺寸 40。

12）输入倾斜角度：30。

编辑标注轴测图如图 5-14 所示。

建议调出前面画过的轴测图作为标注练习。

轴测图中的圆是用画椭圆方式替代的，因此无法直接标出直径或半径尺寸，可以借用画圆的方式解决轴测图中圆的标注，其步骤如下：

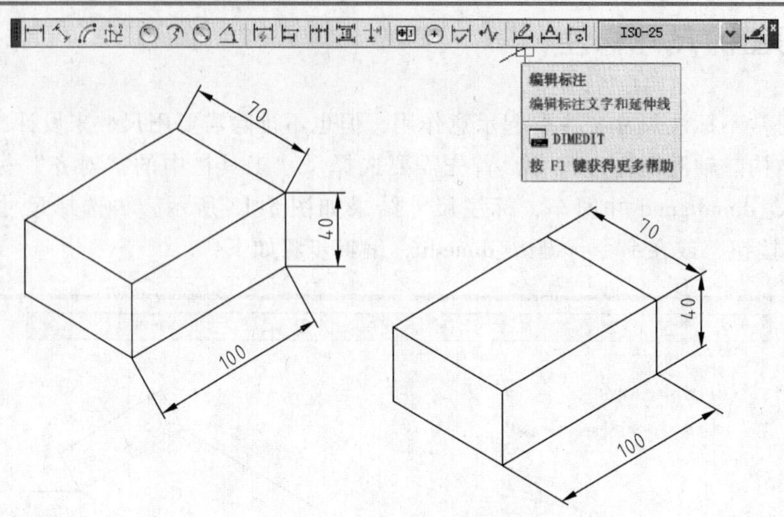

图 5-14　编辑标注轴测图

1）在轴测图上的椭圆附近画一个圆。

2）在圆和椭圆相交处标注圆的直径或半径，尺寸数字可能不是用户需要的，可及时更改。

3）删除刚才画的圆，如图 5-15 所示。

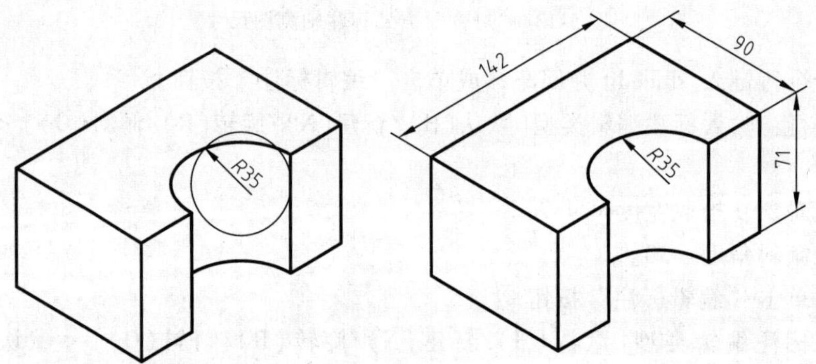

图 5-15　轴测圆的标注方法

第 6 章　三维建模操作与综合练习

AutoCAD 支持三种类型的三维模型，即线框模型、曲面模型以及实体模型，如图 6-1 所示。每种模型都有自己的特点，创建方法和编辑技术也不尽相同。

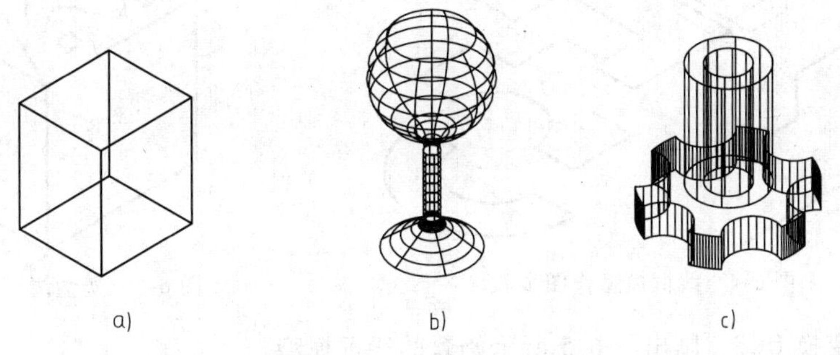

图 6-1　三种建模类型

a）线框模型　b）曲面模型　c）实体模型

6.1　变换 UCS，画线框模型

线框模型在建模过程中每个对象都需单独绘制，仿佛在绘制一个物体的骨架。这种建模方式需要随时变换坐标。AutoCAD 提供了两个坐标系：一个为固定不变的世界坐标系，简称为 WCS；另一个为可移动的用户坐标系，简称为 UCS。无论构建哪类模型，都可以变换 UCS 位置来简化构建程序。

题 6-1　变换 UCS，画出图 6-2 所示的线框模型。

提示 1　构建线框模型时，将调出 UCS 工具栏，可随时方便选用变化坐标轴的图标按

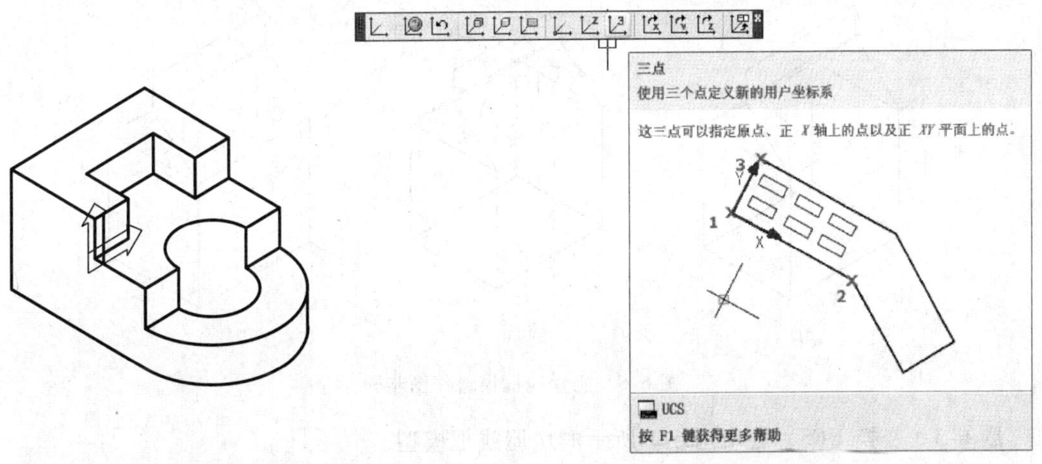

图 6-2　线框模型图

图 6-3　UCS 工具栏

钮，如图 6-3 所示。

提示 2：坐标符是显示当前坐标系的 *X* 轴和 *Y* 轴方向以及由 *XY* 轴决定的绘图平面。用户在三维空间的哪个平面上画图，就应该在哪个平面上建立包含 *X* 轴和 *Y* 轴的 UCS。图 6-4 所示为图 6-2 的作图步骤。注意图 6-4 中坐标符的变换位置。

图 6-4　线框模型作图步骤

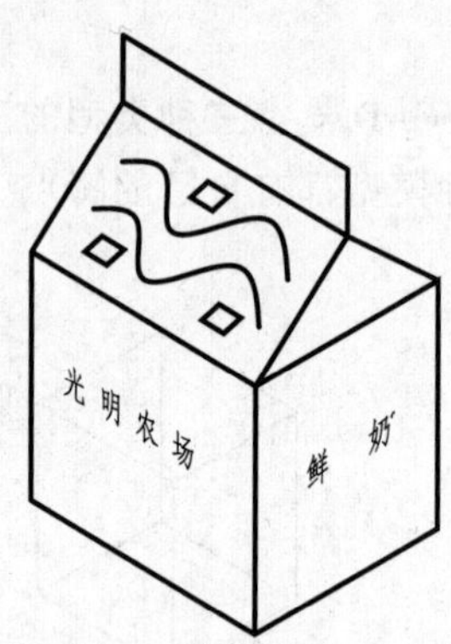

图 6-5　奶盒线框模型图

题 6-2　变换 UCS，画出图 6-5 所示奶盒的线框模型。

提示：奶盒线框模型作图步骤如图 6-6 所示。奶盒上部的波浪花纹要在斜面上完成，UCS 需要选择“3 点”图标按钮重新定义 UCS 位置（图 6-3），选择“3 点”后，先确定 *X* 坐标位置，然后在 *X* 坐标上方附近处单击鼠标，*Y*、*Z* 轴自动生成。

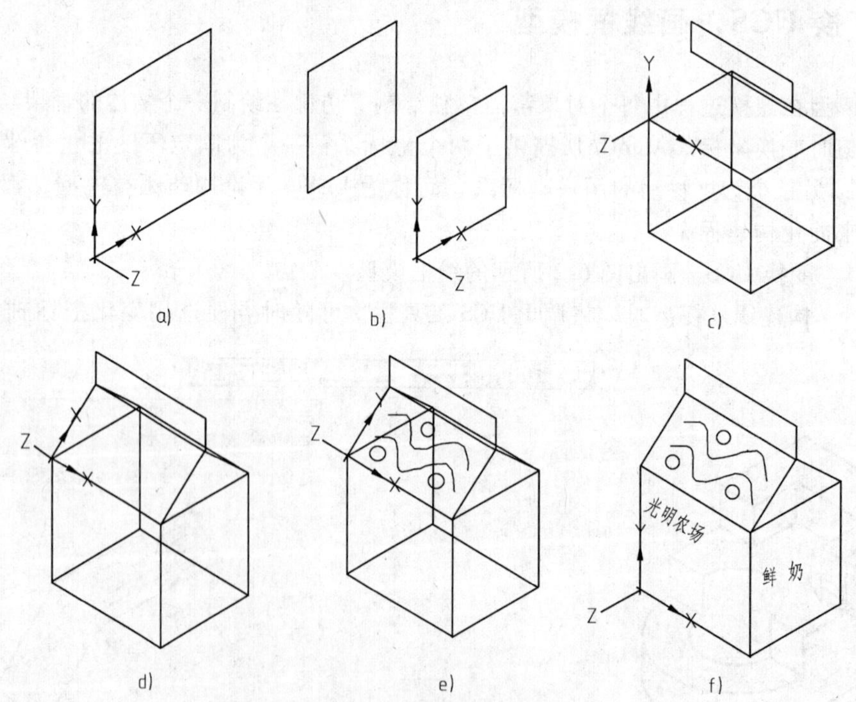

图 6-6　奶盒线框模型作图步骤

题 6-3　变换 UCS，画出图 6-7 所示的房屋线框模型。

提示：房屋线框模型作图步骤如图 6-8 所示。

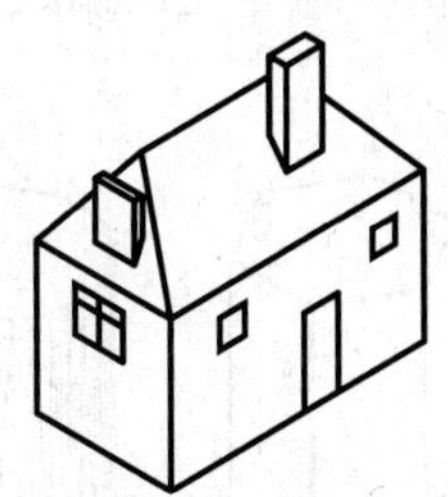

图 6-7　房屋线框模型

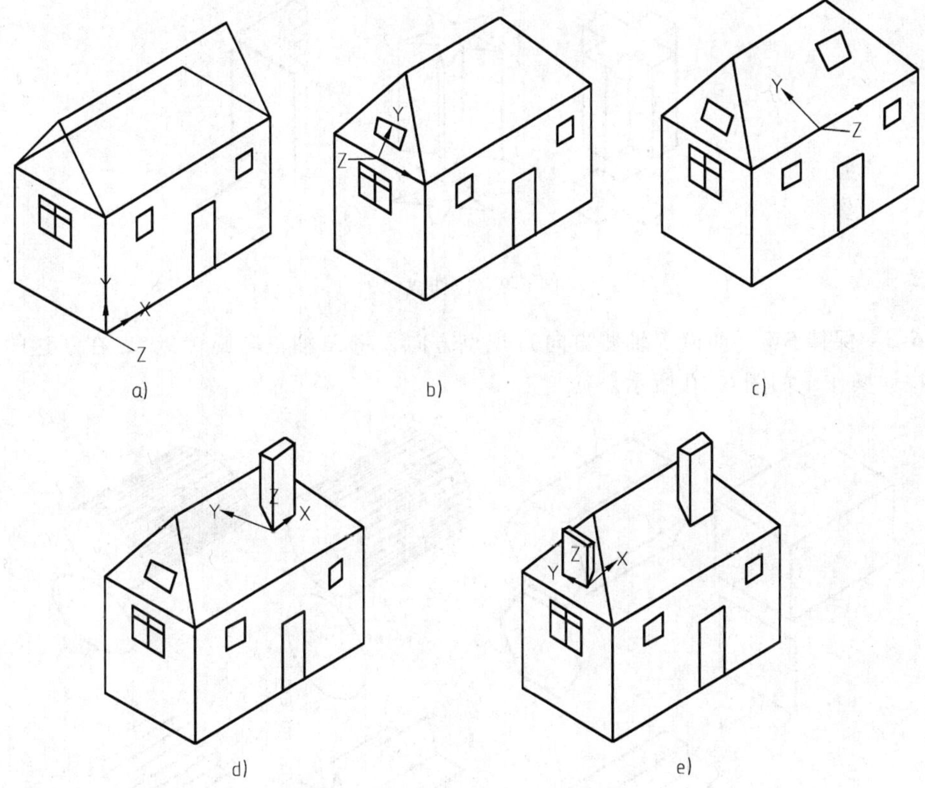

图 6-8　房屋线框模型作图步骤

6.2　三维拉伸模型

6.2.1　Extrude（拉伸成实体）

题 6-4　在系统默认的前视点绘图环境下，将视点调整成西南向（在视图工具栏上点击西南等轴测视图），完成实体拉伸操作，如图 6-9 所示。

提示： 被拉伸的图形必须是封闭线框，图中十字形、五角星形和阶梯形都可由二维多义线（Polyline）绘制，也可用直线（line）命令先绘制成图框再进行面域（Region）。图中没有给尺寸，图形不需要精确。

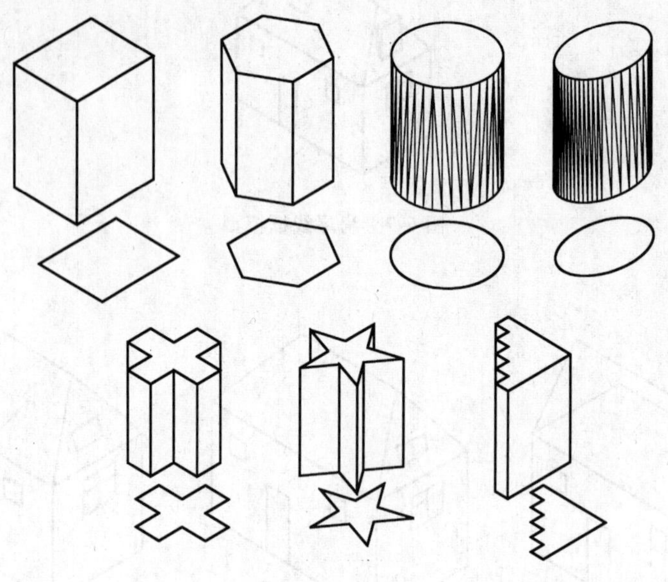

图 6-9　拉伸成体

题 6-5　保持 SW（西南等轴测方向）视点方向，将 *X* 轴正向旋转 90°，在新建的 *XY* 平面上作拉伸操作，如图 6-10 所示。

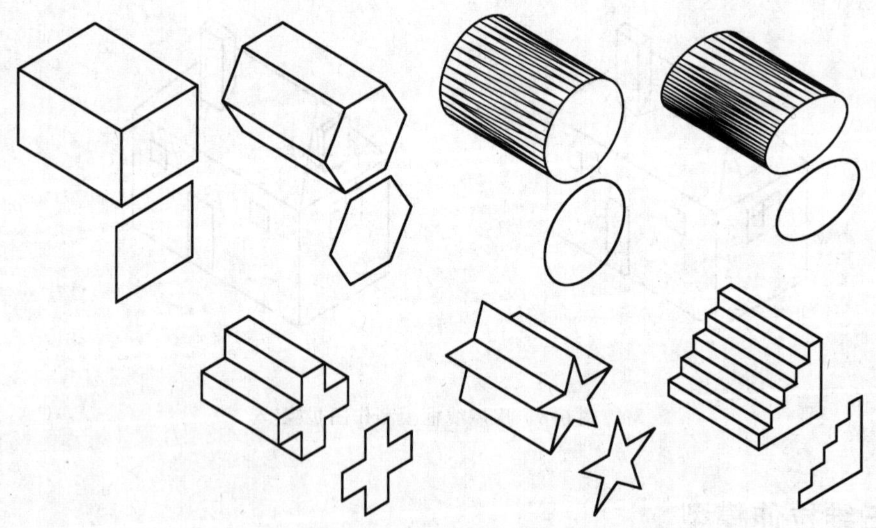

图 6-10　变换 *XY* 作图平面后拉伸成体

提示：实体表面轮廓素线可由系统变量 IsoLines 进行设置，此系统变量可控制用于显示线框曲线部分的镶嵌数，默认值是 4，可以根据用户的需求更改默认值。也可在视觉样式工具栏中单击“管理视觉样式图标”，出现图 6-11 所示对话框，在轮廓素线的对应栏里将默认值 4 改为用户所需要的数值。更改前与更改后相比，实体表面轮廓素线有明显不同，如图 6-12 所示。

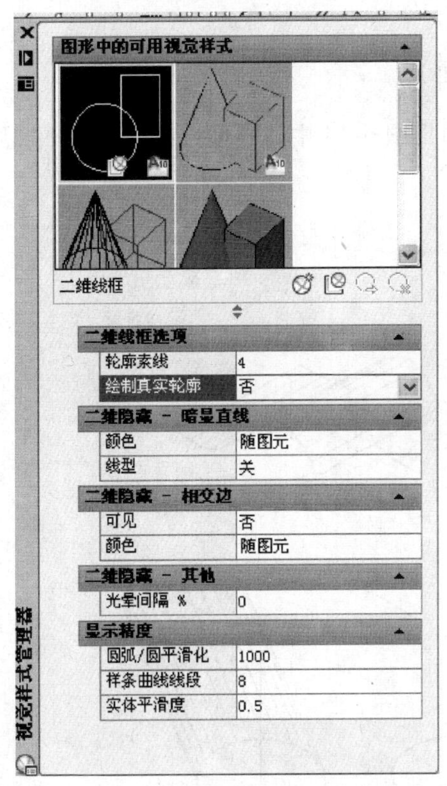

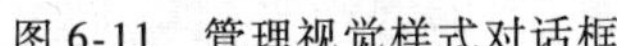
图 6-11　管理视觉样式对话框

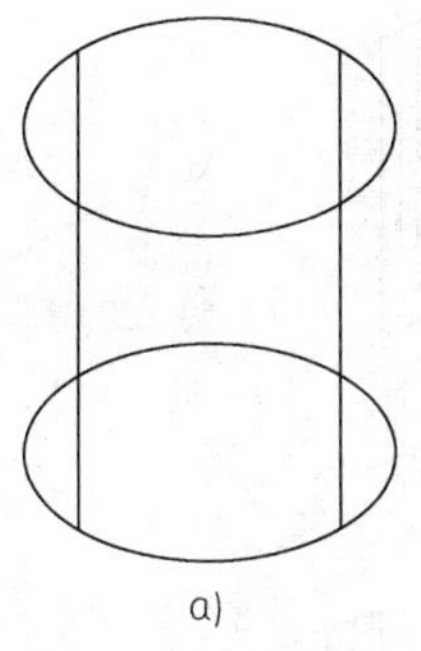

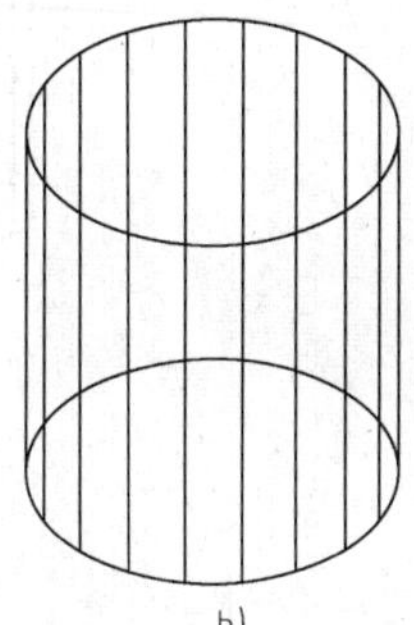

图 6-12　实体表面轮廓素线的对比
a）4 条素线　b）20 条素线

题 6-6　沿路径拉伸成实体，画出图 6-13 所示的图形。

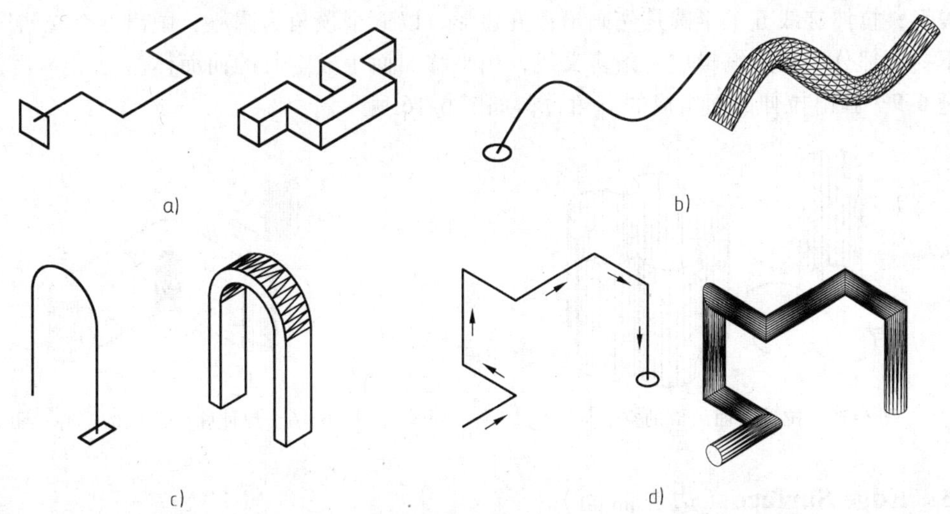

图 6-13　沿路径拉伸

提示：图 6-13d 所示的管道路径是用三维多义线（3D Polyline）命令绘制的，不能用二维多义线命令。绘制路径过程如下：以 *XY* 平面为作图平面且在 SW（西南等轴测方向）视点上作图。

6.2.2 Tabulated Surface（拉伸成平面、曲面）

题 6-7 用 Tabulated Surface（平移曲面）命令画出图 6-14 中的直面、半圆面和不规则曲面。

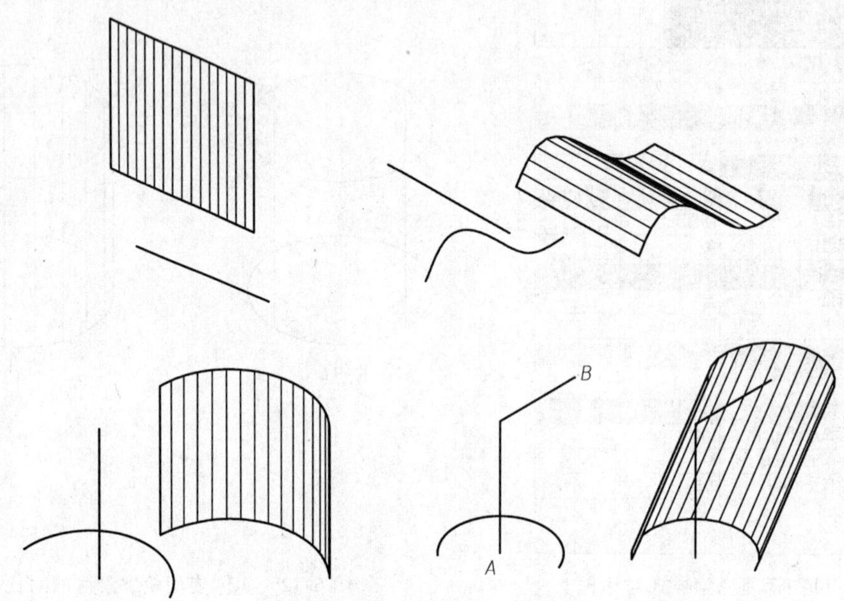

图 6-14 拉伸成平面或曲面

题 6-8 画出拉伸曲线组成的曲面空心体，如图 6-15 所示。

提示： 拉伸迹线五个半圆是先画出正五边形，以五个顶角为圆心，画出五个交错圆，再剪去不要的部分，最后编辑成一条多义线，用平移曲面生成空心的曲面体。

题 6-9 画出拉伸曲面组成的三角台，如图 6-16 所示。

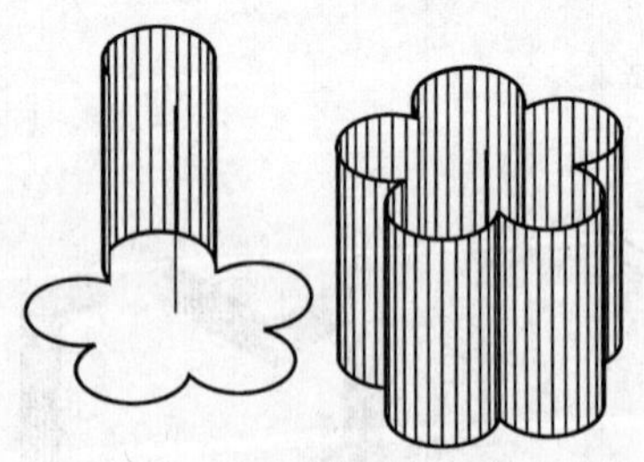

图 6-15 拉伸曲面组成的空心体

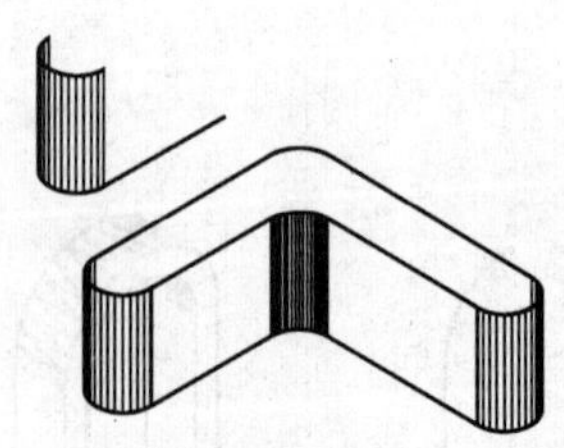

图 6-16 拉伸曲面组成的空心三角台

6.2.3 Edge Surface（边界曲面）

题 6-10 用 Edge Surface（边界曲面）命令画出图 6-17 所示的图形。

提示： 画边界曲面时，一定要画出四条首尾连接的线段，四条线段既可在同一个平面上，也可在异面上。异面的四条线段一定要保证有公共的交点，即首尾连接点。有时因屏幕视觉效果问题，看似两边端点相交了，实际并没有相交，所以画异面边界曲面时经常有画不出来的现象。

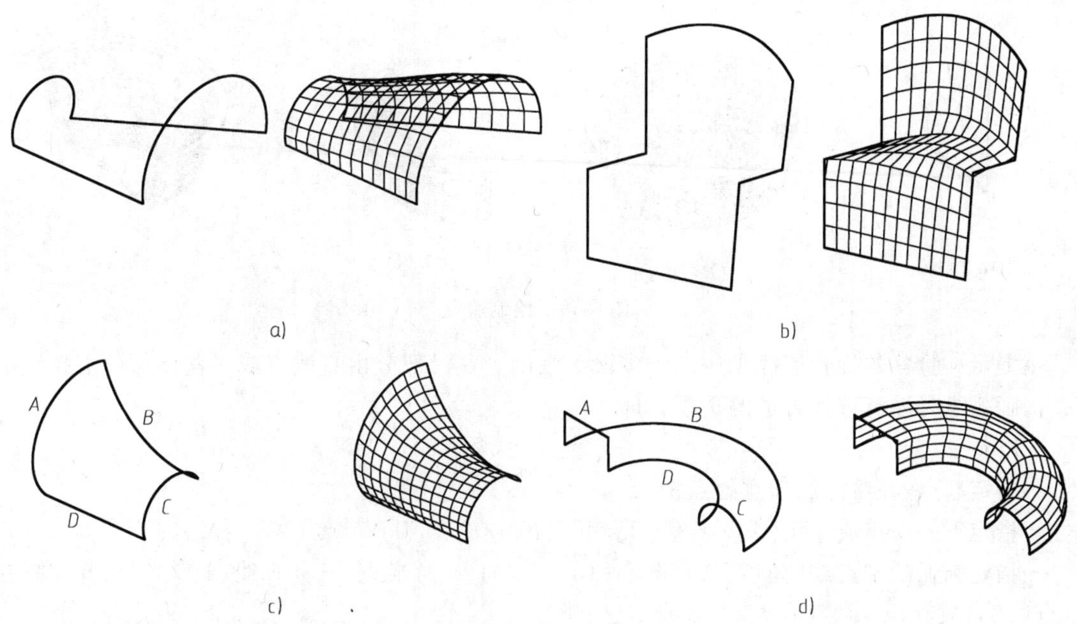

图 6-17　构建边界曲面

a）同面边界曲面　b）同面边界曲面　c）异面边界曲面　d）异面边界曲面

6.3　三维旋转

6.3.1　Revolve（旋转成体）

题 6-11　用 Revolve 命令，画出旋转实体模型，如图 6-18 所示。

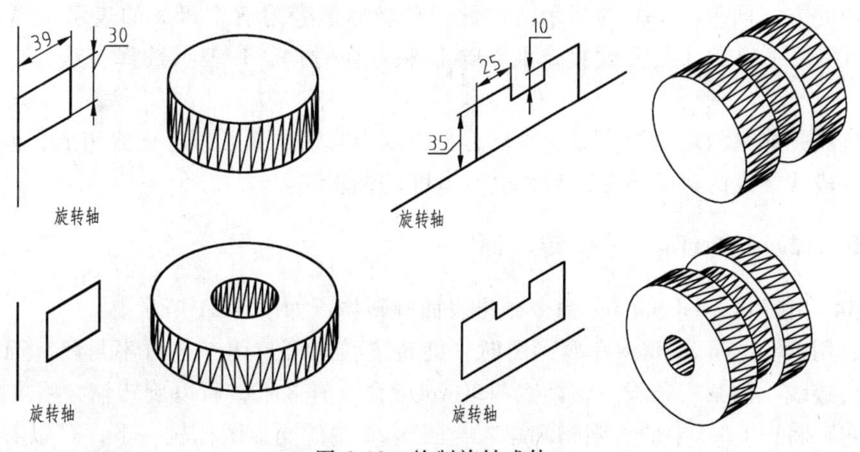

图 6-18　绘制旋转成体

提示：系统变量 SURFU 和 SURFV 是用来控制曲面对象上经纬方向的素线密度，它们的默认值都是 6，可以根据需要自行更改默认值。

题 6-12　用 Revolve 命令，画出完整脸盆和部分脸盆。如图 6-19 所示。

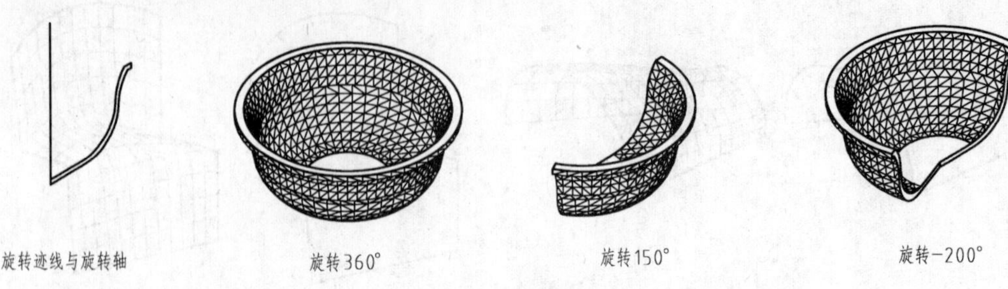

图 6-19　绘制脸盆

提示：脸盆的旋转迹线是用二维多段线画的。盆沿部分由直线组成，盆体部分由弧线组成，画弧线时注意选择合适的选项，即

Pline ↙

指定起点:在绘图区任意处点击;

指定下一个点或 [弧(A)/半宽(H)/长度(L)/放弃(U)/宽度(W)]:A ↙;

指定圆弧的端点或[角度(A)/圆心(CE)/方向(D)/半宽(H)/直线(L)/半径(R)/第二个点(S)/放弃(U)/宽度(W)]:选择 S ↙;

选择弧线的第二点:根据盆体轮廓自定义第二个点;

选择弧线的端点:根据盆体轮廓自定义第三个点。

至此,脸盆的旋转迹线即绘制完成。

用多义线画弧线时，弧线的形状可以由上面多个选项决定，在没有尺寸的情况下选择"S"能尽量靠近图形形状，因为第二个弧线点能大致决定弧线的弯曲方向和弯曲半径。

图中没有给出旋转迹线的尺寸，目的是为了让操作者根据自己的经验画出更实际、更美观的图形。必须注意的是：旋转迹线一定是由几段线组成的封闭平面。

题 6-13　完成图 6-20 所示的旋转体图形。

提示：花瓶的旋转迹线是用二维多义线画的，旁边已附有绝对坐标数值，决定曲线半径和弯曲方向的方式同图 6-19e 的提示。因此，在坐标值旁附有字母 a 的表示画弧，Se 表示 Second，即用弧线的第二点大致决定曲线半径和弯曲方向，L 表示选择直线，C 表示选择关闭。

旋转迹线并非只能用二维多义线画出，也可以用直线、弧、圆等图素组成，但必须要编辑成只有一段线组成的封闭平面，后面会有这样的编辑练习。

6.3.2　Revolved Surface（旋转成面）

题 6-14　用 Revolved Surface 命令画出表面旋转体，如图 6-21 所示。

提示：用 Revolved Surface 命令画图时，旋转迹线既可封闭，也可不封闭，而且旋转轴不能是旋转迹线上的某一条线，这两点与 Revolve 命令有区别，所以旋转轴必须单独画。

我们可以将图 6-20 中的太阳帽和花瓶与图 6-21 中的同形图比较一下，可以看出一个是曲面型的，一个是实体型的，外形的网纹也有所不同。另外，当输入查询命令 MASSPROP

时，对图 6-20 中的任一图查询时，屏幕上会出现一个文本对话窗口，有许多关于这个图的参数，如 Mass 质量、Volume 容量、Centroid 质心等，而对图 6-21 查询时，不会有对话窗口出现，因为该图不具有质量、容量、质心这类属性。

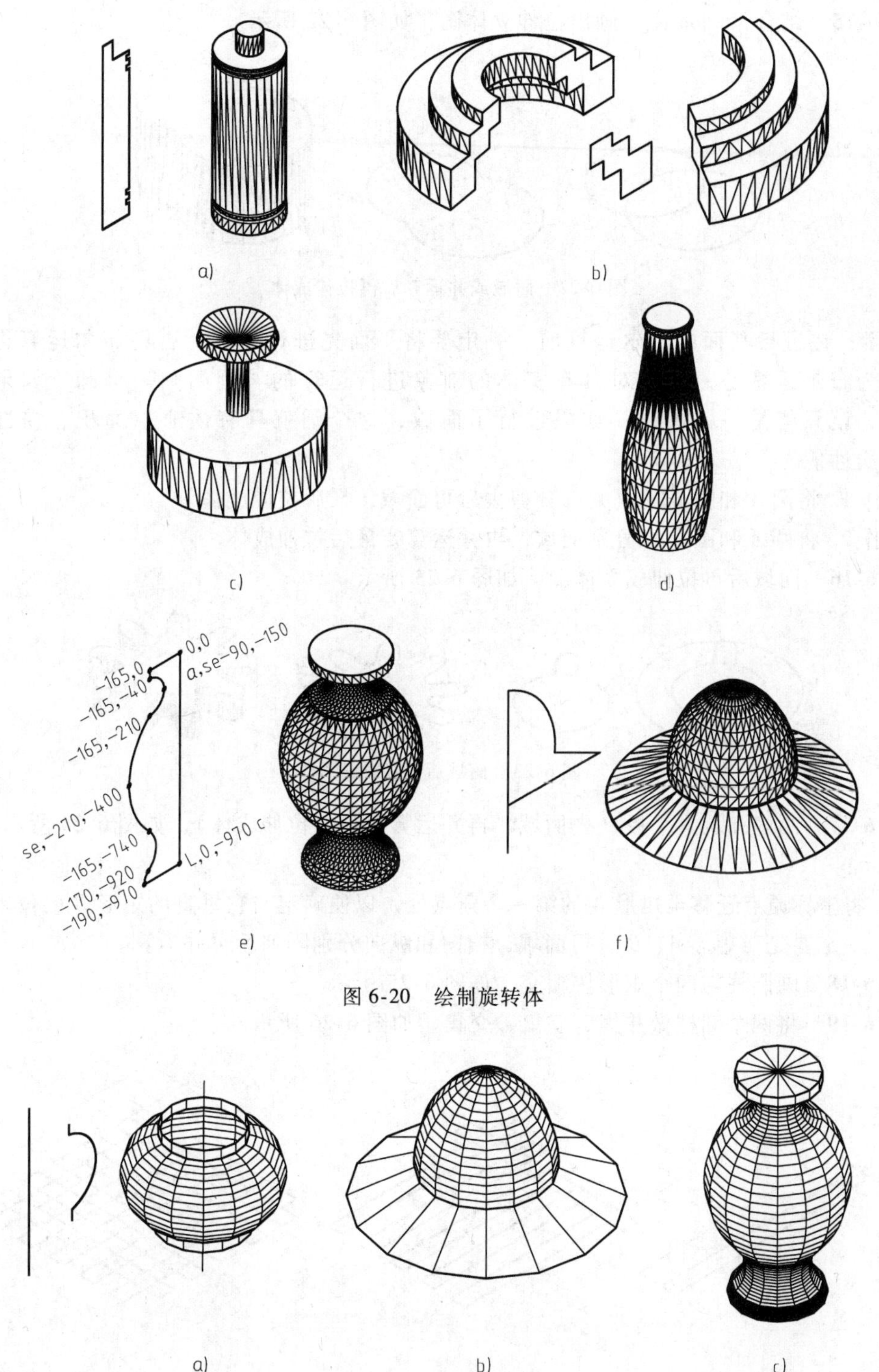

图 6-20　绘制旋转体

图 6-21　旋转成表面体

6.4 布尔运算

题 6-15 结合 Region 命令画出拉伸立体图，如图 6-22 所示。

图 6-22 面域或并运算后再拉伸成体

提示： 在进行平面的布尔运算前，一定要将平面先进行面域，否则布尔运算进行不了。因为布尔运算是一个针对具有实体的对象进行运算的。例如画一个圆，如果不进行面域，就只能是一条圆线；如果进行了面域，这个圆就具有质心、面积、惯性力矩等实体属性。

操作 1. 将圆 A 和圆 B 的公共部分剪去后再面域，最后拉伸成体。

操作 2. 将圆 A 和圆 B 先分别面域，再并运算，最后拉伸成体。

题 6-16 面域后再拉伸成立体图，如图 6-23 所示。

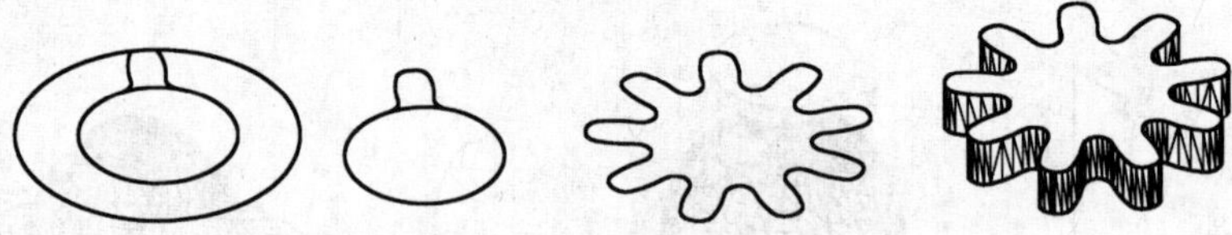

图 6-23 面域后再拉伸成体

题 6-17 画多孔玩具平板（先面域，再并运算，最后拉伸成体），如图 6-24 所示。

提示：

1）将坐标原点迁移至矩形 A 的第一个角点处，以便确定与它垂直的矩形 B 的位置。

2）一定要先对矩形 A、B 进行面域，横向和纵向分别阵列后再并运算。

题 6-18 画圆柱与四个矩形块相交，如图 6-25 所示。

题 6-19 将两个圆柱做并集、差集、交集，如图 6-26 所示。

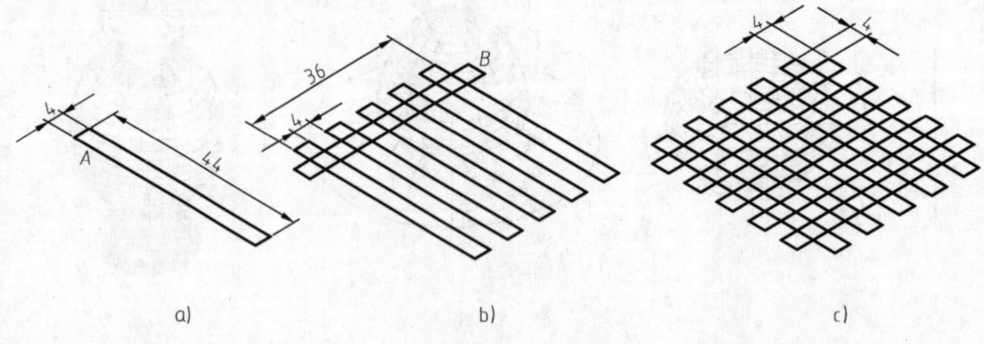

图 6-24 面域、并运算、拉伸

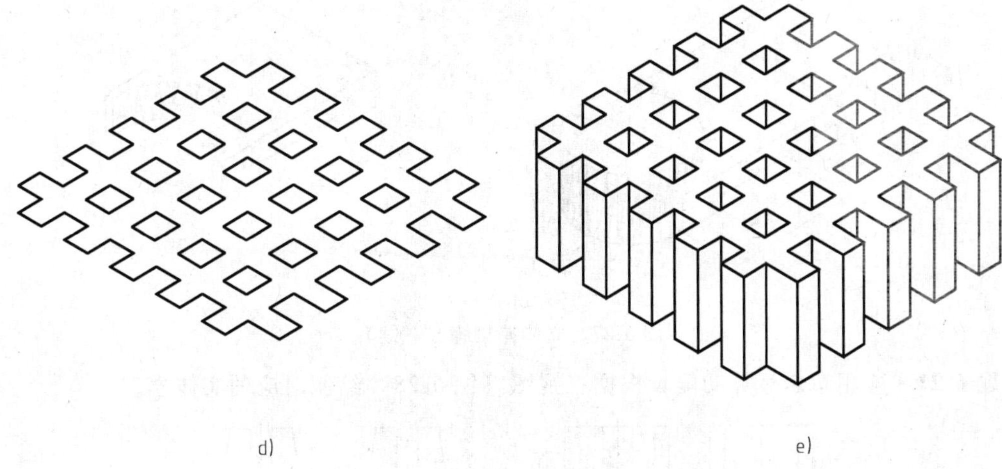

图 6-24　面域、并运算、拉伸（续）

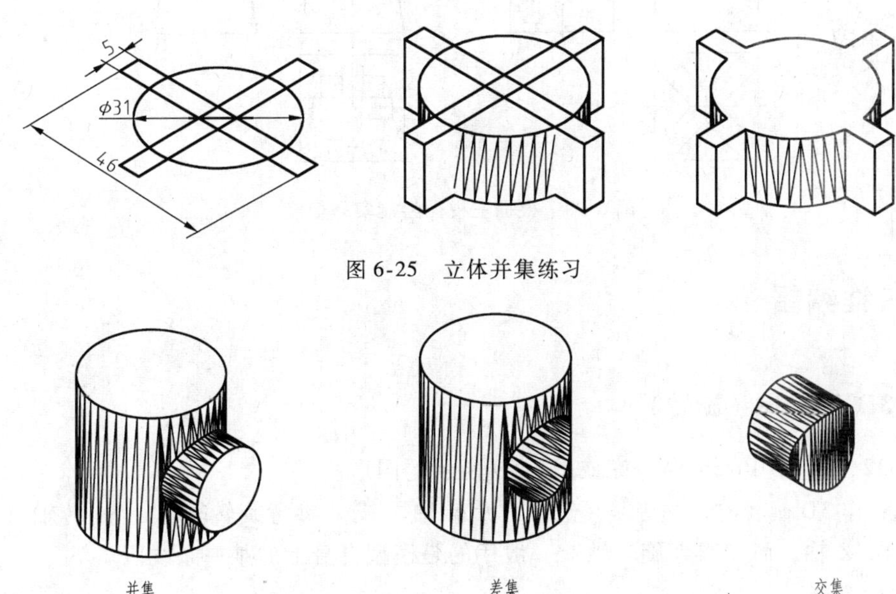

图 6-25　立体并集练习

图 6-26　并集、差集、交集练习

题 6-20　结合差集命令，画出图 6-27 所示的图形。

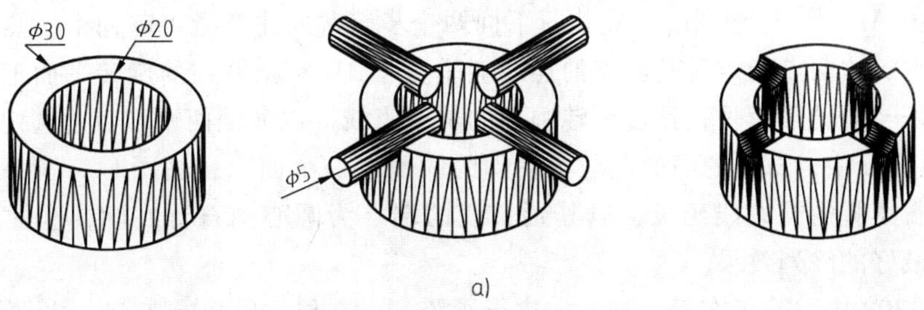

图 6-27　立体差集练习

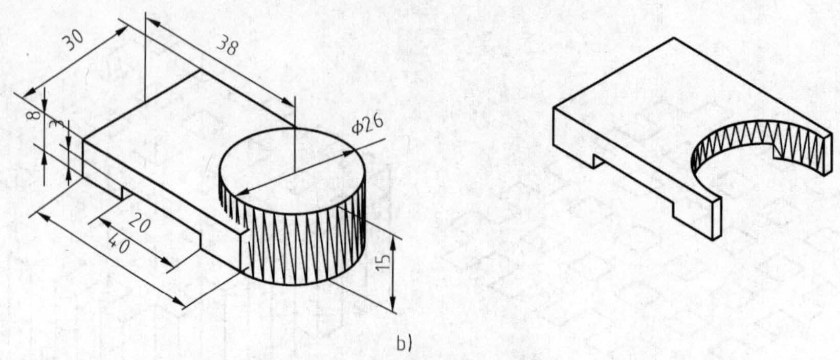

图 6-27　立体差集练习（续）

题 6-21　应用布尔运算功能，根据三视图（图 6-28）绘制对应的实体模型。

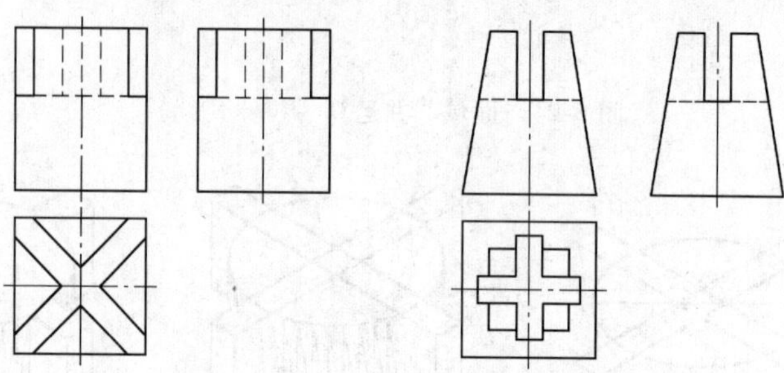

图 6-28　根据三视图绘制实体模型

6.5　三维编辑

6.5.1　3D Rotate（旋转）

题 6-22　用 3D Rotate 命令完成图 6-29 所示的图形。

提示：作 3D 旋转时，关键是要选择“旋转轴”或“参考旋转轴”。“旋转轴”一般用的是 *X*、*Y*、*Z* 轴，而“参考旋转轴”一般用的是模型自身上的某一条线段。

6.5.2　3D Array（阵列）

题 6-23　用 3D Array 命令完成图 6-30 所示的图形。

提示：

1）用 3D Array 命令画图时，在执行下面两个步骤时要注意指定阵列中心点、指定旋转轴的第二个点，这两点指定后其两点的连线应垂直于 3D 对象所在的旋转平面上。所以阵列前可先画一条与旋转平面垂直且过旋转中心的辅助直线，以方便两个端点的选定。

2）图 6-30c 中，石凳的底面应与石桌脚的底面在一个面上，画图时应画一些辅助参考线，例如将石桌脚的圆心线延长，以其延长线的端点为圆心画石凳底圆，这样就可保证共面，以显示最好的阵列效果。

3）图 6-30d 中，除了在行、列方向进行了阵列，在层方向也有阵列。本题中 *Z* 方向就是层方向。

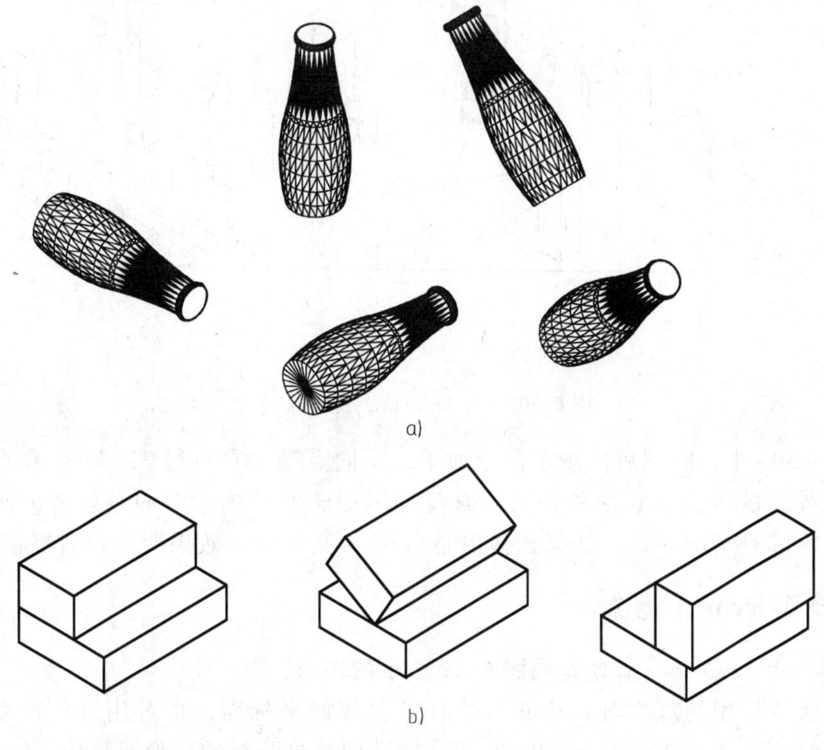

图 6-29　3D Rotate 旋转练习

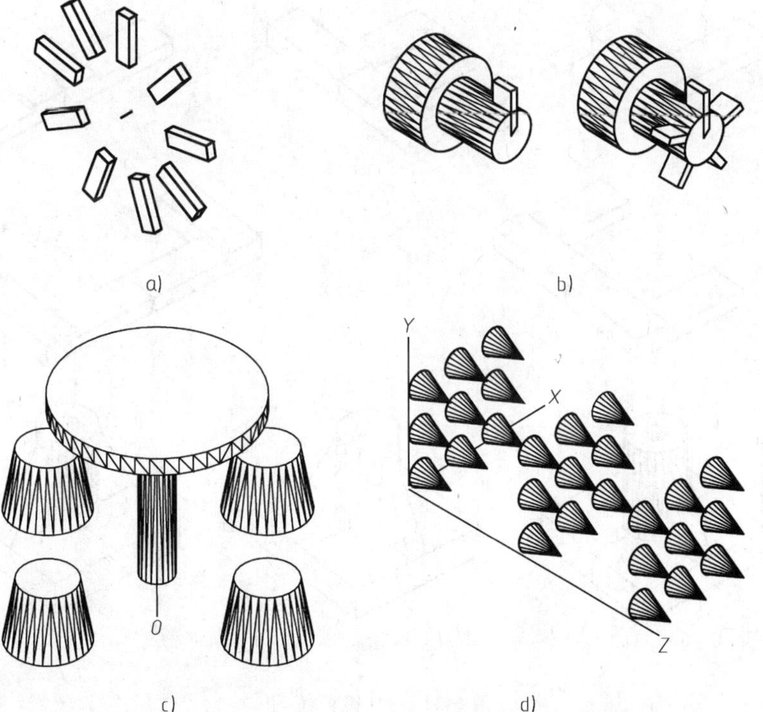

图 6-30　3D Array 阵列练习

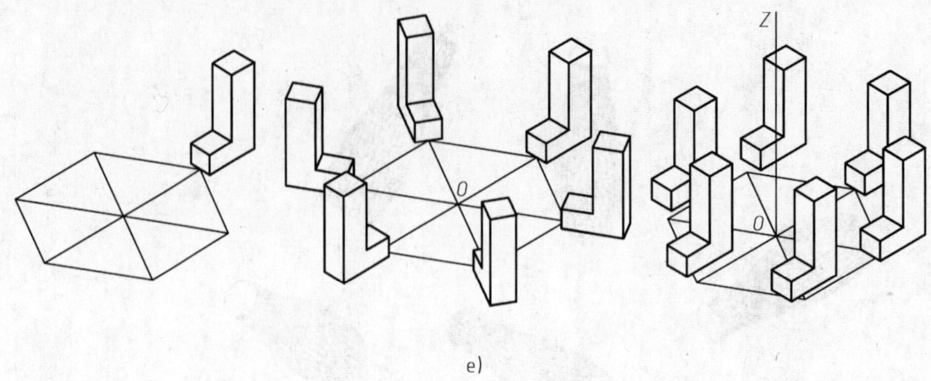

图 6-30 3D Array 阵列练习（续）

4）图 6-30e 中，阵列后出现了两个效果，不同点是：在执行 3D Array 命令时有一个选项，即被阵列的对象在圆形阵列时，自身旋不旋转？系统选定的是旋转，所以阵列后的效果与二维阵列情况一样。如果选择的是〈N〉，则阵列的效果即为石凳都朝一个方向。

6.5.3 3D Mirror（镜像）

题 6-24 用 3D Mirror 命令完成图 6-31 所示的图形。

提示： 镜像使用的对称面，既可选择 UCS 设置的坐标面，也可用对象自身上的三个点确定的对称面。图 6-31b 中 *A*、*B*、*C* 决定的平面就是肋板的镜像对称面。

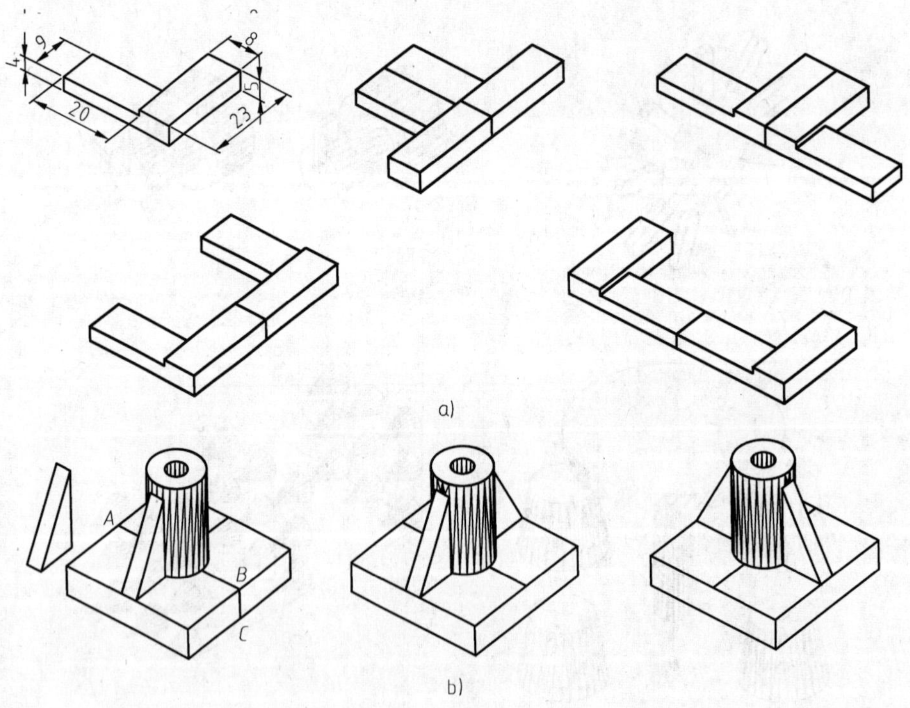

图 6-31 3D 镜像练习

提示： 镜像后的图 6-31c 中看不清另一个台阶，通过旋转，调整了视觉效果。也可以

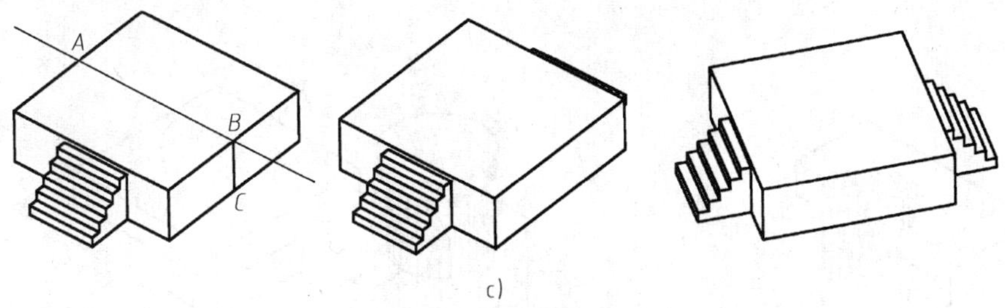

图 6-31　3D 镜像练习（续）

先旋转再镜像。

6.5.4　Align（对齐）

题 6-25　将简易沙发图形随意调整几个角度，如图 6-32 所示，再作对齐练习。

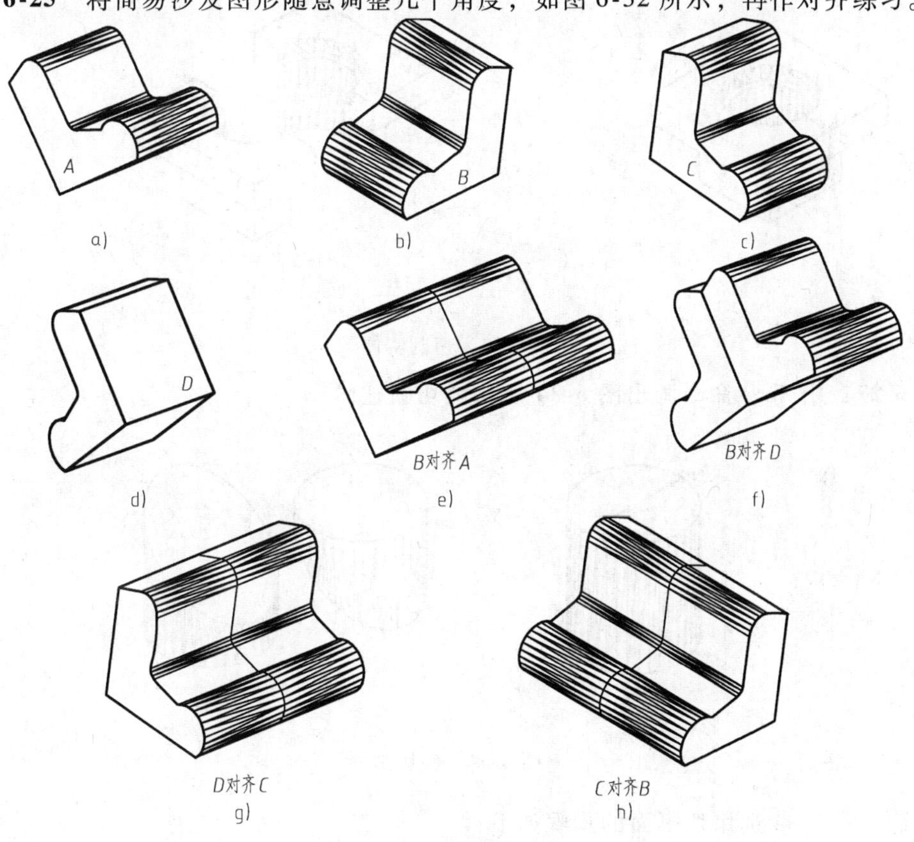

图 6-32　3D 对齐练习

提示：本题做的是“三对点”（有一对点和两对点对齐方式）对齐练习，即原目标的某一面要对齐新目标的某一面必须要找三个对应点。两个目标的大小不一样，其对齐的操作步骤是一样的，此时第一对点很重要，它是确定对齐的具体位置，而后面的两对点是起确定方向的作用。为方便选择对应点，应在非消隐状态下找点。

6.5.5　Slice（切割）

题 6-26　用 Slice 命令画出被切实体。如图 6-33 所示。

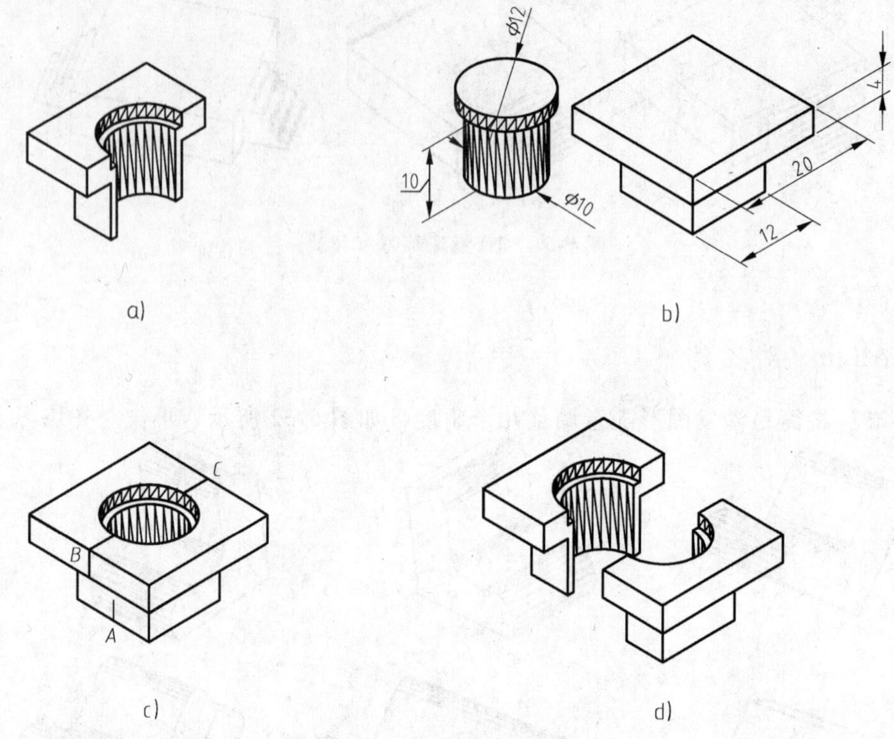

图 6-33　切割实体

题 6-27　用 Slice 命令画出图 6-34 所示斜切圆柱体。

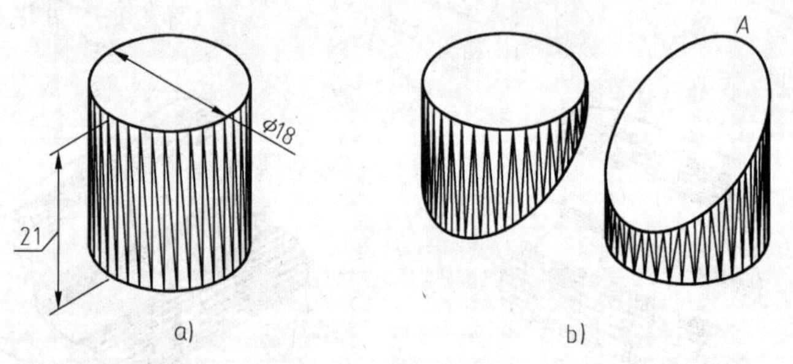

图 6-34　斜切割

提示：图 6-34 选用切割面的步骤如下：

1）设置西南视点方向的 *XY* 平面与圆柱上表面平行，且原点 *O* 在圆心上。

2）绕 *Y* 轴旋转 -40°（倾斜角度可自定）。

3）点击 Slice 图标命令。

4）选择切割面 *XY*。

5）在 *A* 处点击一下。点击 *A* 处的目的是确定切割面从 *A* 点高度开始。不同的高度切割，切割后的效果不一样。为了较准确地捕捉到点 *A*，可将立体的轮廓密度 Isolines 由默认值 4 设置为 8，并在非消隐状态下捕捉点 *A*。

题 6-28　用 Slice 命令画出图 6-35 所示的半剖立体。

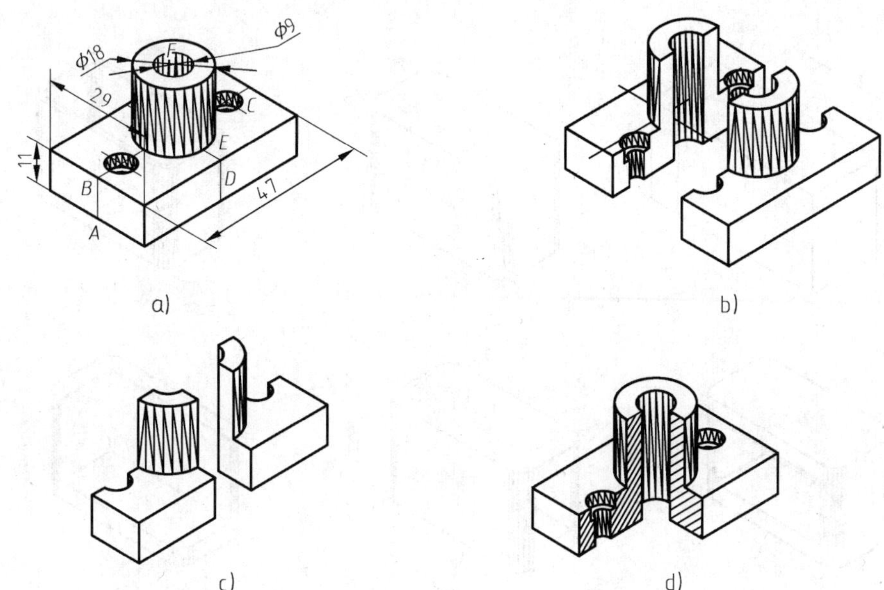

图 6-35　四分之一切割

提示：

1）此题有些部分没给尺寸，大小可自定。

2）切除四分之一的实体，需要进行两次切割，第一次切割面选择的是 *A*、*B*、*C* 三点决定的平面，第二次切割面由 *D*、*E*、*F* 三点决定的平面。

3）将剩下的部分并集。

6.5.6　Section（剖面）

题 6-29　用 Section 命令画出图 6-36 中的剖面，部分尺寸需要自定。

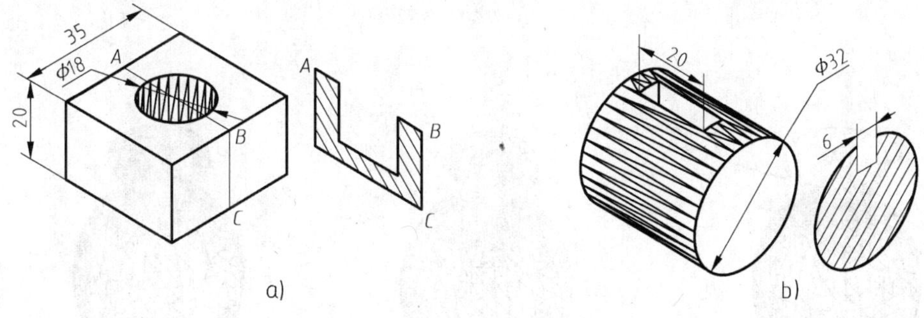

图 6-36　剖面

提示：在断面图形上作填充操作时，一定要将坐标轴的 *XY* 面移动到断面图形上，否则填充时的拾取点不易找到要填充的封闭范围。

6.5.7　Fillet（倒圆角）、Shell（抽壳）

题 6-30　用 Fillet、Shell 命令画出图 6-37 所示的图形（花瓶图可从前面练习图中拷过来）。

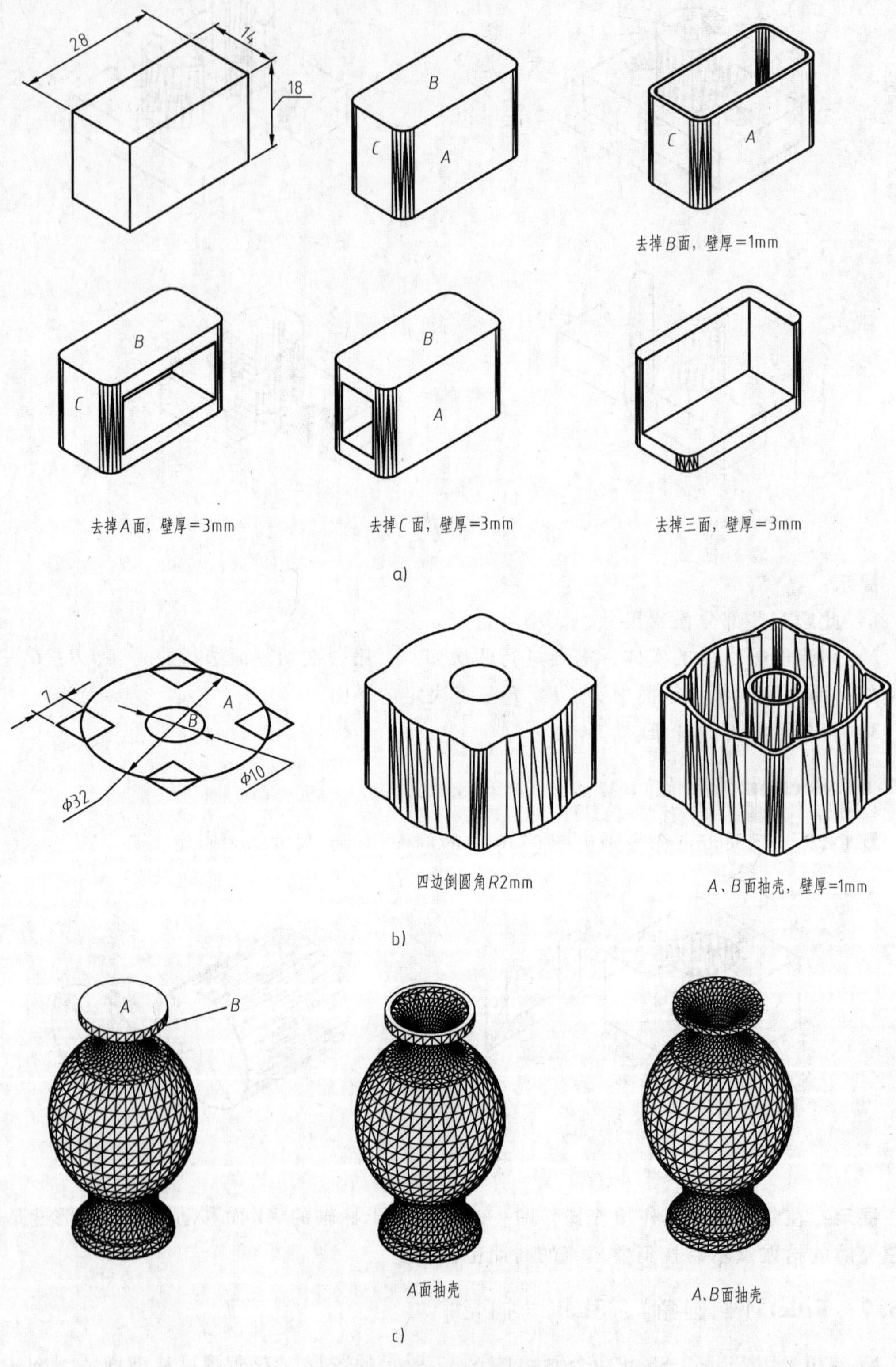

图 6-37　倒角与抽壳的练习

提示：花瓶的 A 面抽壳后，顶部的边沿呈圆柱框形，为了美观，在 B 面抽壳，顶部边沿向四面张开。

6.6　多视口观察模型

多视口观察模型，类似通常说的从主视、俯视、左视等不同方向观察后得到的视图，但这个视图不是二维图，因为是“观察”而不是绘制，所以仍是三维图且没有虚线。练习多视口观察模型，目的在于对构建的实体模型有一个全方位了解，特别是某一视点下的尺寸度量，可以用几个视口来辅助绘图，还可训练从正投影角度观察实体后的“视图”想象力。

多视口观察模型常用到“设置图形规格”的命令，即 Mvsetup 命令，其中的选项能调整视口的比例、对齐等项目。

题 6-31　用多视口命令操作图 6-38 所示的图形界面。

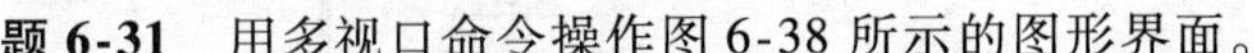

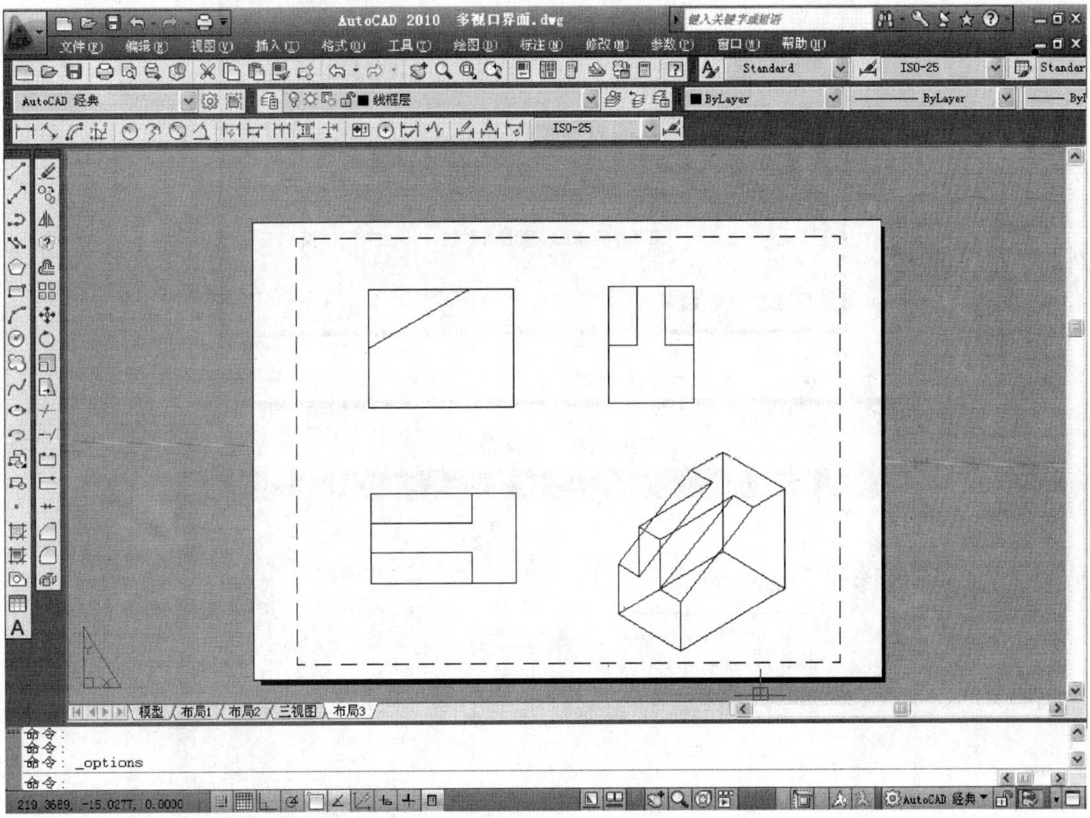

图 6-38　多视口界面

提示：执行多视口观察模型并打印出图，是在模型空间和图纸空间相互转化中操作的，一定注意：图中的主、俯、左三个视图仍然是三维模型图，由于没有立体感，容易误认为是二维图。由于只是用多视口观察模型，所以看似二维图的主、俯、左三个视图没有虚线显示。多视口观察模型的操作步骤如下：

1）建立“线框层”。在模型空间画好三维图后（如有现成的就直接调出来），建一个名为“线框层”的图层，并设为当前层。

2）布局设置。在屏幕的左下角单击“布局 1”按扭进入图纸空间，屏幕出现图 6-39 所示的对话框。如果认可系统当前的页面选项，单击“关闭”按钮即可。如果想建立自己的页面布局，可以单击“修改”按钮，进入“页面设置”对话框，如图 6-40 所示。在对话框里设置图幅为 A4，比例为 1∶1 以及打印机型号选择等，单击“确定”按钮。图形便可进入有虚线外框的单视口图纸空间，如图 6-41 所示。注意：左下角的坐标符变了。

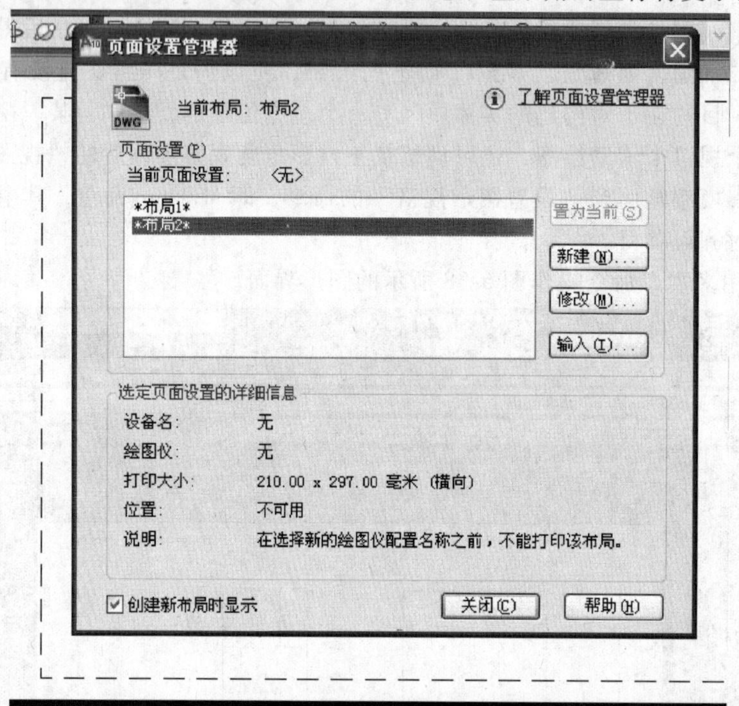

图 6-39　创建布局

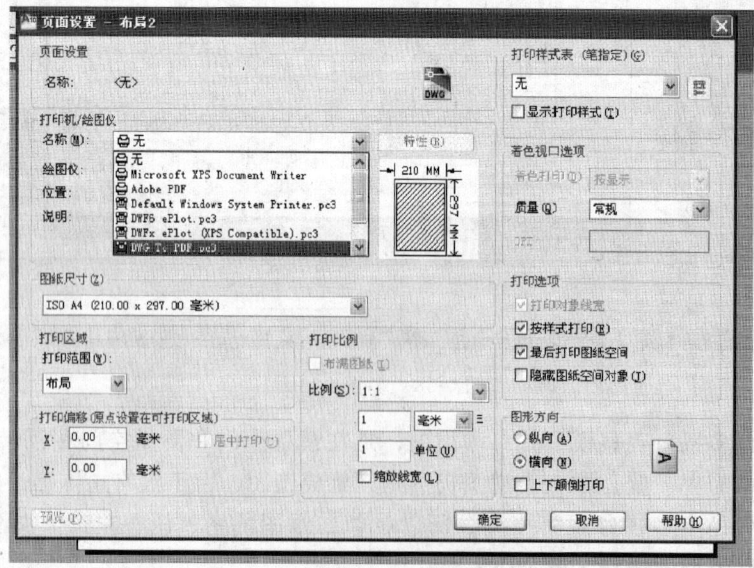

图 6-40　布局设置对话框

3）建立多视口。单击下拉菜单视图 \ 视口 \ 4 个视口，命令行出现。

确定第一个角点 [fit 布满] < fit >：输入 0，0 后回车。

确定对角点：输入 290，200 后回车。

屏幕新出现了四个图形，每个图形外都有一个矩形框，如图 6-42 所示。

4）擦去多余图形。单击 Erase 命令，选取中间的实线框后回车，图 6-42a 图中间的图框以及图形就没有了，如图 6-42b 所示。

5）调整观察方向。激活左上角视口矩形框，单击视图工具栏上的主视按钮图标，模型显示方向变为主视方向，其他两个视口以左视、俯视方向显示模型。右下角视口方向不变，如图 6-43 所示。

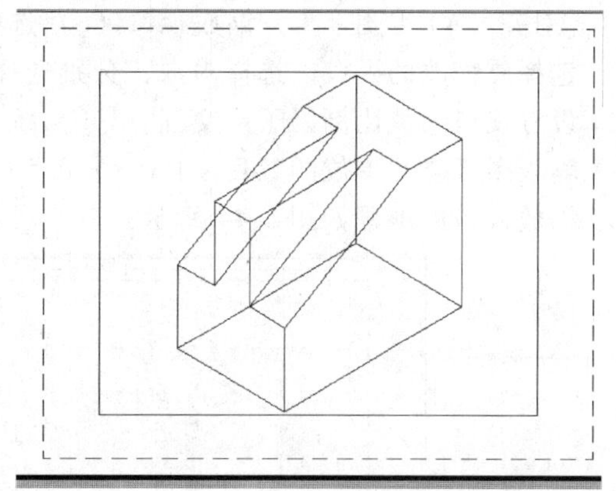

图 6-41　单视口图纸空间

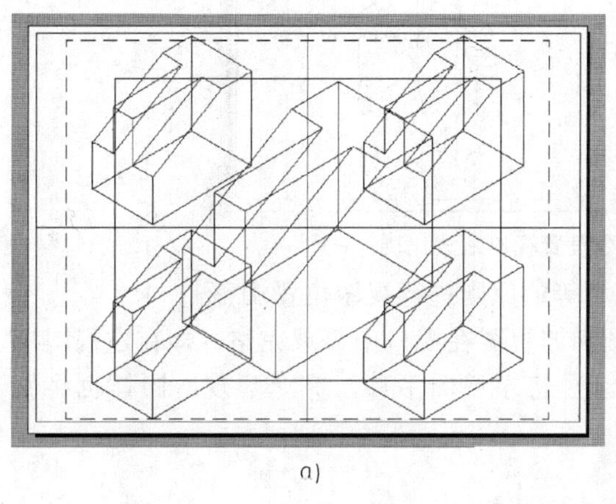

a)

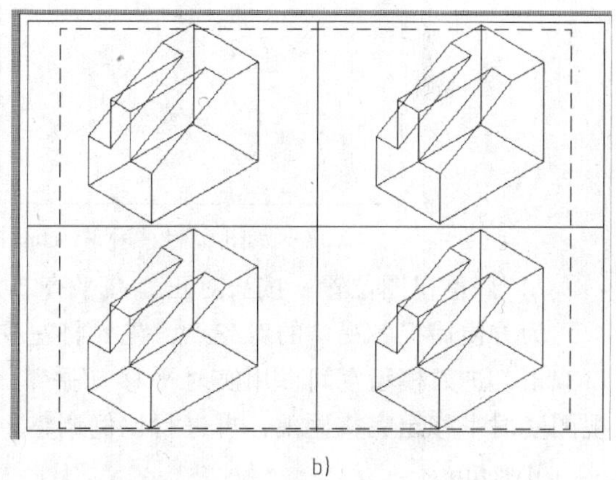

b)

图 6-42　四视口图纸空间

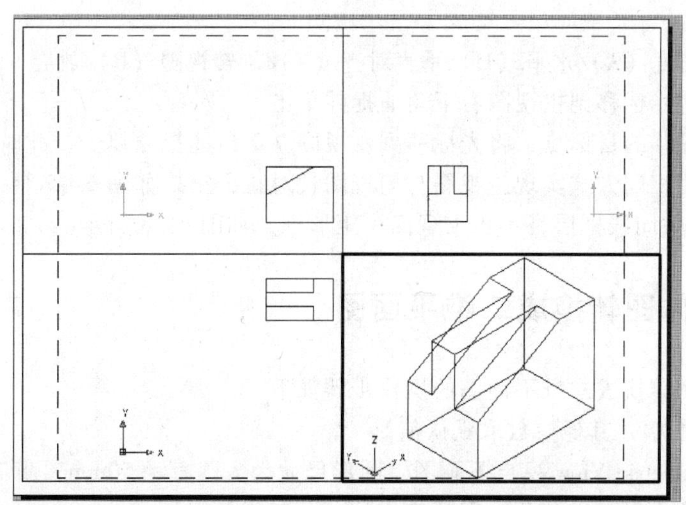

图 6-43　选择主、左、俯三视图方向观察模型

6）调整比例。输入 Mvsetup 命令，命令行出现多项选择：

[对齐（A)/创建（C)/缩放视口（S)/选项（O)/标题栏（T)/放弃（U)]：S↙。

选择要缩放的视口，选择对象：分别选择四个矩形框视口。

设置视口缩放比例因子。交互（I)/<统一（U）>：U↙，使四个视口缩放一致。

输入图纸空间单位的数目<1.0>：0.5↙。

缩放视口后屏幕如图 6-44 所示：

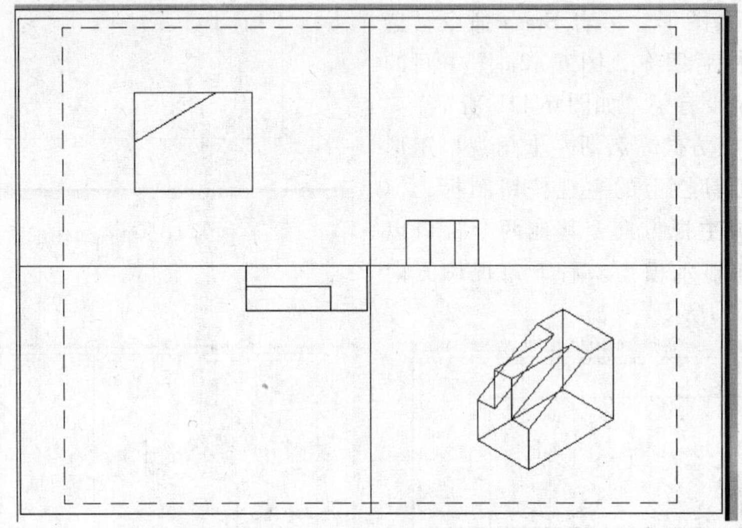

图 6-44　用 Mvsetup 命令设置视口缩放比例

7）调整视图位置　按长对正、高平齐、宽相等的原则进行视图位置调整。

为方便捕捉各视口的对齐点，先要将左视图和俯视图在视口中显现完整，即在左视图视口双击，进入模型空间，用实时平移（手掌图标）将左视图平移至完全显现，同样也将俯视图实时平移至完整显现，再进行比例调整；

Mvsetup↙。

输入选项［对齐（A)/创建（C)/缩放视口（S)/选项（O)/标题栏（T)/放弃（U)]：A↙。

输入选项［角度（A)/水平（H)/垂直对齐（V)/旋转视图（R)/放弃（U)]：H↙。

指定基点：将光标移到主视图右下角捕捉并单击。

指定视口中平移的目标点：将光标移到左视图左下角捕捉并单击。此时主视图与左视图实现了高平齐。用相同方式实现主视图与俯视图长对正，结果如图 6-45 所示。

8）在图层中关闭线框层，不再出现四个矩形框，如图 6-38 所示。

6.7　三维实体图转换成二维平面图

将三维实体图转换成二维平面图的操作步骤如下：

1）新建 A4 图幅，其他参数取默认值。

2）在 SW Isometric View 视点下画图。图形尺寸为大圆直径 50mm，高 70mm；小圆直径 20mm，高 40mm。两圆柱差集后，显出有立体感的三维模型图。

3）换到“前视”视点下，即呈现主视图。

4）在命令行键入 Solview，三维模型图随即进入图纸空间，并自动创建一个与模型空间

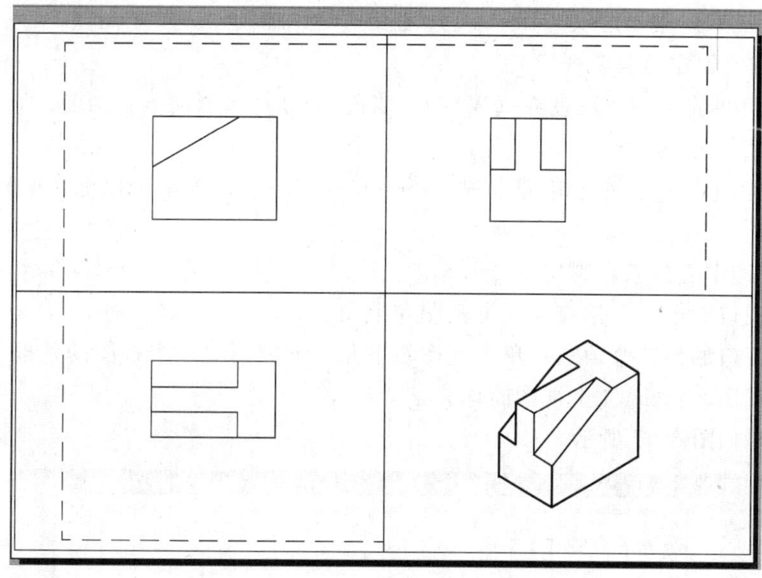

图 6-45　用 Mvsetup 命令调整对齐

相同图形的视口，如图 6-46 所示。后面的操作要随这个视口来确定其他视口的方向。确定完需要的视口后，最后可将这个自动创建的视口删掉。

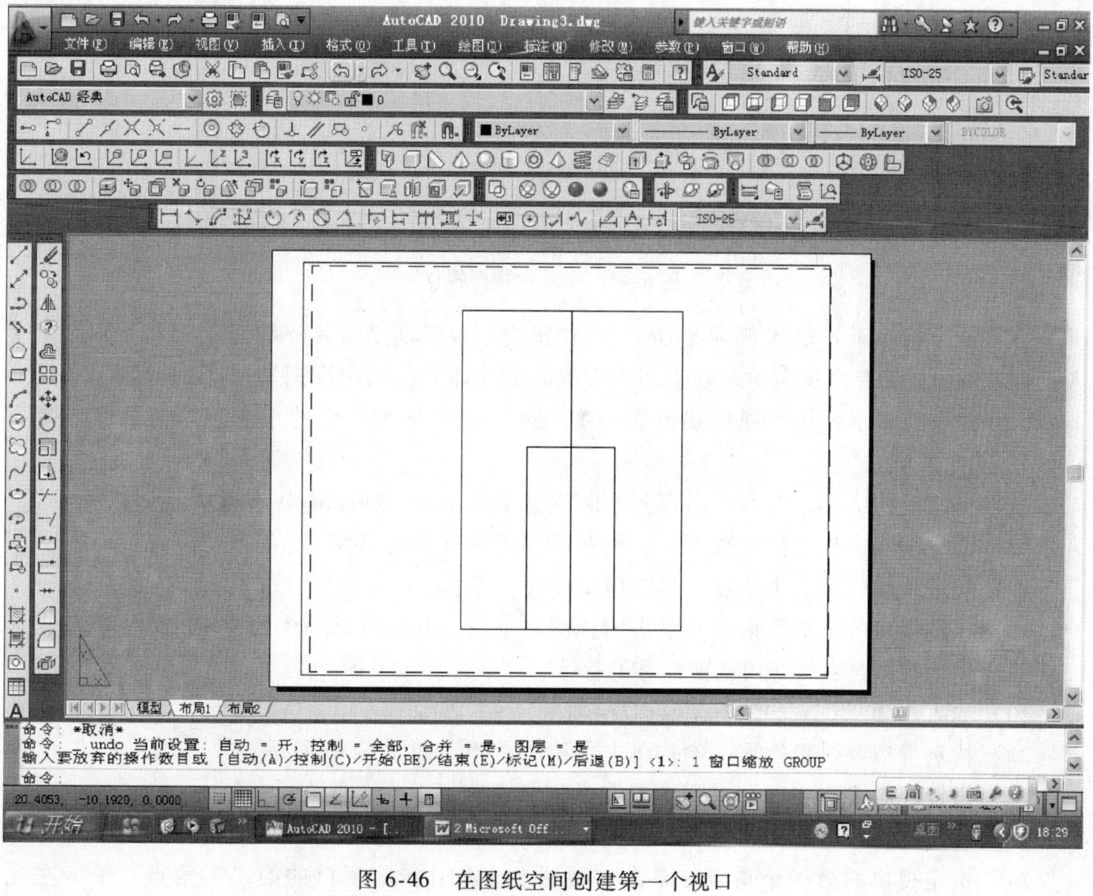

图 6-46　在图纸空间创建第一个视口

5）命令行提示：输入选项［Ucs（U）/正交（O）/辅助（A）/截面（S）］：U↙（选择U表示按当前方向创建第一个视口）。

6）输入选项［命名（N）/世界（W）/？/当前（C）］<当前>：当前↙。

7）输入视图比例<1>：1↙。

8）指定视图中心：在左上角即主视图将要放置的中心位置单击鼠标，此时主视图出现在左上角。

9）指定视图中心<指定视口>：回车。

10）指定视口的第一个角点：单击视图左上角。

11）指定视口的第二个角点：单击视图右下角，此时可见一个视图的外框。

12）输入视图名：zhu（主视图简称）↙。

此时，屏幕如图 6-47 所示。

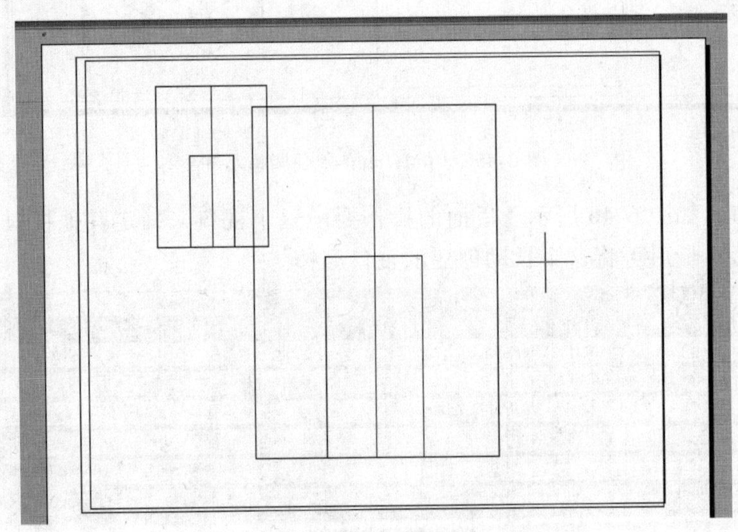

图 6-47　指定主视图视口

13）命令行提示：输入选项［Ucs（U）/正交（O）/辅助（A）/截面（S）］：O↙（输入"O"表示在已有主视图的基础上用正交投影方式建立另两个视图）。

14）命令行提示：指定视口要投影的那一侧：在主视图外框的正上方单击鼠标，如图6-48 所示。

15）指定视图中心：在即将出现俯视图位置单击鼠标，如图 6-49 所示。

16）指定视图中心<指定视口>：仍在俯视图位置单击鼠标。

17）指定视口的第一个角点：单击俯视图左上角。

18）指定视口的第二个角点：单击俯视图右下角，此时可见一个俯视图的外框。

19）输入视图名：fu（俯视图简称）↙。

20）输入选项［Ucs（U）/正交（O）/辅助（A）/截面（S）］：O↙。

21）指定视口要投影的那一侧：单击主视图左侧，如图 6-50 所示。

22）指定视图中心：在左视图中心位置单击鼠标。

23）指定视图中心<指定视口>：仍在左视图位置单击鼠标。

24）指定视口的第一个角点：单击左视图左上角，指定视口的第二个角点。单击左视

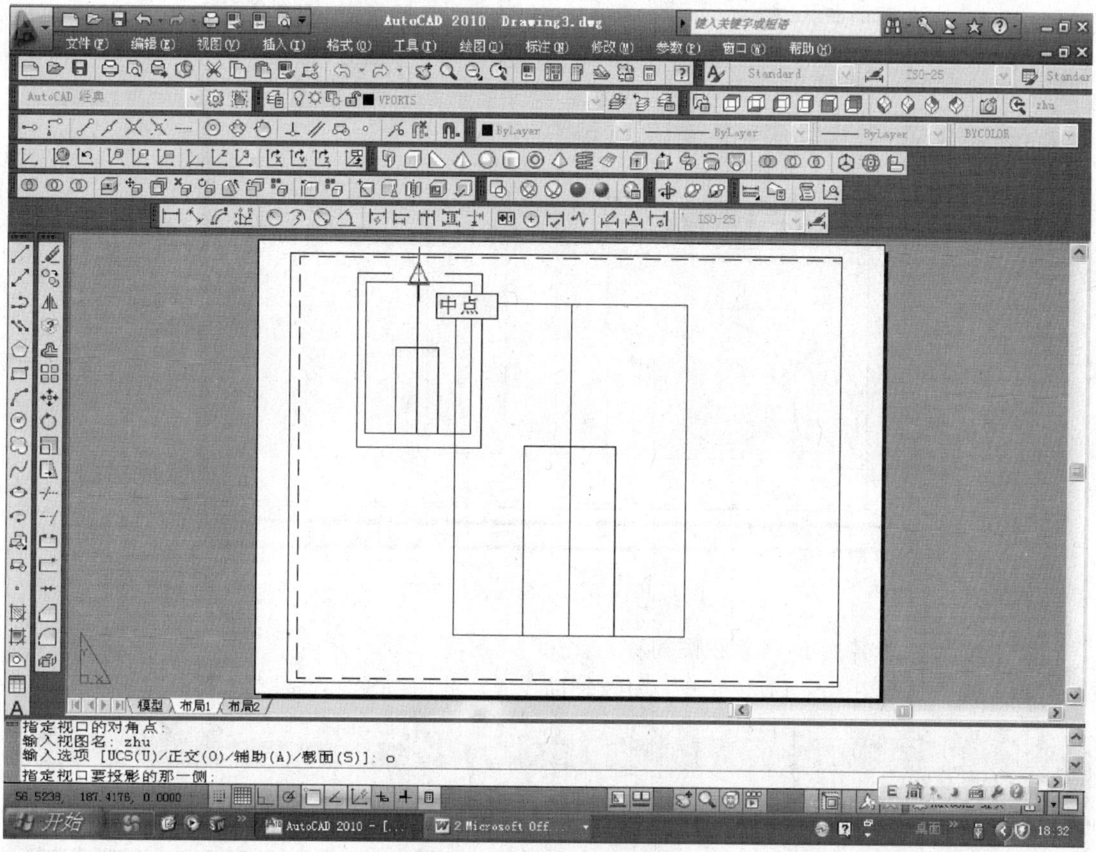

图 6-48　指定视口投影方向

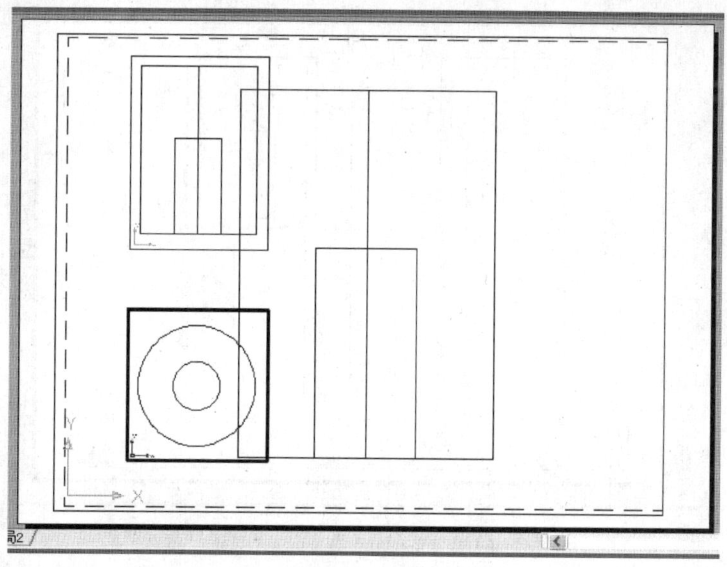

图 6-49　指定俯视图中心位置

图右下角，此时可见一个左视图的外框。

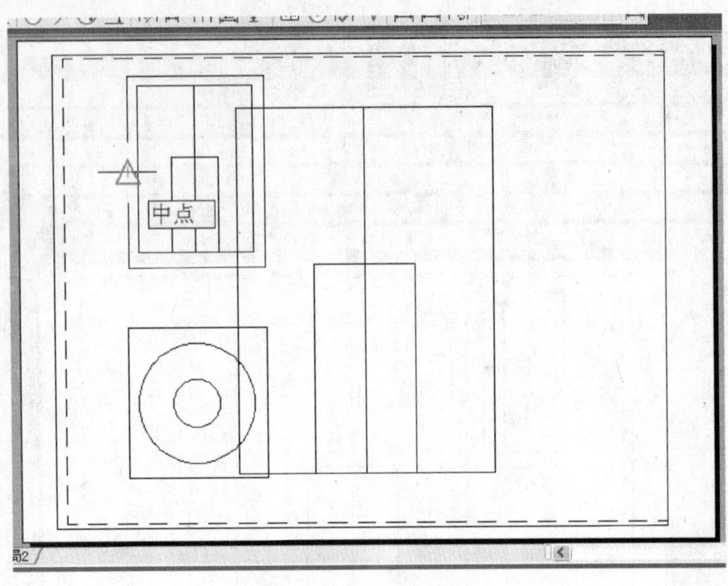

图 6-50　指定左视图投影方向

25）输入视图名：zuo（侧视图简称）↙。

26）输入选项［Ucs（U）/正交（O）/辅助（A）/截面（S）］：↙，如图 6-51 所示。

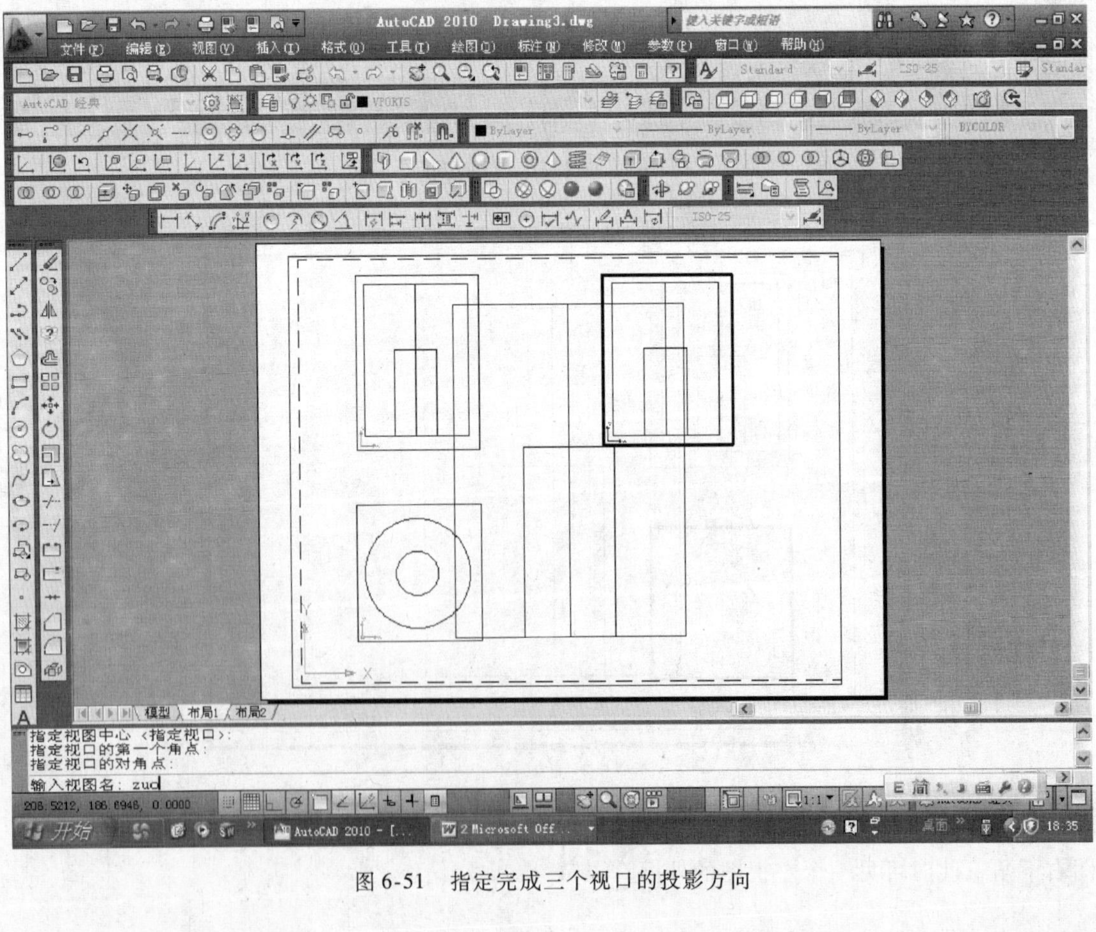

图 6-51　指定完成三个视口的投影方向

27）擦去由系统生成的第一个视口，如图 6-52 所示。

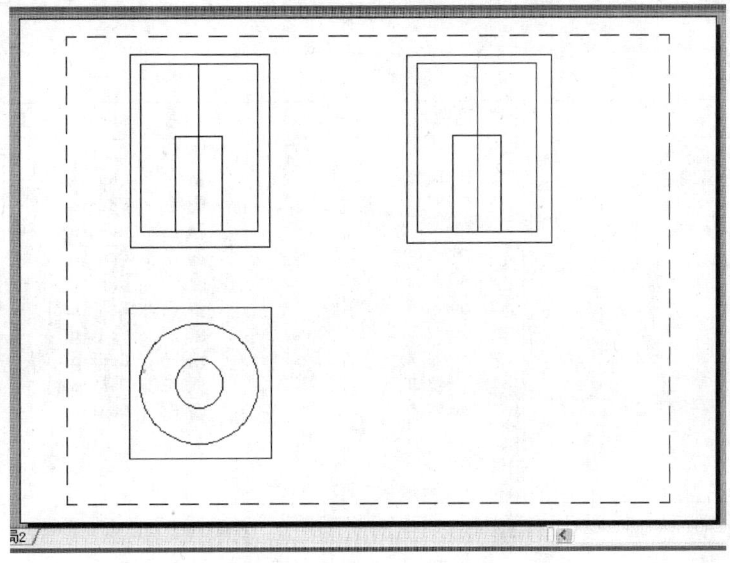

图 6-52　擦去第一个视口

28）命令行键入：Soldraw↙。

29）选择要绘图的视口... 选择对象：分别选择三个图框，此步骤表示从三个三维模型图的视口方向提取三个二维图形的轮廓线，如图 6-53 所示。

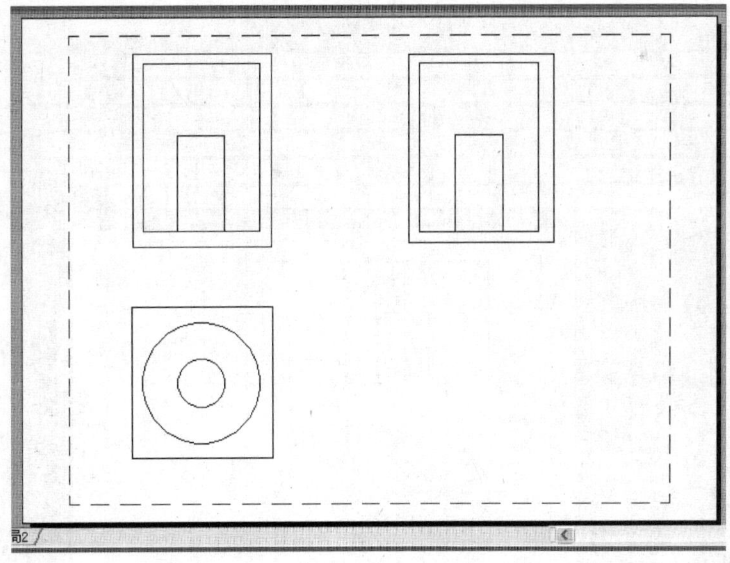

图 6-53　通过 Soldraw 命令提取实体轮廓线

提示：　注意观察图 6-52 和图 6-53，前者在主、左视图的中间有一条轮廓密度线，这表明是三维模型图；而后者没有这条线，因为图 6-53 已经是二维图了，不存在轮廓密度线。

30）打开图层管理器，会发现有许多不是自己建的层，是系统自动分别为三个视图建立的虚线层、尺寸层以及实线层，如图 6-54 所示。

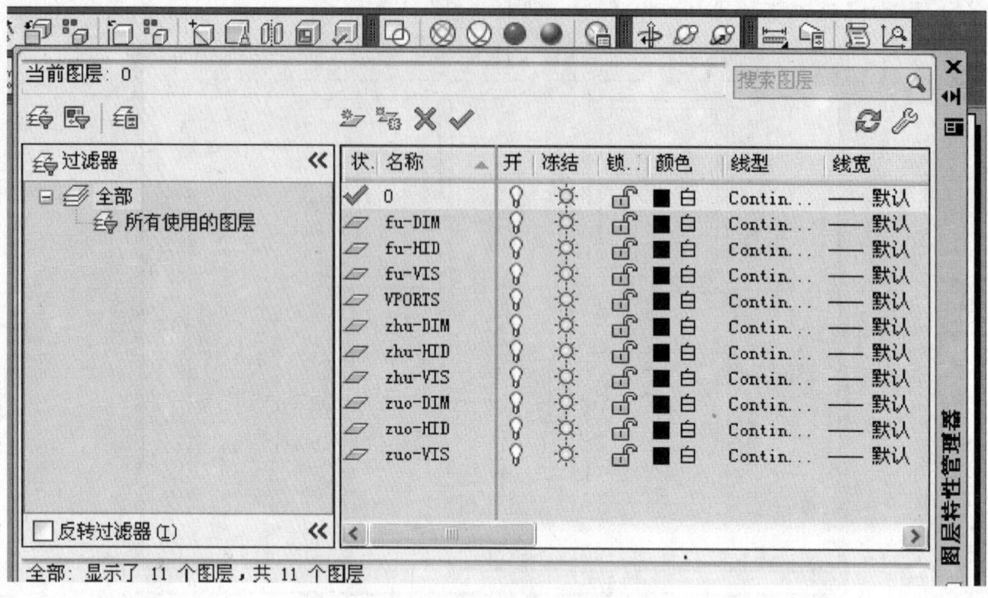

图 6-54　调整图层

系统将所有线型都设置成了实线，线宽都设置成了默认。此时须将虚线层中的实线换成虚线，并在零层（0）上将线型换成点画线，在此层上将圆柱的轴线以及圆心线画成点画线。

31）在尺寸层上标注尺寸。

32）关闭 VPORTS 层，如图 6-55 所示。

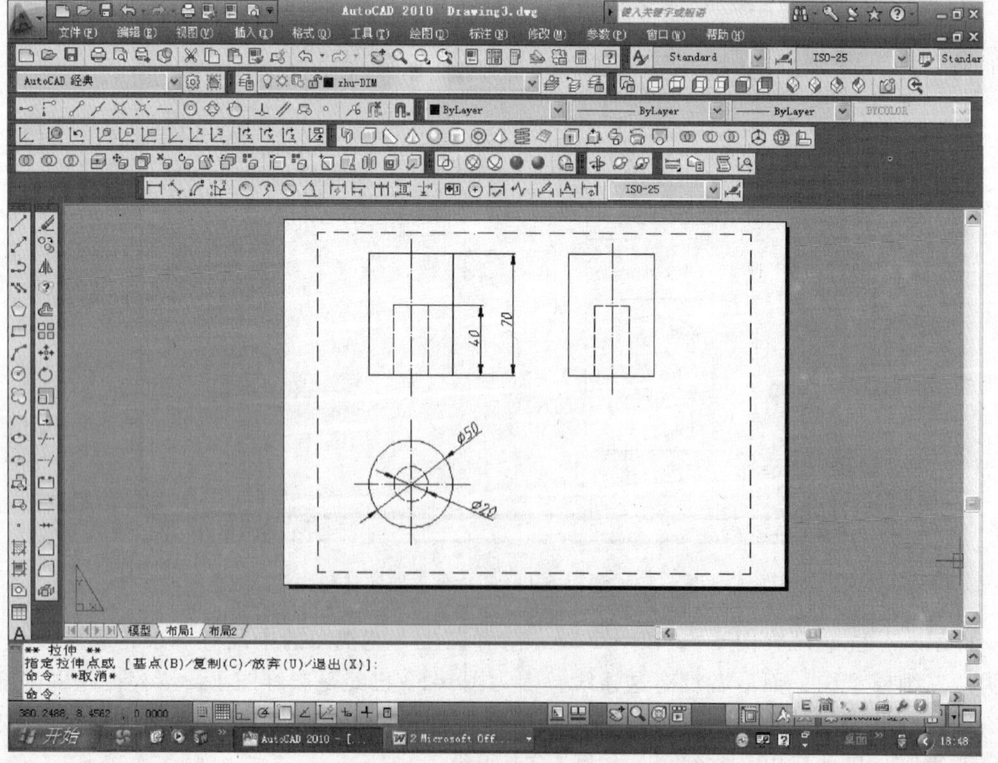

图 6-55　布局空间三视图

6.8 三维模型图综合练习

题 6-32　画三维线框模型，如图 6-56 所示。

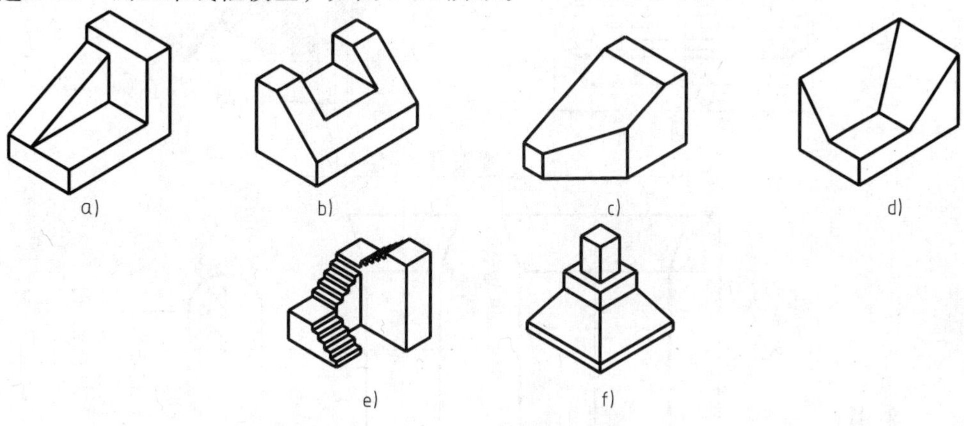

图 6-56　画三维线框模型

题 6-33　按照尺寸制绘图 6-57 所示的曲面模型，并把曲面经线数改为 24、纬线数改为 12（应用系统变量 SURFU 和 SURFV 命令），然后设置一个 A4 图纸空间，建立四个视口，并设置视点，视点的坐标分别设置为：左上（0，-1，0），右上（-1，0，0），左下（0，0，1），右下（-1，-1，1）。

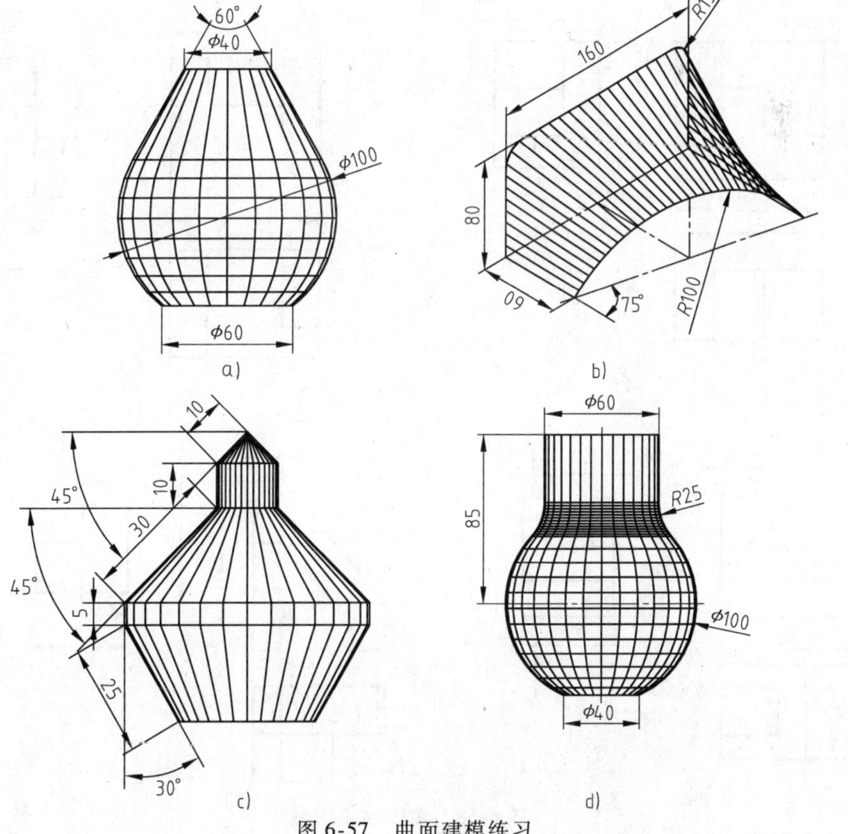

图 6-57　曲面建模练习

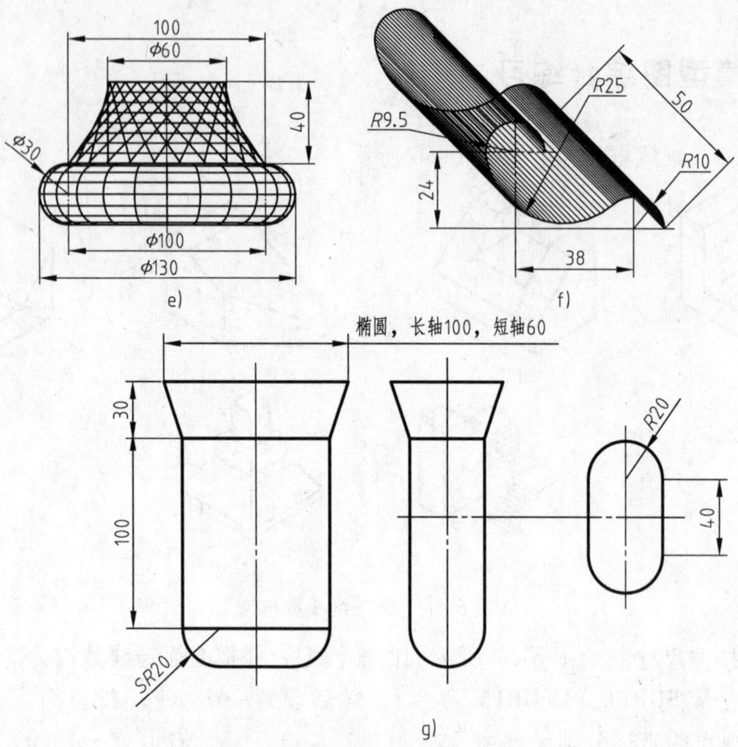

图 6-57　曲面建模练习（续）

题 6-34　根据图 6-58 所示的视图以及参考尺寸绘制出对应的实体模型。

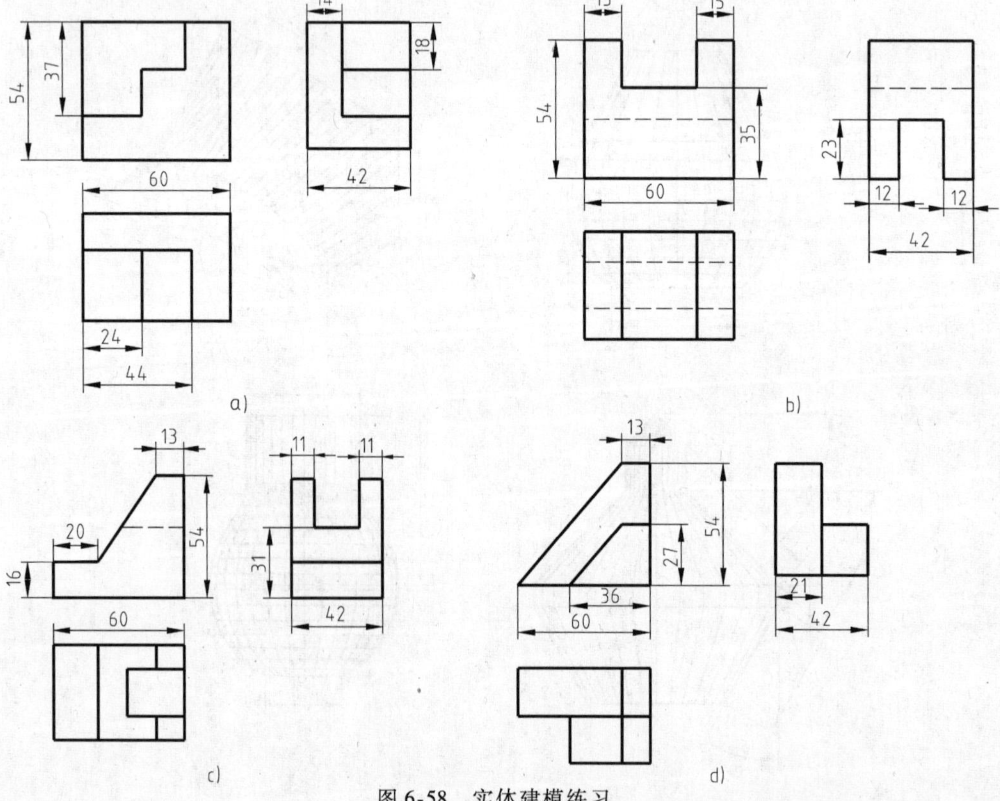

图 6-58　实体建模练习

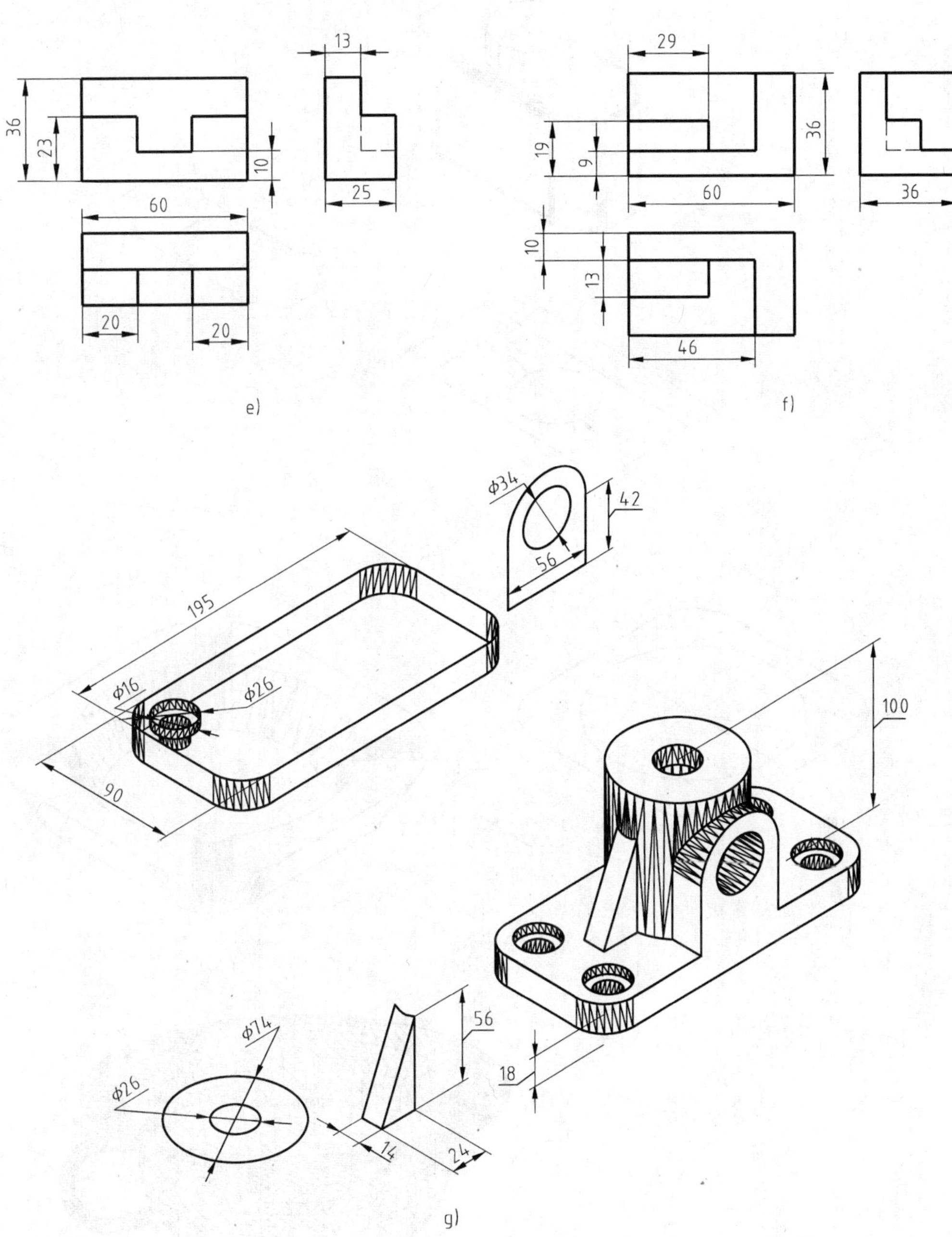

图 6-58　实体建模练习（续）

题 6-35　绘制图 6-59 所示的日常用品实体模型，缺尺寸的自定。

题 6-36　绘制图 6-60 所示的建筑形体实体模型，尺寸自定。

题 6-37　根据所给视图，绘制图 6-61 所示的轴类零件的实体模型。

题 6-38　根据所给视图，绘制图 6-62 所示的盘类零件实体模型。

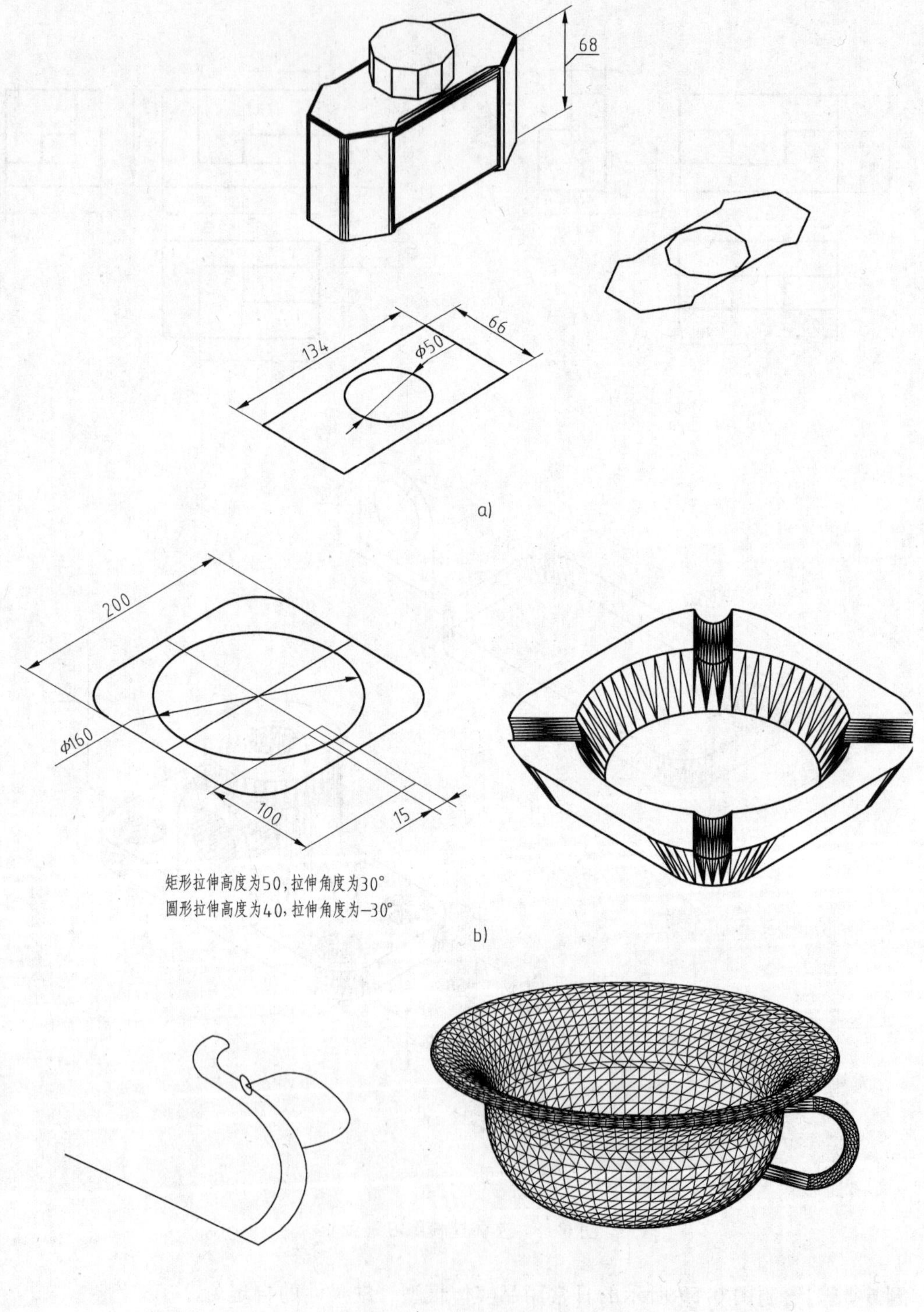

图 6-59　绘制日常用品实体模型

a）墨水瓶　b）烟缸　c）咖啡杯

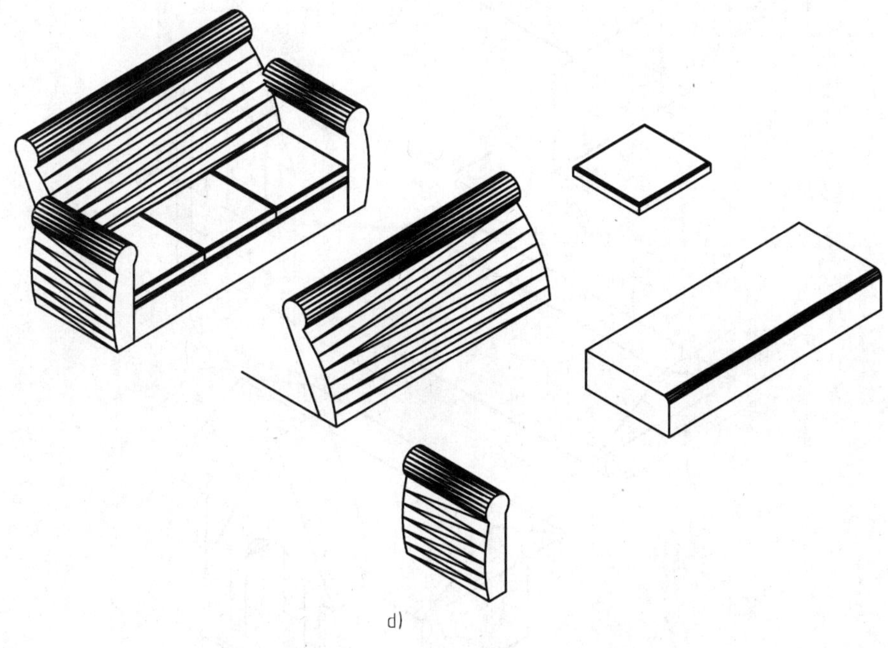

图 6-59　绘制日常用品实体模型（续）
d）沙发

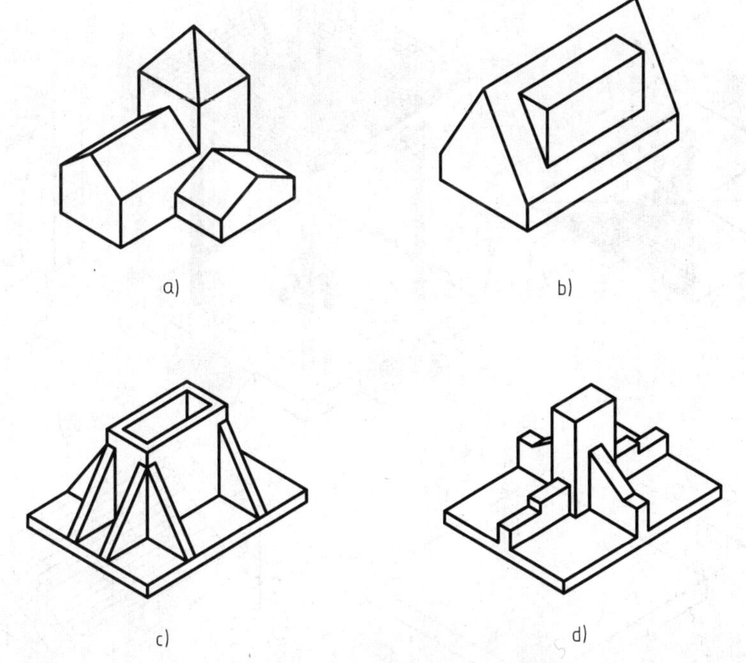

图 6-60　绘制建筑形体实体模型
a）楼塔　b）小屋模型　c）安装架　d）支持架

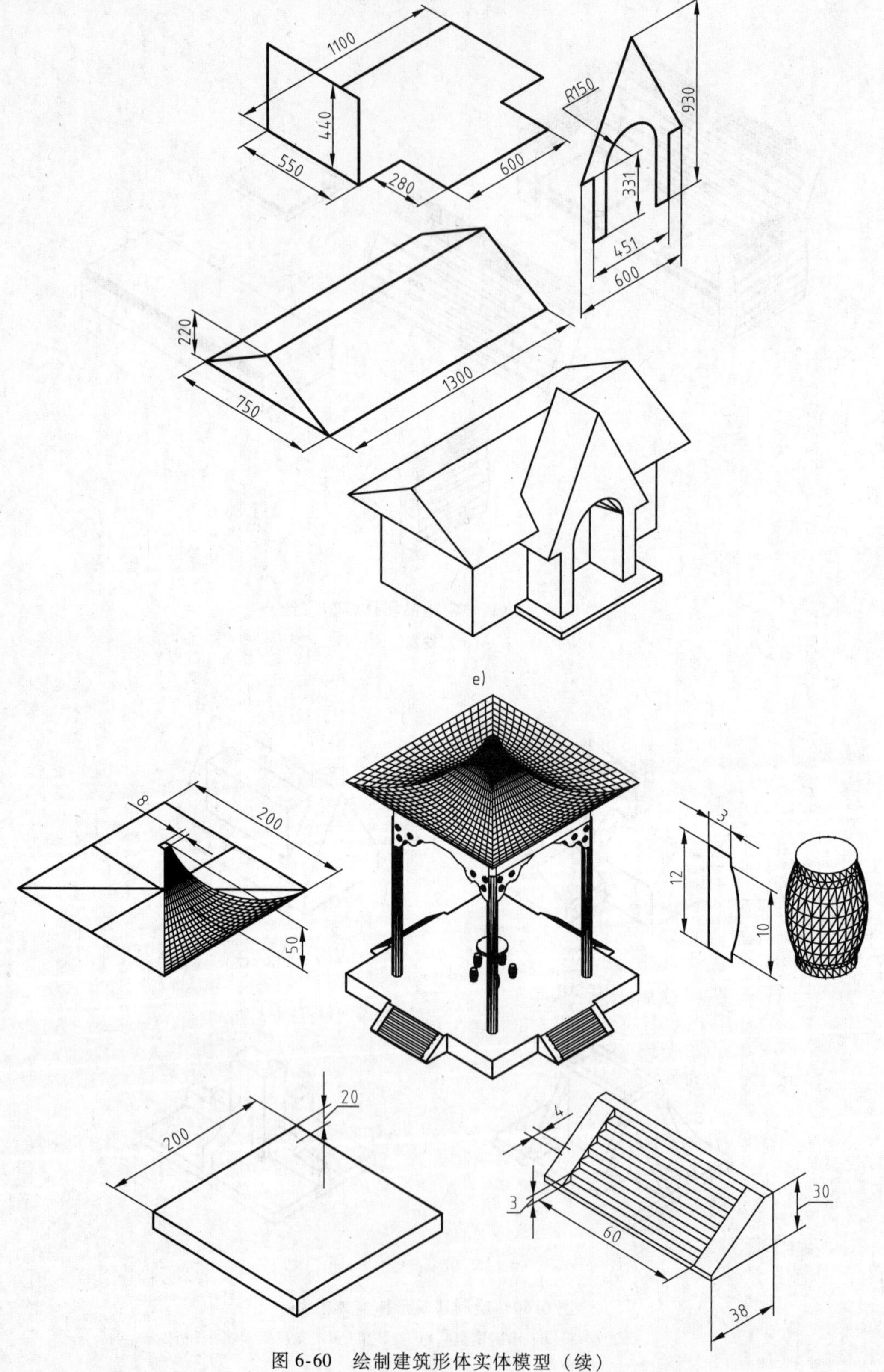

图 6-60　绘制建筑形体实体模型（续）

e)　木屋

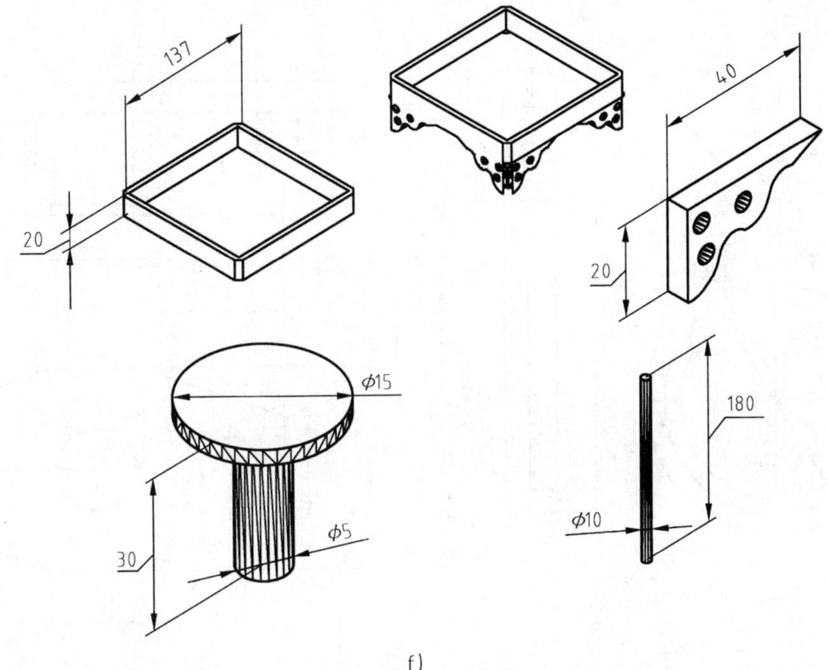

f)

图 6-60　绘制建筑形体实体模型（续）

f) 休闲亭

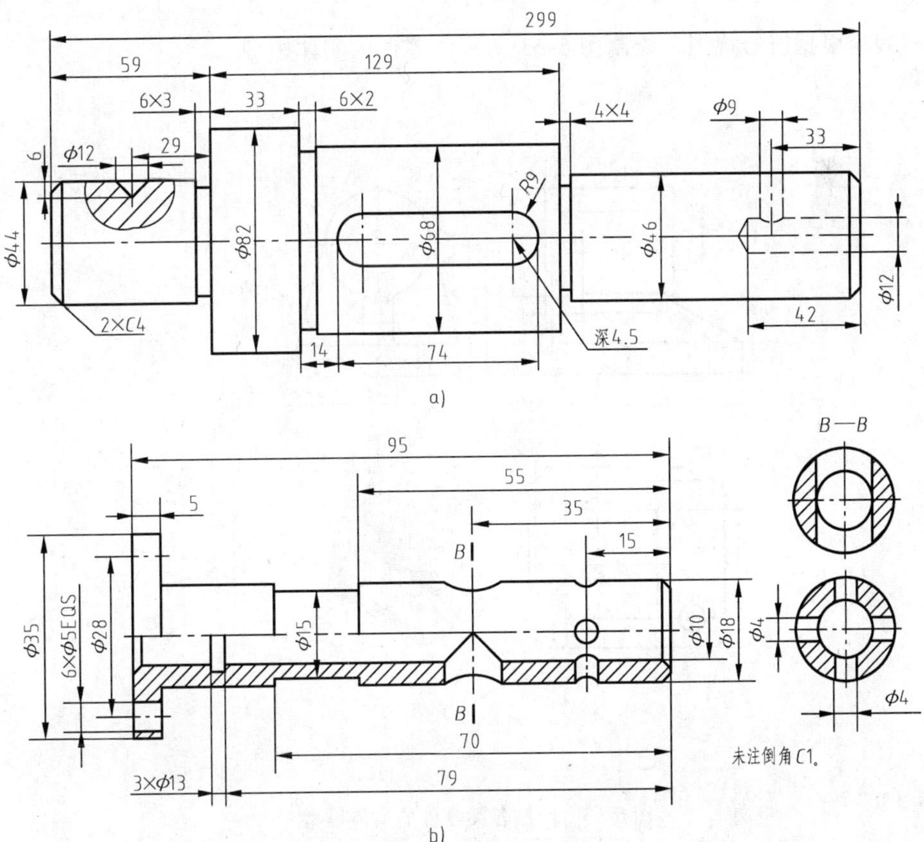

图 6-61　绘制轴类零件的实体模型

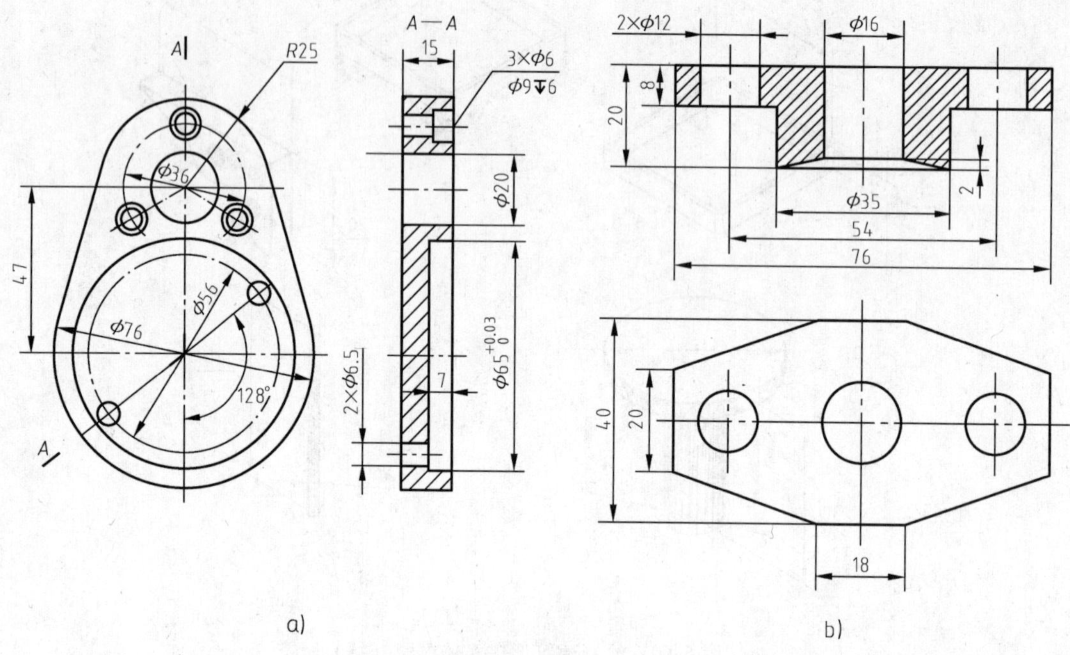

图 6-62　绘制盘类零件的实体模型

题 6-39　根据所给视图，绘制图 6-63 所示的零件的实体模型。

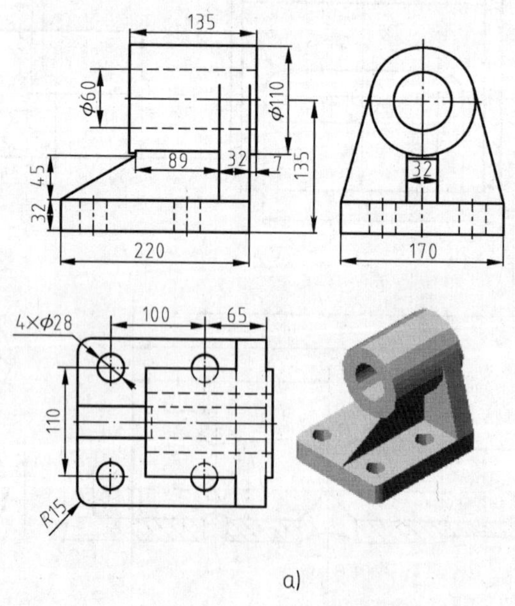

图 6-63　绘制各类零件的实体模型

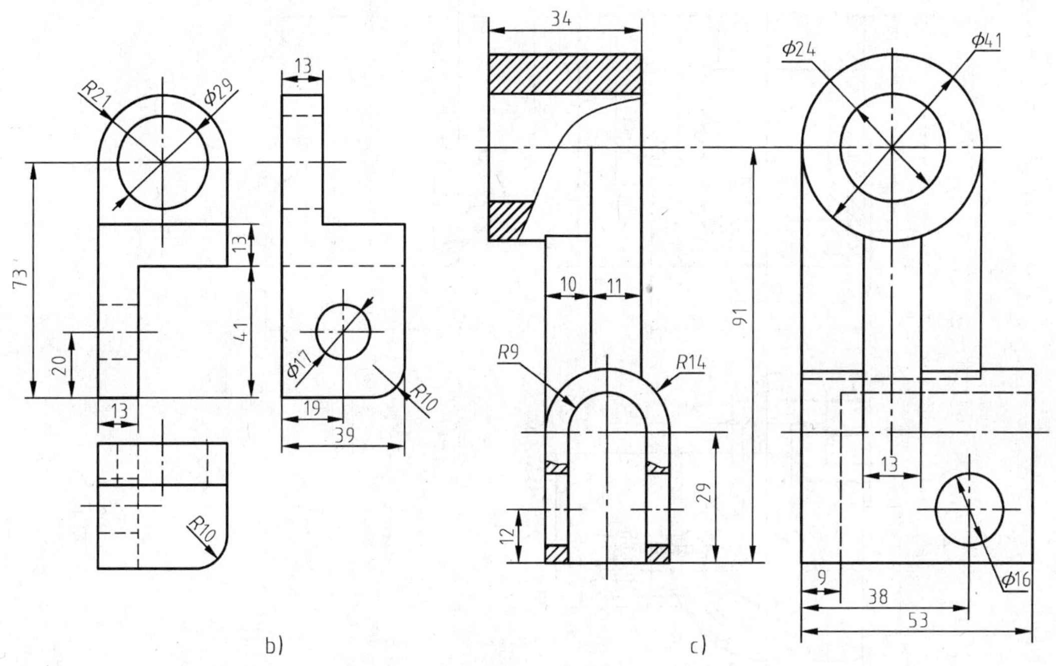

图 6-63　绘制各类零件的实体模型（续）

题 6-40　根据所给视图，绘制图 6-64 所示的箱体类零件的实体模型。

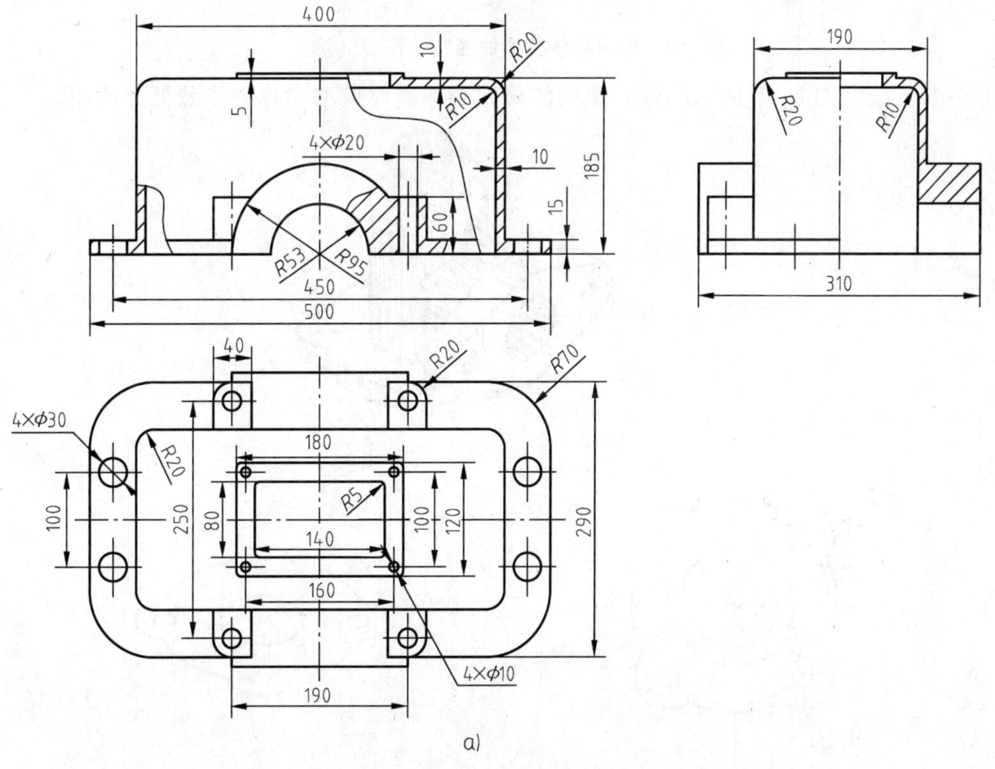

图 6-64　绘制箱体类零件的实体模型

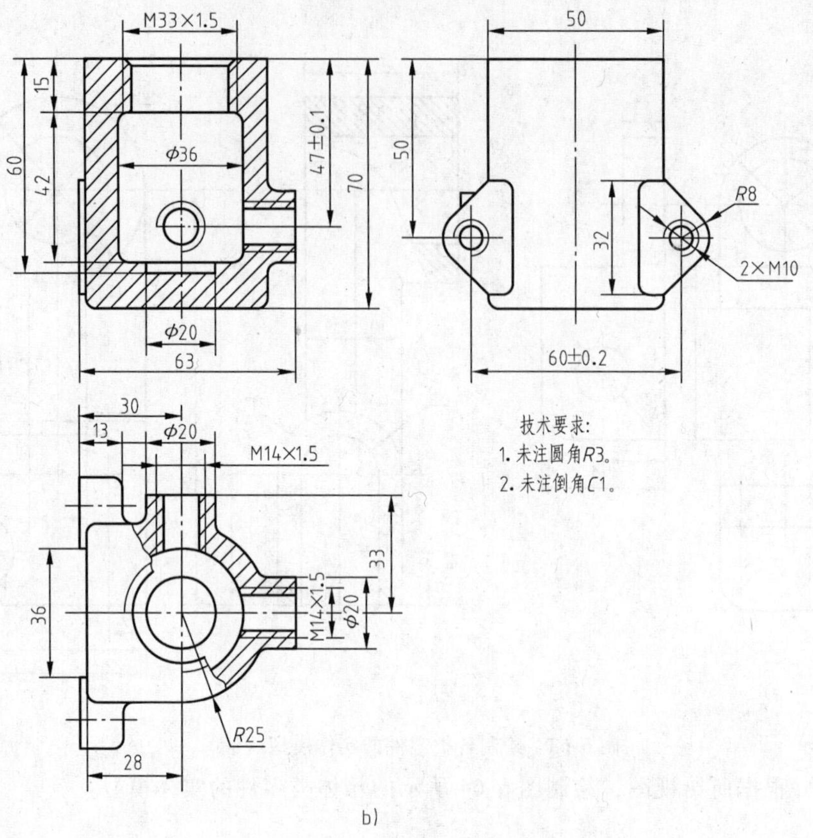

图 6-64　绘制箱体类零件的实体模型（续）

题 6-41　绘制图 6-65 所示的带有螺纹的阀体零件实体模型，作图步骤见分解图。

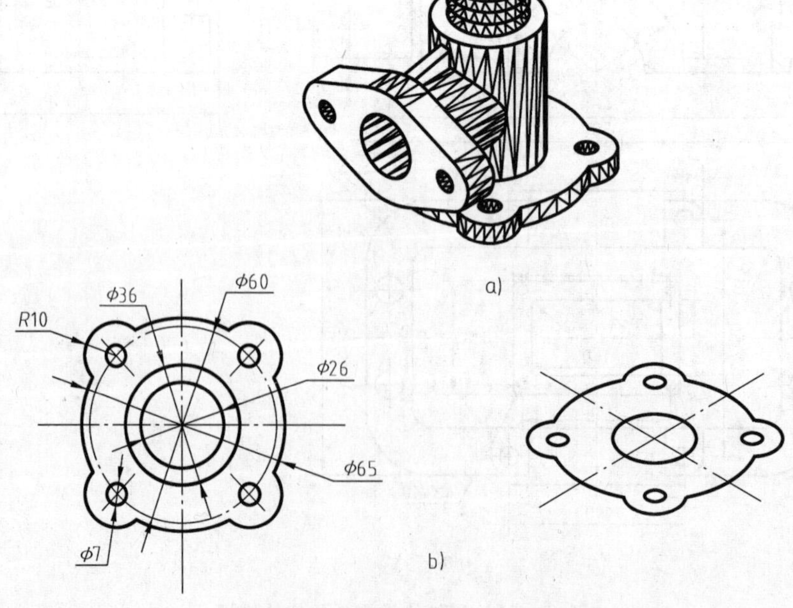

图 6-65　绘制阀体零件实体模型

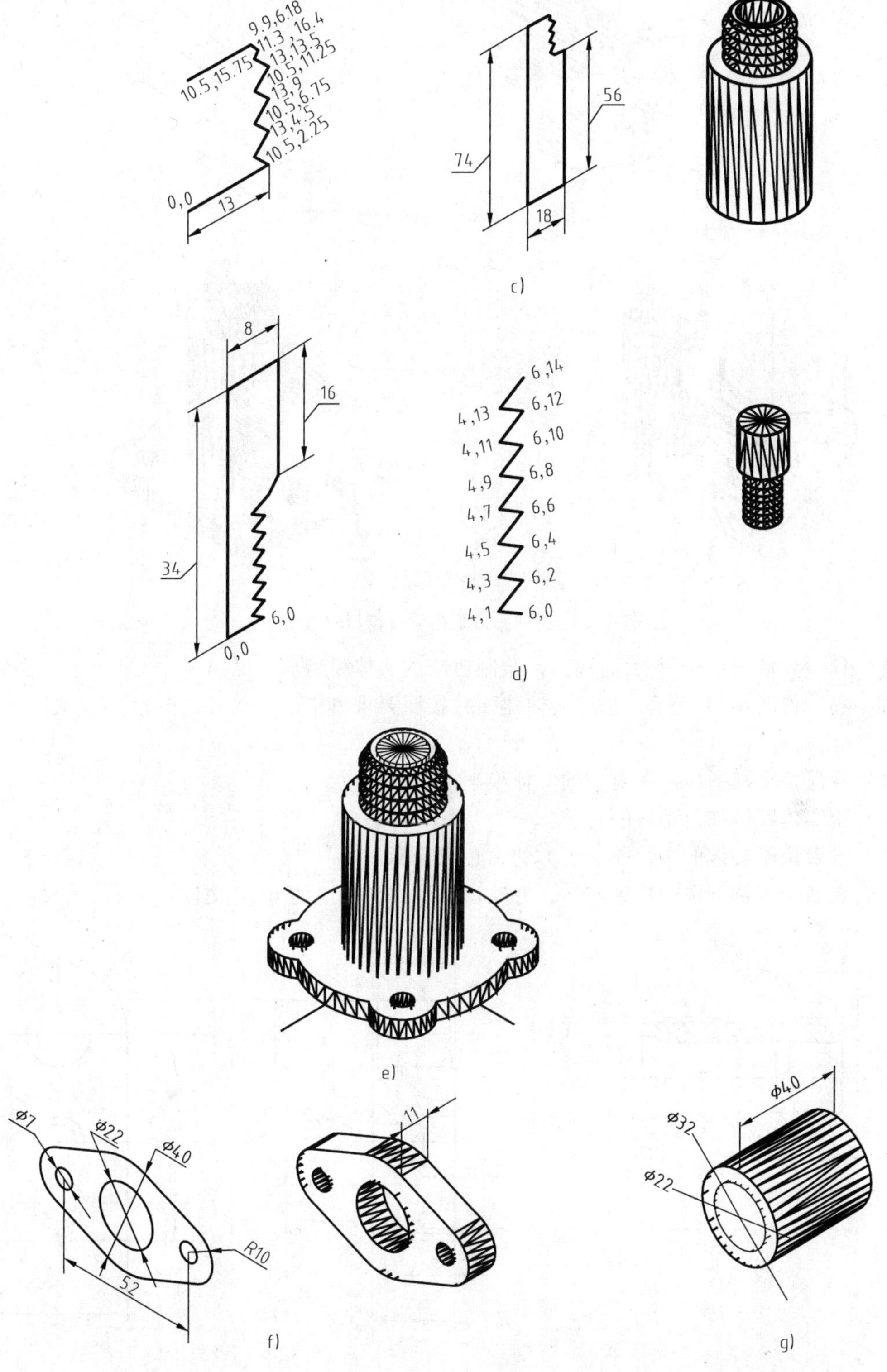

图 6-65　绘制阀体零件实体模型（续）

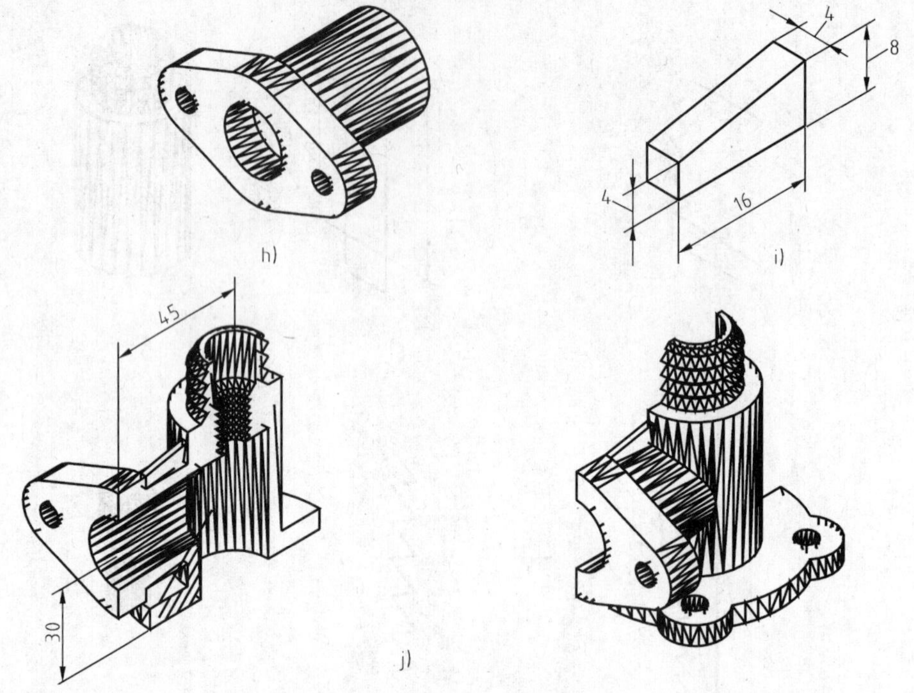

图 6-65　绘制阀体零件实体模型（续）

题 6-42　看懂图 6-66 所示的视图，绘制对应的实体模型。

题 6-43　如图 6-67 所示，进行实体建模并按照要求渲染。

要求：

（1）看懂每个视图，建立对应的实体模型。

（2）给实体赋予红色塑料的材质。

（3）设置位于实体的右、前、上方的白色点光源。

（4）在西南等轴测图中渲染实体，并输出图形文件相应的 BMP 文件。

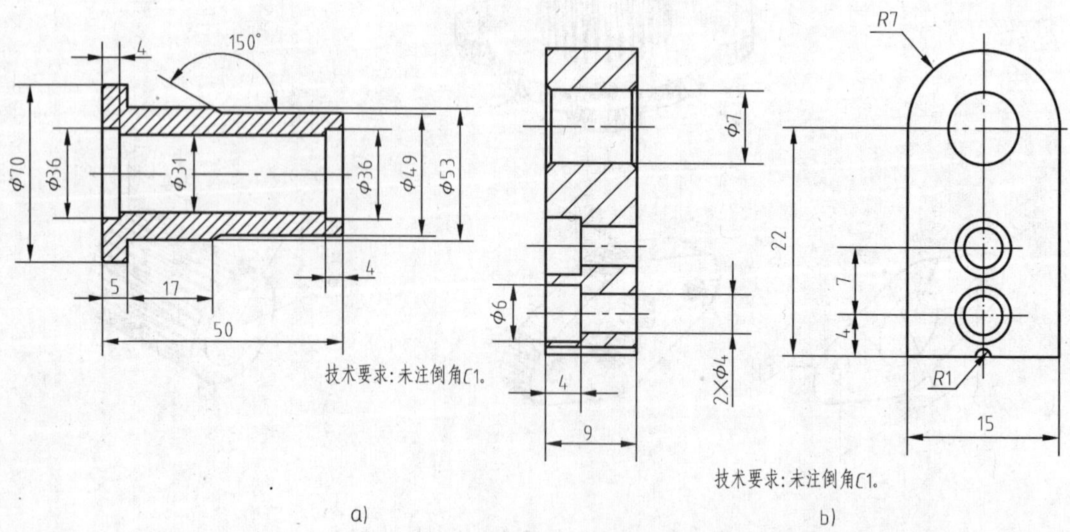

图 6-66　绘制实体模型

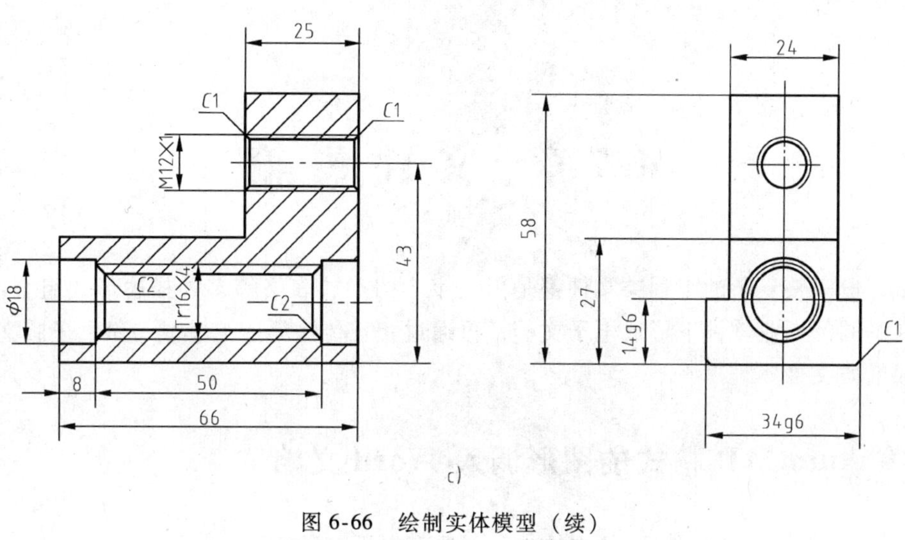

图 6-66　绘制实体模型（续）

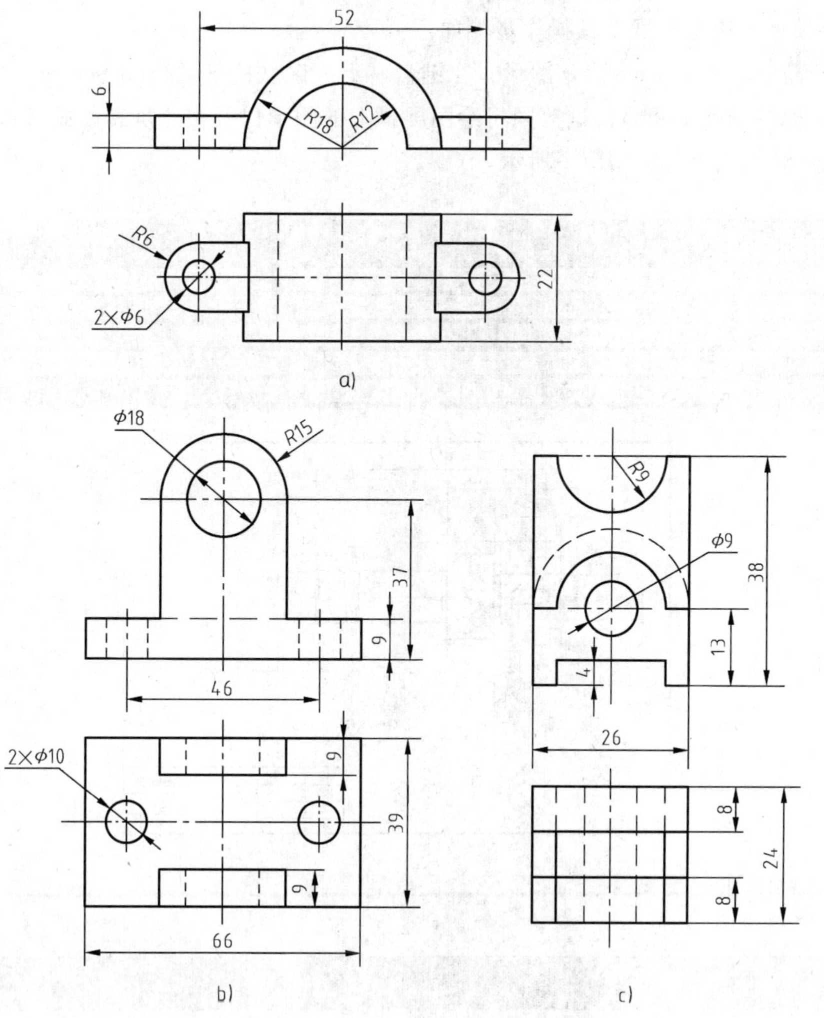

图 6-67　实体建模并渲染

第7章　文件传输

通常一份完整复杂的工程类文件都是由文字、图形、表格等多种描述形式组合而成的，也都是在不同的专业软件下形成电子文档，再通过相互传输渠道汇集成一份电子版文件，最后打印成纸质文件。

7.1　将AutoCAD格式的图形调入Word文档

将AutoCAD图形插入到Word文档中，一般有以下三种方法：

(1) 第一种方法是截屏　其操作步骤如下：

1) 打开需要插入的AutoCAD图形，在键盘右上方区域按下“Print Screen”屏幕打印键（有的键盘上标注的是PrtSc），这等同将绘图屏幕上的图形以及整个屏幕样式都以BMP图片格式复制到粘贴板上了，如图7-1所示。

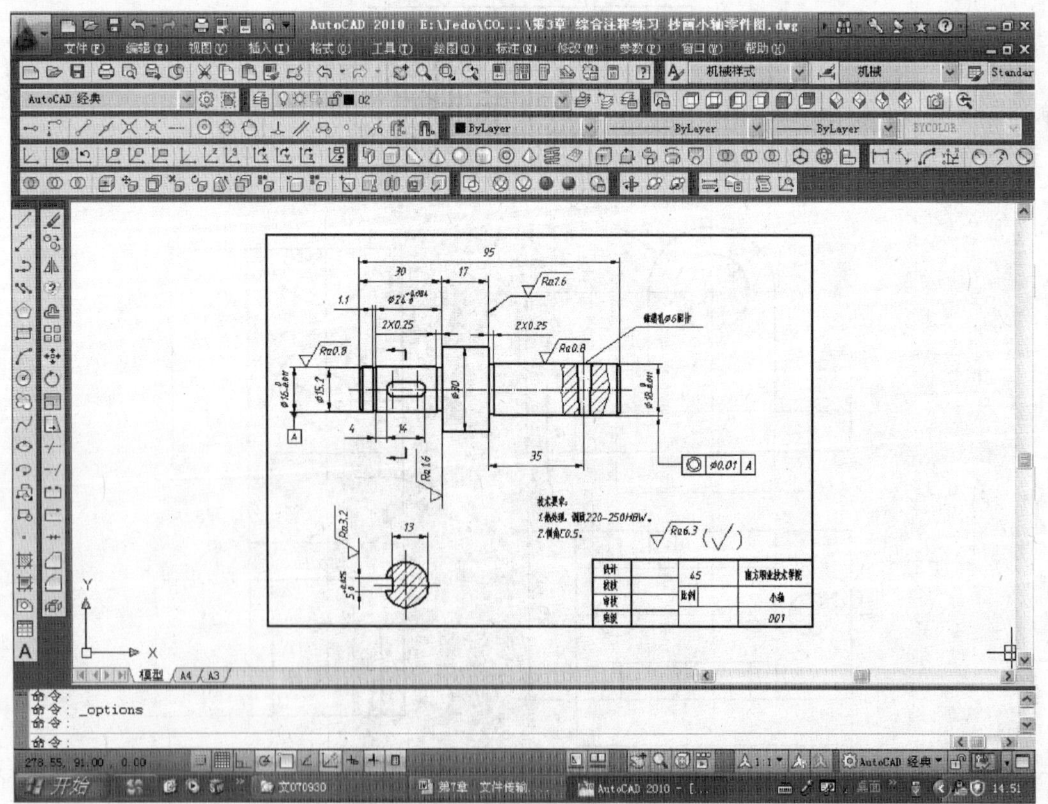

图7-1　将AutoCAD图形截屏至粘贴板

2）退出 AutoCAD，打开需要粘贴图形的 Word 文档。

3）单击粘贴命令，AutoCAD 格式的图形作为 BMP 格式的图片即可显示在文档中，如图 7-2 所示。

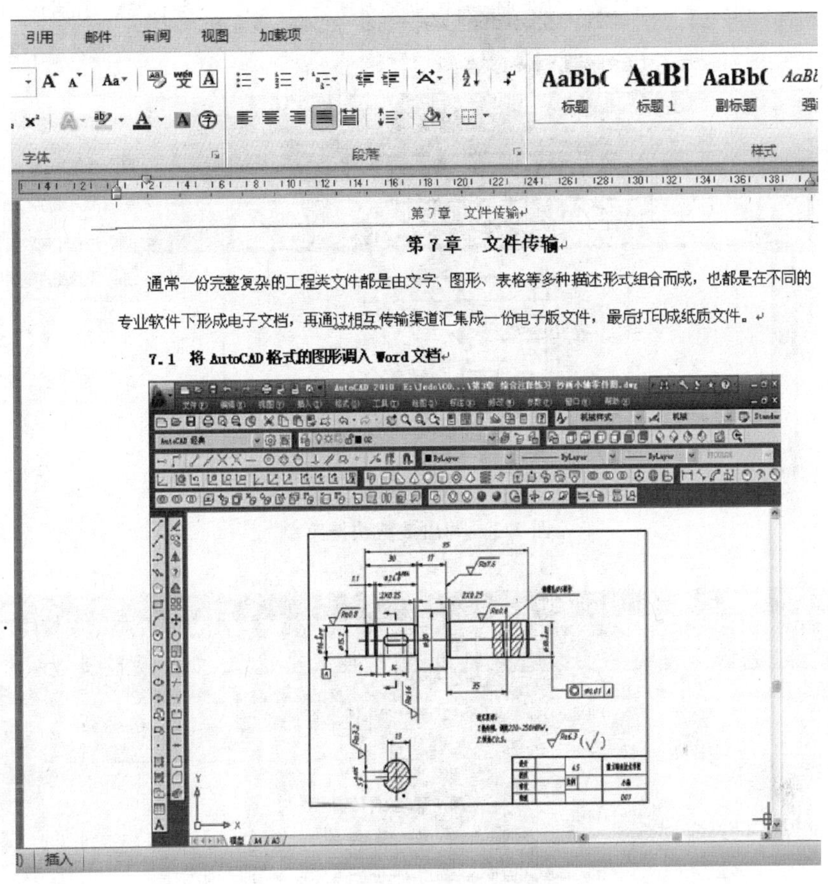

图 7-2　AutoCAD 图形粘贴至 Word 文档

4）裁剪，图形以图片格式进入 Word 文档后，需将多余部分作裁剪，即用鼠标左键选中图片，可见图片四周各有一小黑色方形图块；再单击鼠标右键，出现快捷菜单，如图 7-3 所示。拾取快捷菜单中的裁剪图标，将裁剪图标分别对准小黑方块，按住鼠标左键进行左右或上下裁剪多余部分，直至满足要求，如图 7-4 所示。

5）调整图片大小：图片大小按 Word 文档的页面需求可进行调整，调整方法也是使用黑色小方块。注意：调整图片大小要按住图片角上的黑块，这样就可以保证图片按整体缩放进行，如图 7-5 所示。若按住上下左右的黑块拖动，图片的长宽比例就不是原图比例了，图形也变形了，如图 7-6 所示，

6）调整图片位置：根据 Word 文档页面需求调整图片位置，用鼠标左键选中图片，单击右键出现快捷菜单，选择“设置图片格式”命令，打开对话框，选择“版式”选项卡，出现“布局”对话框，如图 7-7 所示。单击“文字环绕”选项卡，选择环绕方式，常用的环绕方式有上下型、紧密型、四周型等。

第 7 章　文件传输
通常一份完整复杂的工程类文件都是由文字、图形、表格等多种描述形式组合而成，
专业软件下形成电子文档，再通过相互传输渠道汇集成一份电子版文件，最后打印成纸质
7.1　将 AutoCAD 格式的图形调入 Word 文档
剪切(T)
复制(C)
粘贴选项:
编辑图片(D)
另存为图片(S)...
超链接(H)...
插入题注(C)...
边框和底纹(B)...
设置图片格式(I)...
12.67 厘米
14.95 厘米
裁剪

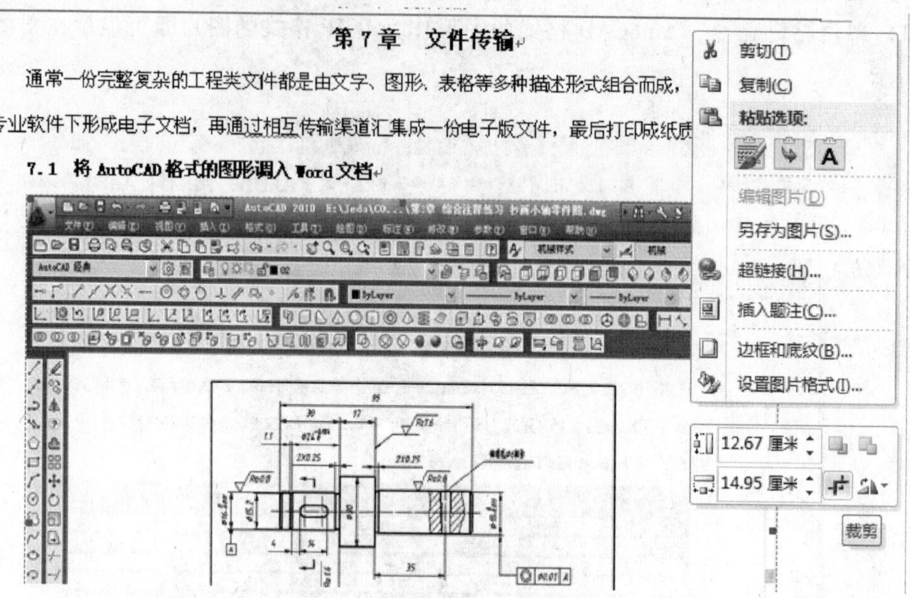

图 7-3　调出裁剪快捷菜单

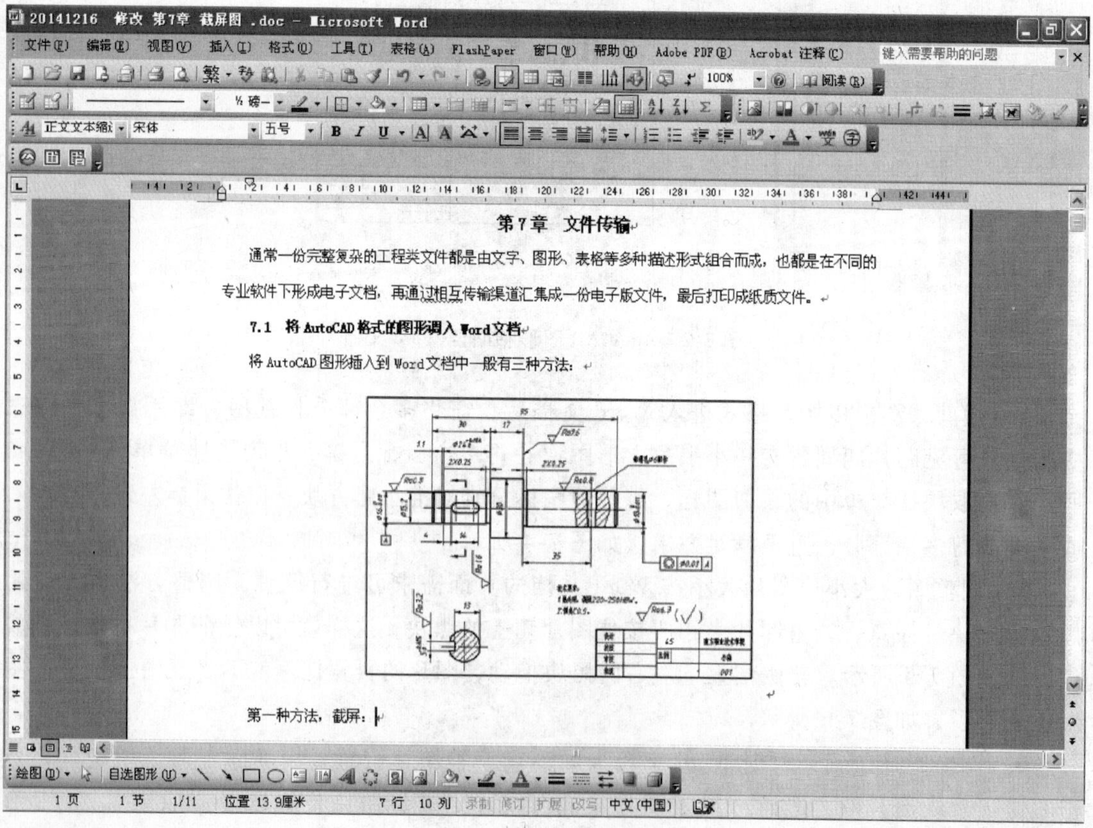

20141216　修改 第7章 裁屏图 .doc - Microsoft Word
文件(F)　编辑(E)　视图(V)　插入(I)　格式(O)　工具(T)　表格(A)　FlashPaper　窗口(W)　帮助(H)　Adobe PDF(B)　Acrobat 注释(C)
键入需要帮助的问题
第 7 章　文件传输
通常一份完整复杂的工程类文件都是由文字、图形、表格等多种描述形式组合而成，也都是在不同的
专业软件下形成电子文档，再通过相互传输渠道汇集成一份电子版文件，最后打印成纸质文件。
7.1　将 AutoCAD 格式的图形调入 Word 文档
将 AutoCAD 图形插入到 Word 文档中一般有三种方法：
第一种方法，截屏：
1 页　1 节　1/11　位置 13.9厘米　7 行　10 列　录制　修订　扩展　改写　中文(中国)

图 7-4　裁剪后的图片

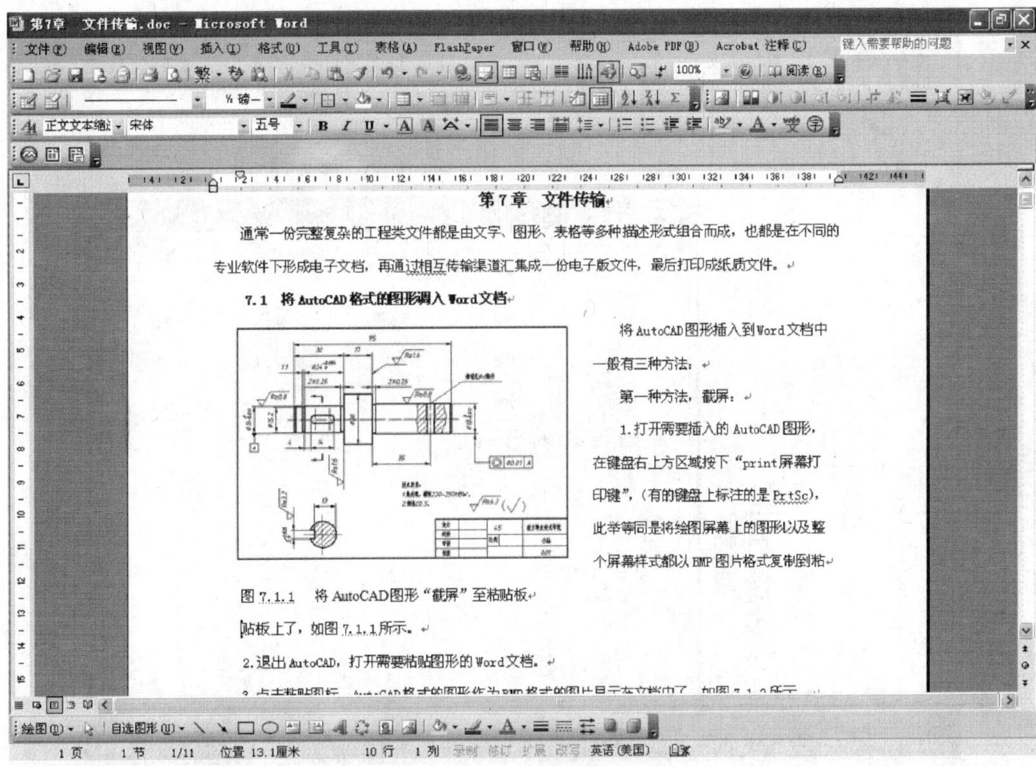

图 7-5 整体缩放图片大小

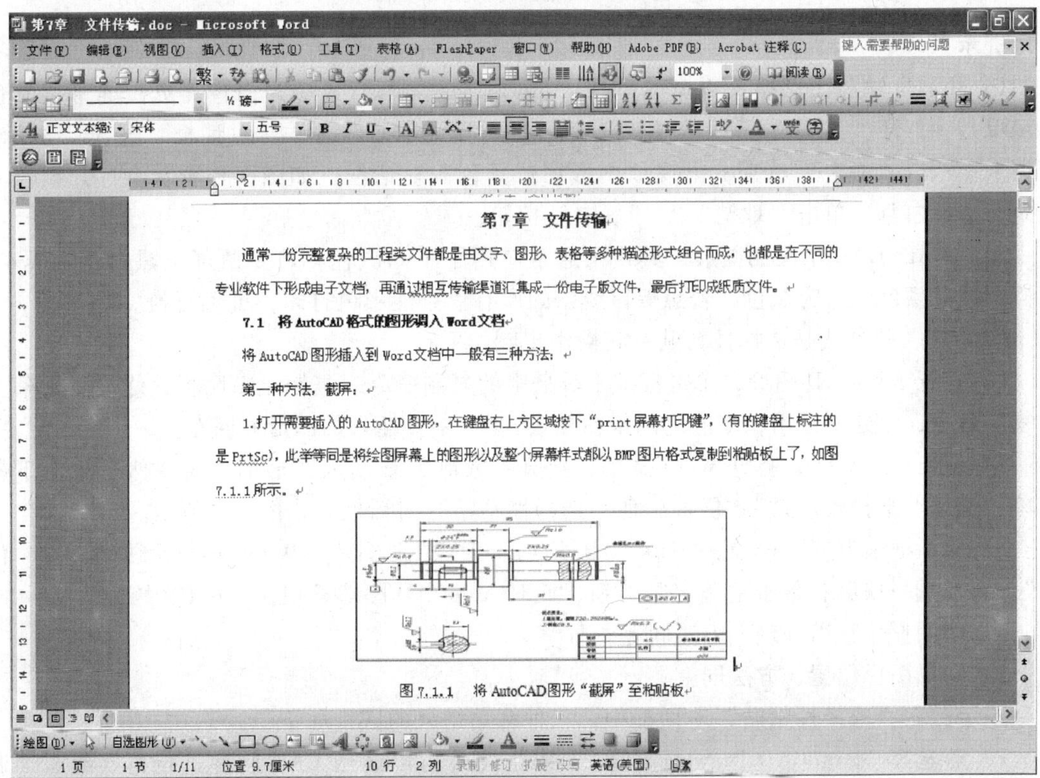

图 7-6 缩放不当后的变形图片

图 7-7　设置图片位置对话框

提示：

1）用截屏法将图形插入到 Word 时，AutoCAD 的屏幕背景应为白色。更换屏幕背景色的步骤是：打开“工具”下拉菜单，选择“选项”，出现“选项”对话框，选择“显示”选项卡，单击“颜色”选项，出现“图形窗口颜色”对话框，如图 7-8 所示。打开颜色下拉条，选择白色，单击“取消”\“确定”按钮。

2）在 AutoCAD 中画的图形，其线条通常应用了不同颜色，若要截屏至黑白色的 Word 文档，线条颜色应变为黑色，若想保留线条的原有色且能彩色打印，可不更换。

（2）第二种方法是选择性粘贴　其操作步骤如下：

1）打开 AutoCAD 图形，单击标准工具条上的复制命令（复制至粘贴板，修改工具条上的复制命令，此处不适用，不能复制至粘贴板），选中要插入的图形并回车。

2）退出 AutoCAD，打开 Word 文档，把光标放到将要插入图形的位置，然后单击下拉菜单“编辑\选择性粘贴”，屏幕出现“选择性粘贴”对话框，如图 7-9 所示。

3）对话框中有三个选项；“AutoCAD drawing 对象”“图片（Windows 图元文件）”、“位图”，可任选一项后，单击“确定”按钮，此时 AutoCAD 图形显现在 Word 文档中。

4）对图形作裁剪处理，方法同上。

5）布局图形位置，方法同上。

提示：在“选择性粘贴”对话框中，三种粘贴结果的区别如下：

1）若选择“AutoCAD Drawing 对象”，双击图片可以调用 CAD 软件进行再次编辑。调整图片放大缩小后仍然很清晰，屏幕背景不用更换。编辑完图形后一定要存盘，再退出 Au-

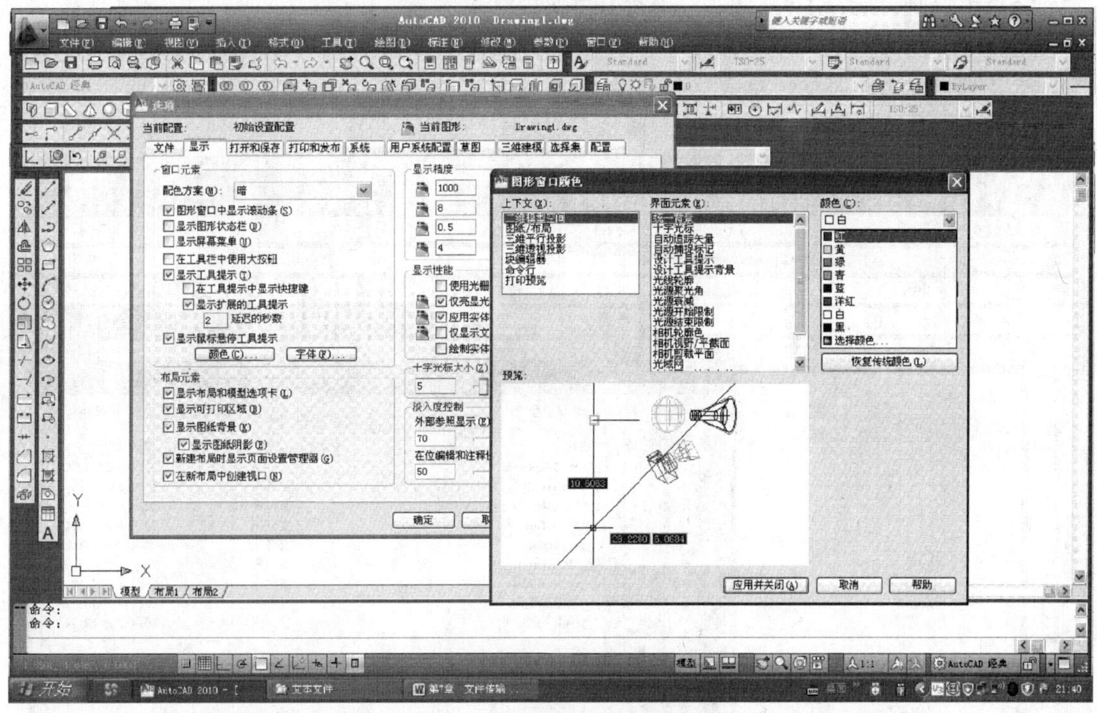

图 7-8　屏幕背景色选项对话框

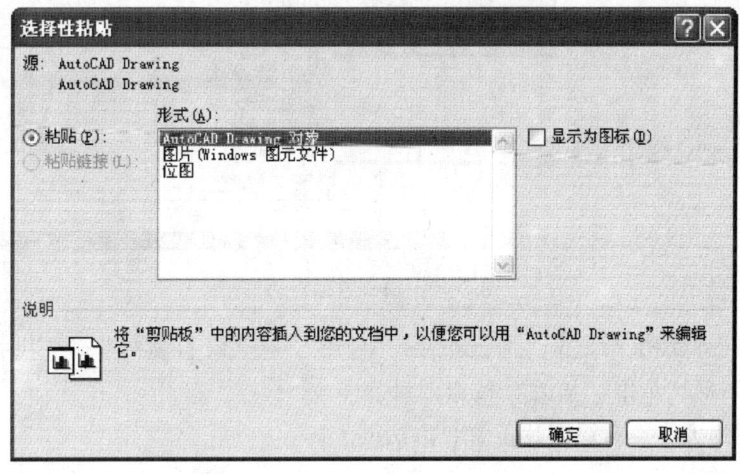

图 7-9　“选择性粘贴”对话框

toCAD，否则返回到 Word 时，还是原来的图形。

2）若选择“图片（Windows 图元文件）”，则插入的图片是矢量格式的图片，图片放大缩小不影响清晰度，屏幕背景不用更换，但是双击图片不能调用 CAD 软件进行编辑，可用 Word 自带的绘图工具进行再次编辑。

3）若选择“位图”，则插入的图片是位图格式图片（或者说已经像素化了），放大缩小对图片质量有明显影响，不能再次编辑，屏幕背景必须更换成白色，类似截屏。

以上三种粘贴可按不同需求合理选用。

（3）第三种方法是 CAD 输出　其操作步骤如下：

1）在 AutoCAD 中单击“文件”下拉菜单，选择“输出”，打开“输出数据”对话框，将要输出的图形文件保存到自定义文件夹的自定义文件名中，在文件类型框里选择“图元文件 . WMF”并单击保存，如图 7-10 所示。

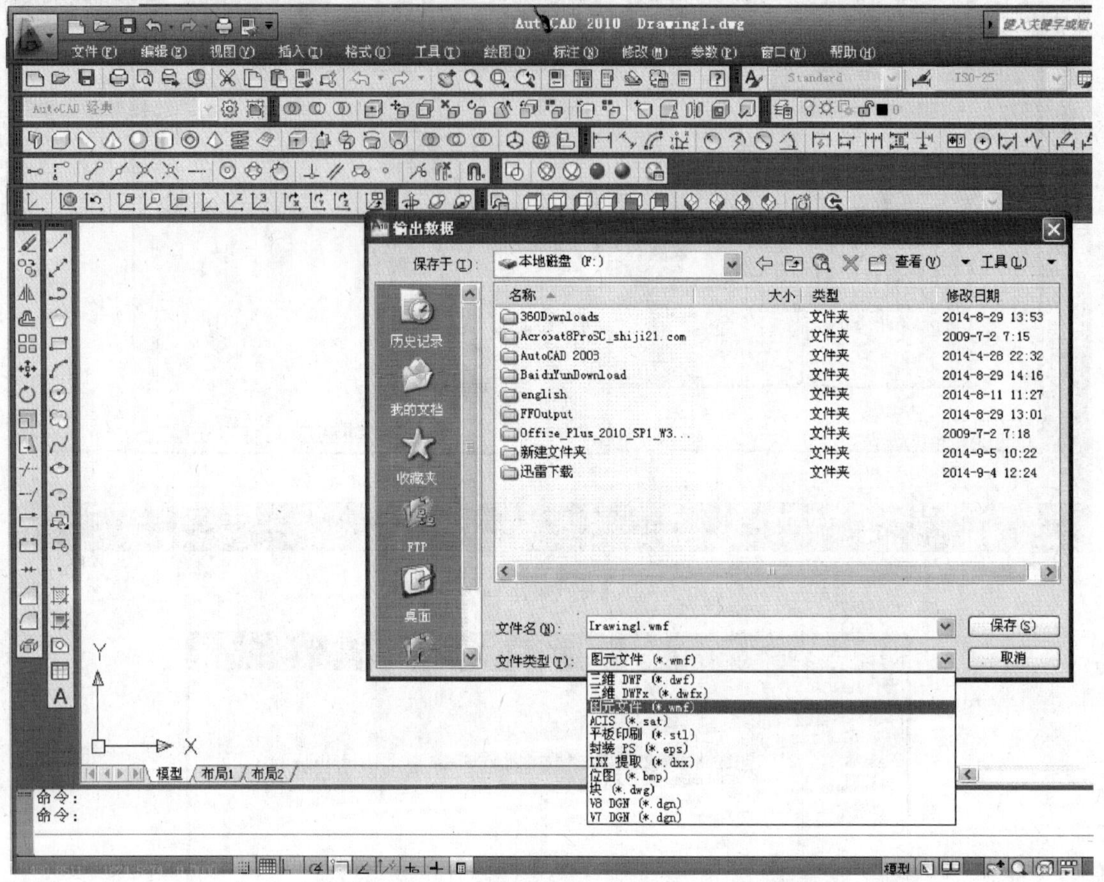

图 7-10　输出数据对话框

2）进入 Word 文档，单击“插入”→“图片”→“来自文件”，查找并选定在 AutoCAD 中输出的图形，单击“插入”按钮即可。

3）裁剪图片大小、布局图片位置，方法同上。

7.2　将 Word 文档插入到 AutoCAD

将 Word 文档插入 AutoCAD，有以下两种方法：

（1）第一种方法　其操作步骤如下：

1）打开 Word 文档，选中将要插入的文档内容。再单击标准工具条上的“复制”命令。

2）退出 Word，进入 AutoCAD，单击标准工具栏上的“编辑”下拉菜单，选择“选择性粘贴”，出现“选择性粘贴”对话框，如图 7-11 所示，选择“AotuCAD 图元”即可。

提示：粘贴形式中 AutoCAD 图元和文字是两种合适的选择。二者任选一个即可粘贴成

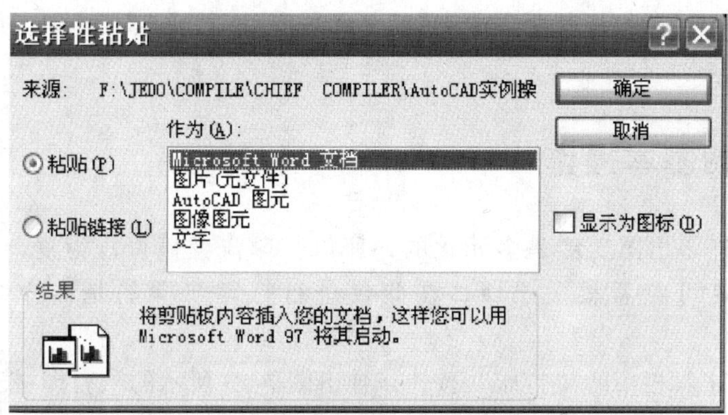

图7-11　选择性粘贴对话框

功。AutoCAD 图元选项是将 Word 文档作为 AutoCAD 实体插入到图形中去，它如同图形中的线段一样，可一词一字的任意编辑。文字选项是将 Word 文档作为文本整体插入到图形中去，文字不能拆开编辑。

（2）第二种方法　其操作步骤如下：

1）将 Word 里的文字复制下来，启动 AutoCAD。

2）在命令行输入 MT，或单击图标“A”，打开多行文字功能，在作图区框选出文字所在区域。

3）粘贴复制的文字，用 Ctrl + A（全选）选中粘贴的所有文字。

4）在文字格式面板中选择字高、字体即可。

7.3　将 Excel 文档插入到 AutoCAD

将 Excel 文档插入到 AutoCAD 的操作步骤如下：

1）复制 Excel 表格内容，如图7-12所示。

图7-12　复制 Excel 表格内容

2）进入 AutoCAD，单击标准工具栏上的“编辑”下拉菜单，选择“选择性粘贴”，出现“选择性粘贴”对话框。选择 AotuCAD 图元并单击“确定”按钮，即完成插入表格内容。

7.4　打印出图基本操作

AutoCAD 的打印出图功能是多元化的，所以打印流程显得较为复杂。对于打印功能的详细介绍，读者可参看相关书籍，在此仅进行打印步骤的基本介绍。其操作步骤如下：

1）单击标准工具栏中的“打印”按钮，弹出图 7-13 所示的“打印-模型”对话框。

图 7-13　“打印-模型”对话框

2）在“打印机/绘图仪”中，选择打印机对应的名称，只有安装了打印机驱动程序才能在滚动框里找到打印机名称。如果没有打印机，可以选择一个电子打印 eplot 设备。

3）选好图纸尺寸、打印范围，单击“预览”按钮，打印效果如图 7-14 所示，如不满意可做相应调整。

4）单击“确定”按钮，打印出图。

提示：

1）当需要用 A3 图纸出图时，图幅尺寸必须换成 420mm × 297mm，比例也要调整。

2）打印范围的选框里有“范围”“图形界限”“显示”“窗口”等选项。一般选择“窗口”，能适中反映图形范围，“居中打印”最好也勾选。

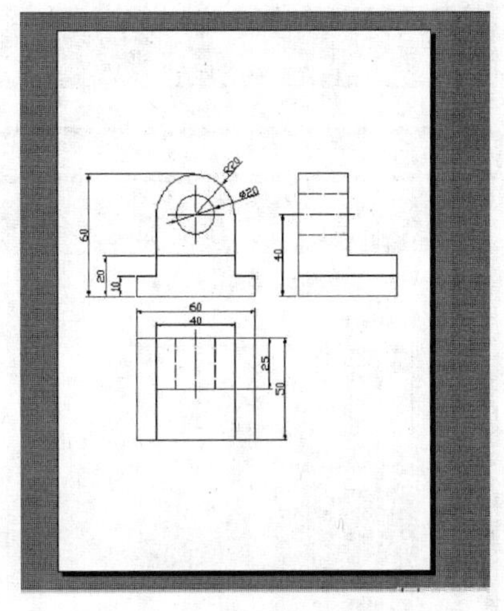

图 7-14　打印预览

7.5　彩色图形打印出黑白图形

为方便分层或是视觉需要，图形中的线条可由多种颜色组成。当用黑白打印机打印彩色图形时，若不进行适当设置，其出图结果是彩色线条全变成了很淡的黑色虚线（有的黑白打印机不会出现这个问题）。为避免这一现象，有以下两种方法，其操作步骤如下：

1）如图 7-15 所示，在“打印样式表”的选择框里选择“monochrome. ctb”格式，此格式是一种单色打印格式，所有的彩色图线都将变为黑色，预览时可以观察到这一变化。

图 7-15　修改打印样式表

2）在“打印样式表”的选择框里选择“acad. ctb”格式，在此格式的基础上进行编辑。其编辑方法是：单击紧邻打印样式表的“编辑”图标，出现“打印样式表编辑器-acad. ctb”对话框，如图 7-16 所示。

图 7-16 “打印样式表编辑器-acad. ctb”对话框

选择“表格视图”选项卡，下边“打印样式”罗列的颜色是图形中常用的颜色，右边“特性”中的第一个“颜色”选项是确定用色的一致性，例如。在对话框左边“打印样式”选中1号红色，如果右边“特性”选择的是“使用对象颜色”，那么屏幕上的红色图线打印出来就是红线条；如果右边选择的是“蓝色”，那么屏幕上的红色图线打印出来的是蓝色线条。如果右边选择的是“黑色”，表示打印出来的是黑色线条。若将所有的彩色图线都选择“黑色”，打印出来的就是黑白图，即图线全部是黑色。

参 考 文 献

[1] 姚育成，杨平辉 . AutoCAD2004 中文版三维造型高级教程［M］. 北京：人民邮电出版社，2004.

[2] 张连堂 . AutoCAD 2010 中文版应用教程［M］. 北京：清华大学出版社，2013.

[3] 唯美科技工作室 . 完全实例自学 AutoCAD 2012 建筑绘图［M］. 北京：机械工业出版社，2012.